Rüdiger Thiele
Felix Klein in Leipzig

EAGLE 047:

www.eagle-leipzig.de/047-thiele.htm

Edition am Gutenbergplatz Leipzig

**Gegründet am 21. Februar 2003 in Leipzig,
im Haus des Buches am Gutenbergplatz.**

Im Dienste der Wissenschaft.

Hauptrichtungen dieses Verlages für Forschung, Lehre
und Anwendung sind:
Mathematik, Informatik, Naturwissenschaften,
Wirtschaftswissenschaften, Wissenschafts- und Kulturgeschichte.

EAGLE: www.eagle-leipzig.de

Bände der Sammlung „EAGLE-ESSAY"
erscheinen seit 2004 im unabhängigen Wissenschaftsverlag
„Edition am Gutenbergplatz Leipzig"
(Verlagsname abgekürzt: EAGLE bzw. EAG.LE).

Jeder Band ist inhaltlich in sich abgeschlossen.

www.eagle-leipzig.de/verlagsprogramm.htm

Dieser Band gehört zur am 21. Februar 2011 begründeten Sammlung

**„Leipziger Manuskripte
zur Verlags-, Buchhandels-, Firmen- und Kulturgeschichte".**

Siehe hierzu auch: www.leipziger-manuskripte.de

Rüdiger Thiele

Felix Klein in Leipzig

Mit F. Kleins Antrittsrede, Leipzig 1880

EAG.LE Edition am Gutenbergplatz
Leipzig

Bibliografische Information der Deutschen Nationalbibliothek
Die Deutsche Nationalbibliothek verzeichnet diese Publikation in der Deutschen Nationalbibliografie; detaillierte bibliografische Daten sind im Internet über http://dnb.d-nb.de abrufbar.

PD Dr. habil. Rüdiger Thiele
Geboren 1943 in Polepp, Böhmen. Studium der Mathematik und Physik an der Martin-Luther-Universität Halle-Wittenberg, dort Promotion in Mathematik 1973, anschließend Verlagstätigkeit in Leipzig (B. G. Teubner; S. Hirzel). Von 1986 bis 1992 und 1996 bis 2008 Sudhoff-Institut für Geschichte der Medizin und Naturwissenschaften der Universität Leipzig; Lehrstuhlvertretung Geschichte der Naturwissenschaften Uni Mainz 1992-1994; längere Gastaufenthalte an den Universitäten Bonn (1995-1996), Münster (1999, 2001), Toronto (1997) und an der TU Darmstadt (1990-1991); Habilitation für Geschichte der Naturwissenschaften an der Uni Hamburg 2001; Privatdozent an der Fakultät für Mathematik der Uni Leipzig 2002.
Förderpreis der Deutschen Akademie der Naturforscher, Leopoldina, 1996;
Ford Award der Mathematical Association of America 2004;
Vice President der Euler Society, USA;
Membre correspondant der Académie Internationale d'Histoire des Sciences, Paris;
Mitglied Comité Consultatif du Centre d'Etudes en histoire des Ideés (Faculté Philosophique) de l'Université Jagelonne, Cracovie.
Verschiedene Bücher, darunter: Mathematische Beweise 1979, Von der Bernoullischen Brachistochrone zum Kalibratorkonzept 2007, Van der Waerden in Leipzig 2009, englische, japanische, russische und tschechische Übersetzungen;
zahlreiche Veröffentlichungen zur Geschichte der Mathematik.
Arbeitsgebiete: Geschichte der Mathematik, insbesondere Geschichte der Analysis; Leonhard Euler, David Hilbert, Felix Klein.

Vierte Umschlagseite: Dieses Motiv zur BUGRA Leipzig 1914 (Weltausstellung für Buchgewerbe und Graphik) zeigt neben B. Thorvaldsens Gutenbergdenkmal auch das Leipziger Neue Rathaus sowie das Völkerschlachtdenkmal. Foto R. Thiele vierte Umschlagseite: Renate Schmid, Mathematisches Forschungsinstitut Oberwolfach.

Für vielfältige Unterstützung sei der Teubner-Stiftung in Leipzig gedankt.

EAGLE 047: www.eagle-leipzig.de/047-thiele.htm

Printed in Germany
Umschlaggestaltung: Sittauer Mediendesign, Leipzig
Satz und Layout: www.weiss-leipzig.eu
Herstellung: Books on Demand GmbH, Norderstedt

ISBN 978-3-937219-47-9

Vorwort

In den Jahrzehnten vor und nach 1900 ist Felix Klein nicht nur in Deutschland, sondern auch international einer der führenden Mathematiker gewesen. Klein war „die glänzendste Erscheinung unter den Mathematikern seiner Zeit", urteilte der Zeitgenosse Georg Faber, und voller Ehrerbietung bekennt kein Geringerer als Hermann Weyl, daß wir „nur mit Bewunderung und Ehrfurcht ... auf das gewaltige Werk schauen" können (*Naturwissenschaften* 18 (1930), S. 296). Aber damit erschöpft sich das Wirken dieses außergewöhnlichen Gelehrten noch nicht. Klein war sowohl ein tätiger Wissenschaftspolitiker mit fundierten Einsichten als auch ein ungewöhnlich begabter Organisator, der ins Auge gefaßte Vorhaben verwirklichen konnte. Helmut Kneser spricht in diesem Zusammenhang von der „machtvollen Persönlichkeit eines Olympiers mit dem Willen zur Tat" (*Archiv der Mathematik* 1 (1948/49)). Felix Kleins praktisch-organisatorische Tätigkeit veränderte das mathematische Leben nicht nur in Deutschland.

Solche bemerkenswerten Eigenschaften in *einer* Person zu finden, ist ungewöhnlich. Kleins außergewöhnliche Begabung war aber im wesentlichen eine mathematische. Obwohl sein Denken vornehmlich der Geometrie entstammte, war ihm ein tiefer und durchdringender Blick für sein gesamtes Fach eigen, wie Max Bense hervorhob, der Felix Klein als einen der letzten Universalisten der Mathematik ansah. In Kleins umfassender Sicht wurden entlegene Gebiete der Mathematik zusammengeführt, und man hat dabei immer den Eindruck, daß dies fast spielend geschah.

Der hochbegabte junge Mathematiker Felix Klein war in der mathematischen Welt sofort aufgefallen, so daß er nach seiner Studien- und Dozentenzeit schnell eine Professur in Erlangen erhalten hatte (1872). Dort verfaßte er als Auftakt das sogenannte *Erlanger Programm*. Für einen neu berufenen Professor war in Erlangen das

Vorlegen solcher Programme üblich gewesen, aber diese pflichtgemäß erstellte Programmschrift geriet in Kleins Händen zu einem unvergänglichen Markstein der Mathematik, der neues gruppentheoretisches Denken mit Cayleyscher Geometrieauffassung glücklich verband.

Mit einem Paukenschlag also eröffnete Klein die großen Jahre seines Forschens. Dem Vorspiel Plückersche Liniengeometrie (1868) folgte das Erlanger Programm (1872), das die Geometrie unter dem Gesichtspunkt ihrer Invarianten ordnete. Schon in Erlangen, aber mehr noch im darauf folgenden München begann Klein ein Prophet Riemannscher Ideen zu werden, auf die ihn bereits in Göttingen Alfred Clebsch nachdrücklich hingewiesen hatte. Der Zusammenhang der Riemannschen Flächen führte ihn zum Überlagerungs- oder Atlasprinzip, physikalische Vorstellungen leiteten seine Erwägungen. Automorphe Funktionen erschienen schon am Ende der Erlanger Zeit, aber die Ergebnisse von Kleins Forschungen erreichten mit dem Grenzkreistheorem und verwandten Sätzen in Leipzig ihren Höhepunkt (1882), dem die gesundheitliche Katastrophe folgte. Nicht wie Phönix aus der Asche, aber doch mit Tatkraft und dem *Ikosaederbuch* erhob sich Klein wieder (1884), um dann jedoch Leipzig gegen Göttingen zu vertauschen (1886).

Felix Kleins Wechsel von Erlangen an die TH München 1875 war wissenschaftlich gesehen nicht gerade ein Aufstieg, denn an der TH München erwartete ihn ein ausgedehnter und anstrengender Vorlesungsbetrieb für angehende Ingenieure, dem sich Klein engagiert stellte. Mathematische Modelle sind eine Frucht dieser Lehrtätigkeit. Die Tätigkeit an der Technischen Hochschule sicherte dem gerade vermählten Ehepaar Klein ein besseres Auskommen als an der Universität Erlangen. Trotz der Belastungen durch den Lehrbetrieb pflegte Klein einen intensiven wissenschaftlichen Austausch mit Paul Gordan, der ihm auf dem Lehrstuhl in Erlangen nachgefolgt war und den er sonntags regelmäßig auf halben Wege zwischen München und Erlangen in Eichstädt traf, und auch mit Alexander Brill, der von 1875 bis 1880 sein Münchner Kollege gewesen ist.

Der Ruf nach Leipzig begünstigte schließlich Kleins wissenschaftliche Karriere, und die Leipziger Jahre (1880 bis 1886) markieren den Höhepunkt seines mathematischen Schaffens. Aber die Leipziger Jahre haben auch eine Schattenseite, denn sie verführten Klein zu außerordentlich intensiver Arbeit, die erst ein gesundheitlicher Zusammenbruch unterbrach. Richard Courant hat darüber geschrieben: „Auch in der Wissenschaft hat das Große und Echte oft nicht aus sich selbst heraus die Kraft, sich Bahn zu brechen. Die wenigen unmittelbaren Freunde und Schüler von Riemann waren nicht die Persönlichkeiten, um Riemanns Vermächtnis zur Geltung zu bringen. Da tritt Felix Klein auf den Plan. ... Klein wird der leidenschaftlichste und erfolgreichste Apostel des Riemannschen Geistes, den er mit unwiderstehlicher Gewalt immer mehr zu unbedingter Herrschaft führt. ... Wenn die Mathematik von heute mit ruhiger Selbstverständlichkeit auf Riemann weiter aufbauen kann, so gebührt Klein dafür das größte und entscheidende Verdienst."

Courant spricht hier in seiner schönen Gedenkrede auf Klein vom 31. Juli 1925 insbesondere, ohne sie beim Wort zu nennen, von Kleins Leipziger Zeit. Aber dieser Meilenstein für die Funktionentheorie sollte andere Leistungen des Professors für Geometrie nicht überschatten. Es war Klein, der an der Universität Leipzig ein Mathematisches Institut (bzw. Seminar) geschaffen hat, das an der sächsischen Universität schon längst fällig gewesen war, denn schließlich hatte das ferne Königsberg bereits seit 1834 eine solche moderne Einrichtung, die der Mathematiker Carl Gustav Jacobi und der Physiker Franz Neumann, der Vater des Leipziger Professors Carl Neumann, gegründet hatten. Neben der Lehre waren auch die Anwendungen der Mathematik sowie deren Organisation ein beherrschendes Thema im Wirken Kleins. Er wurde in seinen letzten Lebensjahrzehnten ein bedeutender Organisator und Reformator des mathematischen Unterrichts. Kleins *Gesammelte Abhandlungen* enthalten aufschlußreiche Zusätze zu den einzelnen Artikeln, die es erlauben, Einblicke in sein Denken zu gewinnen. Klein selbst bemerkte zur Psychologie des mathematischen Arbeitens: „Das Geheimnis ausgreifender mathematischer Produktivität liegt im Unbewußten, in der durchaus individuellen, von vornherein gesetzten psychischen Konstitution der heranreifenden Persönlichkeit." Klein hat aber letztendlich diese vorgegebene „mathematische" Konstitution nicht als die alles bestimmende gesehen, sondern Fleiß und Ausdauer als weitere wichtige Anlagen betrachtet, die jedermann verfügbar sind, und mit denen der Grundstein des Erfolgs gelegt wird.

In der Leipziger Zeit erreichte Felix Klein zweifelsohne den Höhepunkt seines mathematischen Schaffens. Über Kleins Werk schreibt Max Bense: „Ein neues Motiv mathematischen Forschens wurde mit ihm entdeckt. Es handelt sich nicht mehr um die Herausarbeitung dieses oder jenes Theorems (Lehrsatzes) eines bestimmten mathematischen Gebietes, wie das z.B. bei den Bernoullis der Fall war, es handelt sich auch nicht um die Grundlagentheorie bzw. die Axiomatik der Mathematik, wie sie seit 1900 Hilbert ... betreibt. Es geht hierbei noch um etwas drittes: um den Zusammenschluß großer selbständiger geometrischer Disziplinen (Metrik, projektive und affine Geometrie) zu einem einheitlichen geometrischen System bzw. die Entwicklung dieser selbständigen geometrischen Systeme aus einem einzigen mathematischen Prinzip. Damit bricht das *Systemdenken* in die Mathematik ein und ergänzt auf eine wunderbare Weise das ältere *Problemdenken.*" (*Leben der Mathematiker*, S. 69.)

Teiji Takagi, ein japanischer Mathematiker, der zu Beginn des vorigen Jahrhunderts in Göttingen bei F. Klein Vorlesungen gehört hatte, beschrieb die Grundlagen, auf denen das Systemdenken fußte: „Klein often used the expression ‚The Three Large A's'; they were Arithmetic, Algebra, and Analysis. I interpreted his implicit intention as follows: ‚Ordinarily, one studies mathematics, dividing it into several fields, while I unify them by my geometry.‘ “ (Zitiert nach B. Yandell, *The Honors Class*, 2002, S. 224.)

Es ist zunächst nur eine Zufälligkeit, die aber nachhaltige Folgen haben sollte, daß Klein in Leipzig auch in eine Buchstadt geraten war, in der Verlage, Druckereien und Buchhandlungen sich angesiedelt hatten und in der jährlich zwei Buchmessen stattfanden, deren Meßkataloge berühmt waren. Der Teubner-Verlag in der Poststraße und das Mathematischen Institut in der Ritterstraße befanden sich mehr oder weniger nur auf gegenüberliegenden Seiten des Augustusplatzes. Diese Nähe war dem Verhältnis des Mathematikers Klein zum Teubner-Verlag zweifelsfrei zuträglich; hinzu kam, daß B. G. Teubner sich in jener Zeit zum führenden deutschen mathematischen Verlag entwickelte. Klein hatte in Teubner einen verständnisvollen Partner für seine Pläne gefunden, unabhängig davon, ob diese rein mathematisch oder auf die Organisation von Lehre und Forschung gerichtet waren. In Teubners Verlagskatalogen zeigte Klein zunehmend eigene Werke an; selbst verlegerischen Neuheiten wie autographierten Vorlesungen öffnete sich der Verlag, der zudem neben Büchern auch mathematische Modelle vertrieb. Klein gehörte beispielsweise zu den Herausgebern der *Mathematischen Annalen*, und er war maßgeblich am Erscheinen des Jahrhundertwerks *Encyklopädie der mathematischen Wissenschaften* beteiligt.

Der Schwerpunkt dieses Buches ruht, wie es der Titel ausdrückt, auf der Leipziger Periode Kleins. Aus diesem Grund steht die Mathematik im Mittelpunkt, da die Organisation der Forschung und ihre Verbindung zur Industrie, deren Vorteile Klein bei seinen späteren Reisen in die USA erfahren hatte, in Leipzig noch in den Hintergrund tritt. Freilich wird Kleins Wirken in Leipzig in den Gesamtzusammenhang seines Lebens gestellt, aber eine solche Darstellung muß natürlich fragmentarisch bleiben und ist letztlich einer noch ausstehenden umfassenden Biographie Felix Kleins vorbehalten.

Eine solche Biographie gibt es trotz der Fülle von Einzelveröffentlichungen zum Thema Klein merkwürdigerweise bislang nicht, und dieses Buch beabsichtigt nicht, hierfür einen Ersatz zu liefern. Nach wie vor – auch nach mehr als einem Vierteljahrhundert – bleibt die biographische Skizze *Felix Klein (1849-1925) – A biographical sketch* von Günther Frei im Jahrbuch *Überblicke Mathematik* von 1984 die beste verfügbare Gesamtdarstellung über Felix Klein; das *Biographical Dictionary of Mathematics* (New York 1970, Nachauflagen) bietet eine komprimierte Darstellung.

Kleins Bemerkung in seiner Begründung, den Lobatschewski-Preis S. Lie zuzusprechen „Die Wissenschaft aber hat Gewinn, wenn die historische Kritik versucht, auch in ... außerordentlichen Fällen Licht und Schatten richtig zu verteilen“, beschreibt dessen Haltung oder allgemeiner wohl auch die des historisch interessierten Mathematikers.

Die Anhänge dieses Buches enthalten zum einen weitere Details für Kleins Leipziger Zeit wie die Themen der gehaltenen Vorlesungen, die betreuten Dissertationen oder die durchgeführten Seminare sowie als Faksimile die Leipziger Antrittsrede vom 25. Oktober 1880. Zum anderen werden natürlich auch Dinge gebracht, die nicht direkt mit Leipzig verbunden sind, aber das Bild Kleins abrunden. Die Literatur verzeichnet schließlich neben den mathematischen Arbeiten Kleins, die in der umfassenden Werkausgabe sowohl in Papier- als auch in online-Version verfügbar sind, vornehmlich Gedenkreden und biographische Artikel, in denen man ausreichend weitere Hinweise auf spezielle Themen erhält. Darüber hinaus werden weiterführende Literaturverweise in den Anmerkungen gegeben.

Das Buch erscheint 2011 in Leipzig, 200 Jahre nach der Firmengründung durch Benedictus Gotthelf Teubner im Jahre 1811.

Halle, im November 2011 — Rüdiger Thiele

Inhalt

Ich empfinde es als besonderes Glück, daß ich mir selbst habe treu bleiben können, indem ich nur solche Gedanken ausgestaltet habe, die ich schon als Knabe in mir hegte. Dabei ist es mir aber immer klarer geworden, daß es uns Menschen in nur sehr beschränktem Sinne möglich ist, das eigene Schicksal selbständig zu gestalten, da immer wieder äußere Umstände, die von unserem Willen unabhängig sind, maßgebend dazwischen treten.

Felix Christian Klein

Photographie von Peter Matzen, Göttingen

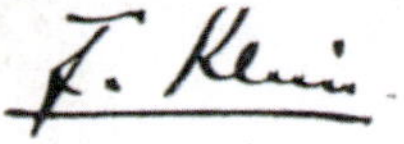
F. Klein

Felix Klein in Leipzig (1880-1886)

Dir werf' ich's zu –
weißt du, wie das wird?
Richard Wagner im
„Ring des Nibelungen"[1]

Einleitung

„Prorector magnifice! Collegen, Commilitonen! Hochgeehrte Versammlung!" Mit dieser feierlichen Anrede begrüßte am Montag, dem 25. Oktober 1880, in Leipzig ein neu berufener 31jähriger Professor der Geometrie die akademische Hörerschar, die sich zu der nach altem akademischem Brauch fälligen festlichen Antrittsvorlesung eingefunden hatte.[2, 3] Traditionsgemäß entwickelte der Vortragende unter dem Titel *Über die Beziehungen der neueren Mathematik zu den Anwendungen* Vorstellungen für sein künftiges Wirken:

> „Ein umfassendes Programm, wie das von mir vorgelegte, läßt sich jedenfalls nur allmählich durchführen. ... Haben Sie damit alle Nachsicht, und messen Sie ... nach dem Plan und der Absicht, die dem Ganzen zu Grunde liegt!"

Der Vortragende war Felix Klein, und das Ziel seiner Ausführungen war, die „zweckwidrige Isoliertheit der reinen Mathematik" herauszustellen (*Autobiographische Notizen* 1913; Leipziger Antrittsrede siehe S. 219ff.).

Beachtenswert ist hier die Bitte Kleins um Nachsicht, die schon zu Beginn Zweifel am eigenen Vermögen erkennen lässt und bereits eine Vorahnung seiner späteren Krankheit sein könnte. Wir werden sehen, daß sich dieses Motiv des Zweifelns durch Kleins Leben zieht. Und das bei Felix Klein, den beispielsweise Richard Courant als „großen wissenschaftlichen Führer" (*Göttinger Nachrichten*, 1926) sah. Dem Leipziger Dekan Max Heinze hatte Klein mit „innigster Dankbarkeit" bei Annahme der Leipziger Professur mitgeteilt, daß ihm die Verhältnisse in Leipzig zusagten und er „ein nützliches Mitglied der Universität werden wolle", aber zugleich um Nachsicht gebeten, wenn „ich hinter dem Gewollten weit zurückbleibe" (Brief vom 2. Juni 1880).

Der Selbstzweifel ist keine Koketterie Kleins mit Bescheidenheit, sondern ein ernsthaftes Bedenken des tatkräftigen Mannes. Obwohl man in Leipzig keineswegs überall Kleins Vorstellungen vorbehaltlos zustimmte, so daß er sich „mancherlei Gegnerschaft zuzog, der als jüngerer Kollege zu begegnen häufig Schwierigkeiten mit sich brachte" (wie er in seiner *Autobiographie* 1923 schrieb), sollten die im Vortrag genannten Ziele bald in Leipzig in Angriff genommen und auch weitgehend verwirklicht werden. Rückblickend wird Klein 1913 in seinen *Autobiographischen Notizen* darüber klagen, daß ihn dieser Zwang, sich wissenschaftlich zu behaupten, von den Zielen der Antrittsrede abgelenkt habe.

Wie üblich leistete am Tage der Antrittsvorlesung der neue Professor in der Aula seinen Amtseid, mittags Schlag ein Uhr. Neben dem Dekan, dem Philosophen Max Heinze, waren der Mathematiker Wilhelm Scheibner und der Astronom Carl Christian Bruhns bei dieser Zeremonie zugegen.

Tags darauf, am 26. Oktober im üblichen Vorlesungsbetrieb, konnte sich der neue Dozent bescheidener fassen, nicht nur weil er seine 74 Hörer in der Vorlesung *Funktionentheorie in geometrischer Behandlungsweise* einfach mit „Meine Herren" anreden durfte, sondern auch dadurch, daß er sich auf seine konkreten Arbeitsaufgaben bezog. In der vorletzten Vorlesung versah der selbst unentwegt tätige Hochschullehrer seine Hörer vorsorglich mit Studienaufgaben, um in den bevorstehenden Semesterferien Stillstand zu vermeiden, und er bedachte vorgerückte Studenten dabei mit besonderen Problemen.

Augustusplatz: Augusteum, in dem sich die Aula befand, rechts daneben Paulinerkirche

Doch *wie* und *warum* war der 31jährige Felix Christian Klein in Leipzig 1880 ordentlicher Professor der Geometrie geworden? *Wie* es zur Gründung der ersten deutschen Professur für Geometrie kam, das ist leichter zu berichten als das *Warum* zu begründen, und daher wollen wir mit dem *Wie* beginnen.

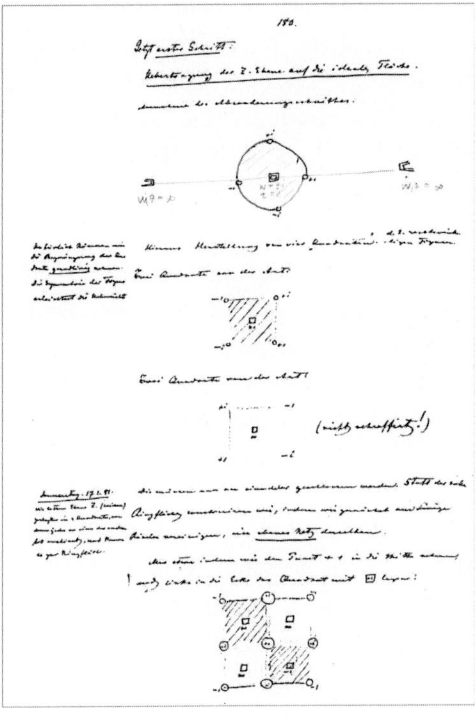

„Über Functionentheorie in geometrischer Behandlungsweise, I“, Kleins erste Vorlesung in Leipzig (WS 1880), die im SS 1881 fortgesetzt wurde.

S. 180 aus Kleins Vorlesungskonzept für den 17. Februar 1881. Wie genau er die Vorlesung vorbereitete, zeigt auch diese Seite des Konzepts, in dem es um die Herstellung einer Riemannschen Fläche für algebraische Funktionen ging; als Beispiel diente $w^2 = 1 - z^4$. Wir finden die Bemerkung „nicht schraffiert!“ neben der dritten Abbildung v. o., auf der folgenden Seite gibt sich Klein selbst Anweisungen „[Koordinatenachse] auf die linke Seite der Tafel“ und „[Zeichnung] schräg stellen“; die Hörer wurden informiert: „Es ist lehrreich, sich selbst einen Ring [Ringfläche] in dieser Weise einzutheilen!“; „Hier [beim Zeichnen der vierblätterigen Riemannschen Fläche] reichen wir mit drei Farben aus“

Gipsmodell einer Riemannschen Fläche, die zu der in Kleins Leipziger Vorlesung über Funktionentheorie im WS 1880 behandelten algebraischen Funktion $w^2 = 1 - z^4$ gehört; es ergibt sich eine zweiblättrige z-Fläche (Verzweigungspunkte $w = +1, -1$) bzw. eine vierblättrige w-Fläche (Verzweigungspunkte $z = +1, -1 +i, -i$). Größe des Modells: 12cm x 12cm x 12cm.

Da hier Real- und Imaginärteil gleich sind, reicht zur Veranschaulichung ein Modell (No. 309 in Schillings Katalog von 1911; dort ist der Exponent von z verdruckt)

Die Berufung Kleins nach Leipzig

Leipzig besaß zwar in den 70er Jahren des 19. Jahrhunderts eine der am meisten besuchten Universitäten Deutschlands,[4] aber diese Jahre waren für die Mathematik an der sächsischen Landesuniversität schwierig gewesen, denn 1868 war der bedeutende Geometer August Möbius gestorben, und im gleichen Jahr hatte Moritz Drobisch seine mathematische Professur zugunsten einer philosophischen aufgegeben.[5]

Zwar traten Wilhelm Scheibner und Carl Neumann als ordentliche Professoren an deren Stellen, doch damit war eine starke Betonung der Analysis verbunden gewesen, so daß sich Scheibner nun um eine erneute Vertretung der Geometrie bemühte. Zunächst musste Scheibner noch vorsichtig agieren, um durch die Berufung eines ordentlichen Professors nicht die beiden verdienstvollen Kollegen Adolph Mayer[6] und Karl von der Mühll zurückzusetzen, die lediglich außerordentliche Professoren waren. „Wir würden ... ohne Mayer geradezu bankrott sein“, hatte Scheibner 1879 unverblümt dem Dekan mitgeteilt. Als jedoch auf der „unteren Ebene“ der Versuch fehlschlug, die Geometrie durch einen Privatdozenten, nämlich durch Axel Harnack, einen Erlanger Doktoranden Kleins (1875), vertreten zu lassen, da Harnack die relativ schlechte soziale Stellung eines Privatdozenten in Leipzig lieber mit der sichereren Lage eines außerordentlichen Professors in Darmstadt vertauschte, da wurden schließlich die Bemühungen Scheibners dringlicher.

A. Mayer (1839-1908)

K. v. d. Mühll (1841-1912)

W. Scheibner (1826-1908)

In einem Schreiben an den Dekan Gustav Wiedemann vom 17. Mai 1879 bezeichnete Scheibner nun das Fehlen eines Geometers als „unerhört", und er monierte sich über die Zumutung des Kultusministers, der offenbar davon ausgegangen war, daß ein a.o. Professor in der Mathematik jedem Mangel abhelfen könne, ein Ansinnen, das Scheibner mit der Erwartung verglich, ein klassischer Philologe könne dann auch über Sanskrit lesen oder ein Romanist über deutsches Privatrecht vortragen.

Eine Rede „Über das Verhältnis des Studiums der classischen Philologie auf der Universität zu dem Beruf des Gymnasiallehrers" am 31. Oktober 1879 des Leipziger Rektors Ludwig Lange, der als Philologe der Mathematik zubilligte, zwar den Verstand, nicht aber Herz und Gemüt auszubilden, und der daher zu der Schlußfolgerung kam, daß die Mathematik in Bezug auf eine allseitige Ausbildung nicht mit den historisch-philologischen Fächern konkurrieren könne, brachte das Faß schließlich zum Überlaufen. Scheibner betrachtete diese Einstellung als *testimonium paupertatis,* weniger akademisch und auf deutsch ausgedrückt redete Scheibner hier vom Armutszeugnis des Rektors. In seinem Schreiben vom 15. Dezember 1879 an den Dekan hielt Scheibner nun der Auffassung des Rektors demonstrativ jene Passage aus dem Landtagsbericht des sächsischen Kultusministers Karl von Geber entgegen, in dem der Minister sich bemüht zeigte, den „Bedürfnissen [der Leipziger Mathematiker] Rechnung zu tragen“. Diplomatisch verglich Scheibner noch die Situation der Philologen und der Mathematiker. Geschickt benutzte er dabei das bis heute wirksam gebliebene Argument der Studentenzahlen: für 399 Studenten der Philologie gäbe es 13 Ordinariate, 8 Extraordinariate sowie einen Honorarprofessor; den 186 für Mathematik immatrikulierten Studenten ständen jedoch nur jeweils zwei Ordinariate und Extraordinate gegenüber; selbst auf die 117 Göttinger Mathematikstudenten kämen 4 Ordinariate sowie ein Extraordinarius.

Nun hatte Scheibner in der Fakultätssitzung Erfolg: am 21. Dezember 1879 beschloß diese, beim Ministerium einen entsprechenden Antrag zu stellen. In der Tat lag bald ein Entwurf des Antrags vor, der zügig diskutiert wurde, so daß am 5. Februar 1880 ein ausführlicher Bericht von 18 Seiten nach Dresden gehen konnte. Dieser Bericht führte u. a. das Leipziger Lehrangebot in Mathematik an und zählte gleichzeitig etwa ein Dutzend geometrische Fächer auf, die nicht gelesen werden konnten, darunter waren beispielsweise die deskriptive (also darstellende) Geometrie, die Geometrie der Lage, die Geometrie der algebraischen Kurven und Flächen oder die nichteuklidische Geometrie. Auch die Antragsteller argumentierten mit den Studentenzahlen, und sie hatten dabei durch einen statistischen Trick, indem sie sich nur auf die Inländer (sprich Sachsen) bezogen, das Zahlenverhältnis von Philologie- und Mathematikstudenten auf die wesentlich günstigere Relation 97 zu 117 gebracht; die restlichen deutschen Stämme wurden dabei gemeinsam mit den Ausländern erfaßt. (Zur Information: um 1880 gab es knapp 3 Millionen Sachsen, und das Deutsche Reich wurde von 42 Millionen

Menschen bewohnt.) Die eingereichte Berufungsliste nannte Felix Klein an erster Stelle, nach ihm seine Doktoranden Axel Harnack und Ferdinand Lindemann.

Am 3. März 1880 teilte Adolph Mayer Klein brieflich mit, daß sich die Fakultät „endlich ermannt“ habe, eine Professur für Geometrie zu gründen, und daß Klein dafür vorgesehen sei, und er bat diskret um Kleins Bedingungen, um diese beim zuständigen Ministerium in Dresden durchzusetzen.

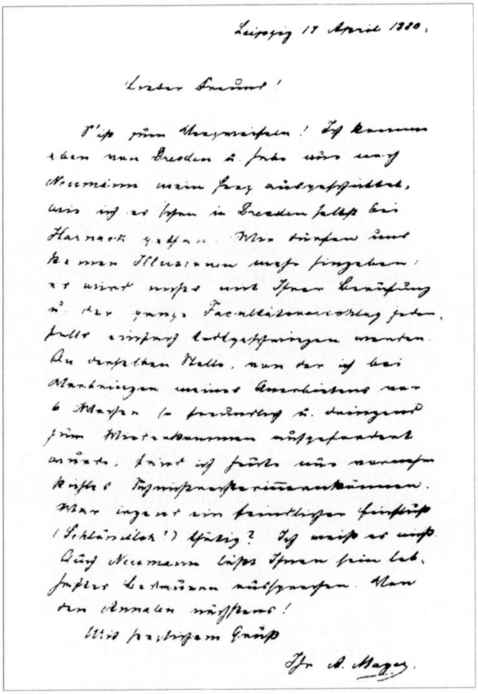
Leipzig 17 April 1880.

Lieber Freund!

Ihr A. Mayer.

Brief vom 17. April 1880 von A. Mayer an F. Klein über die Berufungsverhandlungen in Dresden, in dem Mayer verzweifelt über die unverständliche Haltung in Dresden berichtet

Dort wurde Mayer unmittelbar nach Kleins Antwort vorstellig. Man versprach eine Entscheidung, zu der Mayer wieder bestellt wurde. Der zweite Besuch war jedoch niederschmetternd, denn Mayer hatte, wie er Klein am 24. April 1880 schrieb, mit Annahme, Ablehnen oder Verschieben gerechnet (also mit einer logisch vollständigen

Trichotomie), jedoch nicht damit, daß „der Minister die Frechheit haben würde, so zu thun, als ob er gar nicht wisse, weshalb ich käme". Aber erfreulicherweise verharrte das Dresdner Ministerium nicht in dieser Vogel-Strauß-Politik, sondern berief überraschend kurz darauf Klein, der aus München am 28. Mai 1880 erfreut zusagte: „Es sind die großen *inneren* Vorzüge der neuen Stellung gewesen, die mir eine Annahme der Berufung vom ersten Augenblick an unzweifelhaft erscheinen ließen." Schon am Tage des Eingangs von Kleins Schreiben, am 31. Mai, unterrichtete das Ministerium die Leipziger Fakultät, daß nunmehr seine königliche Majestät Felix Klein zum ordentlichen Professor für Geometrie mit Sitz und Stimme in der philosophischen Fakultät ernannt hatte.

Wir beenden damit den Überblick über das Prozedere und fragen, warum es in Leipzig zu einer Geometrieprofessur gekommen war und weshalb die Wahl auf Klein fiel.

Entscheidend für Kleins Hinwendung zur Mathematik war der Einfluß des Geometers Julius Plücker gewesen, wenn auch zwischen Kleins Immatrikulation im WS 1865 und Plückers Tod im Mai des Jahres 1868 nur eine kurze Zeitspanne lag. Obwohl Klein ab seinem zweiten Semester Plücker lediglich in den physikalischen Vorlesungen assistieren sollte, unterstützte er diesen so sachkundig bei dessen Untersuchungen über Liniengeometrie, daß nach Plückers Tod Felix Klein als nur 19jähriger von Alfred Clebsch betraut wurde, den geometrischen Nachlaß J. Plückers aufzubereiten und bei Teubner in Leipzig herauszugeben.

Ins Auge gefallen war Klein auch bereits seinen physikalischen Lehrern, denn 1868 gehörte er zu den acht Preisträgern für die an der Bonner Universität jährlich gestellten Preisaufgaben. Die Preisaufgaben wurden am Geburtstag des Königs Friedrich Wilhelm III., des Stifters der Friedrich-Wilhelms-Universität, alljährlich neu gestellt, und bei dieser Gelegenheit ehrte man die Preisträger des letzten Jahres. Das Protokoll veränderte sich 1868 aber etwas, da am

18. Oktober in Bonn der fünfzigste Jahrestag der Universitäts(neu)-gründung bevorstand und man ein festliches Jubiläum für angebracht hielt, so wie es kurz vorher auch anderwärts an preußischen Universitäten im Beisein hoher und höchster Kreise abgehalten worden war (nämlich 1860 in Berlin und 1861 in Breslau).

Wie der *Bericht über das fünfzigjährige Jubiläum der Rheinischen Friedrich-Wilhelms-Universität Bonn* offenbart, den Rector und Senat 1868 herausgegeben hatten, wählte man kurzerhand, aber mit Bedacht den 2. bis 4. August für die Jubelfeier, denn man beging am 3. August ohnehin jährlich den Geburtstag des Stifters. Nach diesem Datum wäre die vollständige Anwesenheit der Studierenden nicht mehr gewährleistet gewesen, und auch die herrlichen Landschaften um Bonn würden sich gerade in diesen Tagen bestens entfalten. So zog man einen Tag nach dem Geburtstag, am 4. August, dem letzten Tage der Jubelfeier, in die evangelische Kirche in Bonn, um im festlichen Rahmen nach Carl Maria von Webers Jubel-Ouvertüre (op. 59) und einer Rede des Professors für Eloquenz die Preise zu verleihen und Ehrenpromotionen vorzunehmen. Dieser *Bericht* aus dem Jahre 1868 verzeichnet auf Seite 113, daß für die theoretische Physik „Felix Klein, stud. phil. aus Düsseldorf" den Preis erhalten habe. Die Feier war „im höchsten Glanze" erfolgt, jedoch hatte der Kronprinz mit seinen courtisans zur Zeit der Preisverleihung und der Ehrenpromotionen Bonn bereits verlassen.

Zur Herausgabe von Julius Plückers Werk *Neue Geometrie des Raumes* (Teubner-Verlag 1868) bemerkte Alfred Clebsch im Vorwort des Buches: „Für die Fortsetzung des Werkes liegt allerdings nur ein kleiner Theil des Manuscripts vollständig ausgeführt vor: aber glücklicherweise ist Herr Klein, welcher sich bereits an der Ausarbeitung des Werkes in mannigfacher Weise betheiligt hat, und sich Geist und Methode der Untersuchung zu eigen zu machen wusste, durch mündliche Mittheilungen des Verstorbenen in den Stand gesetzt, die Lücken des Manuscriptes in Plücker's Sinn zu ergänzen."

J. Plücker (1801-1868)

A. Clebsch (1832-1877)

Diagonalfläche von Clebsch (Fläche dritter Ordnung).

Dieses Modell der Diagonalfläche von Clebsch gehört zu einer Serie von 27 Modellen, die im Anschluß an eine Dissertation von Carl Rodenberg 1872 in Göttingen zunächst im Brillschen und später im Schillingschen Verlag zum Preis von ca. 20 Mark verkauft wurden.

Die Anregung zur Modellierung geht ursprünglich auf Clebsch zurück; die Modelle wurden durch Adolf Weiler unter Leitung Kleins angefertigt.

Die Gleichung der Fläche lautet in homogenen Koordinaten: $x_0^3 + x_1^3 + x_2^3 + x_3^3 + x_4^3 = 0$

Damit kam es für Felix Klein zu einer Zusammenarbeit mit Alfred Clebsch, die gleichfalls nur kurz währte, denn auch dieser zweite Mentor Kleins starb 1872, erst 39jährig. Aber Clebsch empfahl noch in seinem Todesjahr seinen kaum 23jährigen Mitarbeiter Klein erfolgreich für eine Professur in Erlangen. Wie Klein gern berichtete, war er somit in einem Alter Professor, das ihn bei der ersten

Reichstagswahl noch gar nicht wahlberechtigt machte. Für Clebsch rückte Klein gleich 1872 in die Redaktion der Teubner-Zeitschrift *Mathematische Annalen* nach, die dann während Kleins Ägide eine der wichtigsten mathematischen Zeitschriften werden sollte.

Der junge Mathematiker begann nun, das während seines kurzen Pariser Aufenthalts im Jahre 1870 erworbene Wissen zu entfalten. Der deutsch-französische Krieg 1870/71 hatte ihn zur vorzeitigen Rückkehr gezwungen, aber er war – wie Richard Courant es später ausdrückte – mit dem „Stein der Weisen" im Gepäck wieder in die Heimat gereist, nämlich mit Kenntnissen der seinerzeit noch wenig verbreiteten Galoisschen Gruppentheorie.[7] Der Gruppentheorie unterstellt Klein fortan sein Denken, aber nicht in der Form derjenigen, die blinde Formeln und leere Axiome sowie Objekte gleichgültiger Natur manipulieren und bei denen „das logische Skelett sorgfältig heraus präpariert wird", so daß „der Appell an die Phantasie" völlig zurücktritt, sondern Klein nutzt den Begriff in der Weise, daß die Dinge „anschaulich, aktiv erfaßt" werden und das Konzept schöpferisch „als ordnendes Prinzip im Wirrsal der Erscheinungen auftritt"[8]. Die Gruppentheorie ist das Eingangsportal zu F. Kleins mathematischem Denken.

Geometrische Transformationen bilden Gruppen. Klein hat als erster erkannt, daß Gruppen und ihre Invarianten ein fruchtbares Mittel bilden, um geometrische Sachverhalte zu ordnen. Man kann bei jeder geometrischen Größe, bei jedem geometrischen Begriff, allgemeiner bei jedem geometrischen Sachverhalt nach derjenigen Gruppe von Transformationen fragen, gegenüber der sie invariant bleiben, und umgekehrt bei einer gegebenen Gruppe deren Invarianten suchen. Geometrie begriff Klein als Invariantentheorie der jeweiligen Transformationsgruppe. So brachte er Geometrie und Gruppentheorie zusammen, wobei diese Verbindung einen physikalischen Hintergrund aufweist: geometrische Figuren „bewegen" sich im mathematischen Raum wie materielle Körper im Wahrnehmungsraum der Mechanik.[9]

In Erlangen war es üblich, daß ein neu berufener Professor ein Programm entwarf (das übrigens von der fälligen Antrittsrede zu unterscheiden ist). In Kleins Schrift, die als das *Erlanger Programm* in die Geschichte eingegangen ist, stellte sich Geometrie im beschriebenen Sinn als besonderer Fall eines allgemeinen Problems so dar: „Es ist eine Mannigfaltigkeit und in derselben eine Transformationsgruppe gegeben; man soll die der Mannigfaltigkeit angehörenden Gebilde hinsichtlich solcher Eigenschaften untersuchen, die durch die Transformation der Gruppe nicht geändert werden."[10]

Die Vielfalt der bislang entwickelten Geometrien – wie euklidische Geometrie, projektive Geometrie, Kugelgeometrie oder die nichteuklidischen Geometrien – war so übersichtlich geordnet worden. Das Erlanger Programm hat unser Verständnis vom Wesen der Geometrie nachhaltig verändert. Der algebraische Geometer William Hodge sprach noch um die Mitte des vorigen Jahrhunderts von der Tyrannei des Erlanger Programms, aber Riemannsche Räume mit nicht konstanter Krümmung (die beispielsweise als Raum-Zeit-Kontinuum in der allgemeinen Relativitätstheorie auftreten) haben zu wenige Automorphismen, um sich anhand von Gruppen klassifizieren zu lassen.

Das gruppentheoretische Konzept ist jedoch von Klein (zumindest ursprünglich) weder dogmatisch als *das* fundamentale Prinzip, als ultima ratio, verstanden worden (der Titel des Erlanger Programms lautete bezeichnenderweise: *Vergleichende Betrachtungen über neuere geometrische Forschungen*), noch ist es das einzige Konzept des Programms, denn ebenso zentral und ganz in Plückerscher Tradition behandelte Klein den Wechsel der Raumelemente bei geometrischen Untersuchungen. Klein wurde hier nicht etwa zum Gruppentheoretiker, sofern die gerade entstehende Disziplin schon eigene Vertreter hätte hervorbringen können, sondern die Gruppentheorie diente ihm als Methode für geometrische Betrachtungen. Sie war ein Mittel, mit dem Klein die Geometrien ordnete, vergleichbar mit dem Periodensystem der Elemente in der Chemie. Algebra und

Geometrie sind auf diese Weise tiefliegend miteinander verbunden, aber anders als in der rechnerisch ausgerichteten analytischen Geometrie.

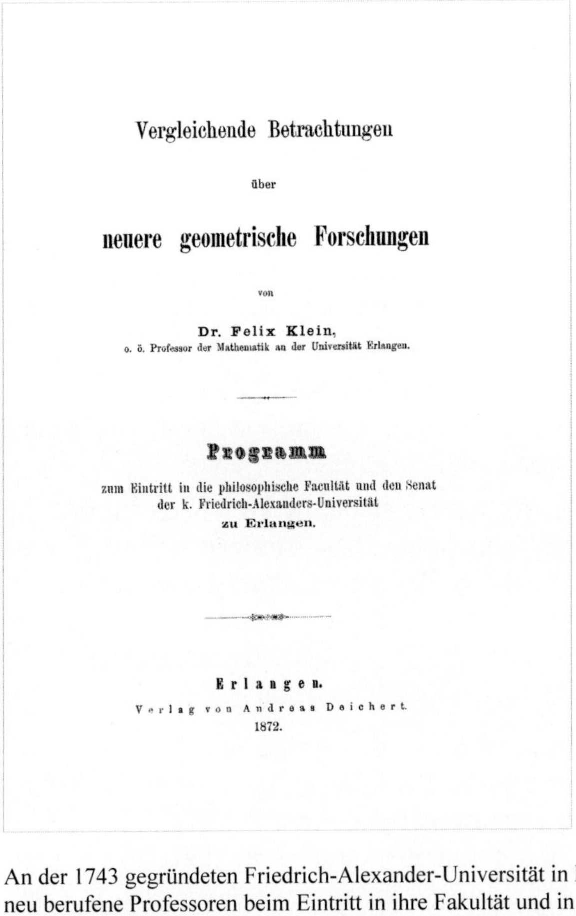
Vergleichende Betrachtungen

über

neuere geometrische Forschungen

von

Dr. Felix Klein,
o. ö. Professor der Mathematik an der Universität Erlangen.

Programm

zum Eintritt in die philosophische Facultät und den Senat
der k. Friedrich-Alexanders-Universität
zu Erlangen.

Erlangen.
Verlag von Andreas Deichert.
1872.

An der 1743 gegründeten Friedrich-Alexander-Universität in Erlangen war es üblich, daß neu berufene Professoren beim Eintritt in ihre Fakultät und in den akademischen Senat für ihr Lehrgebiet ein Programm vorlegten. Felix Klein gelang es, in seinem Programm mit dem Titel *Vergleichende Betrachtungen über neuere geometrische Forschungen* durch die Gruppentheorie die Geometrien zu ordnen, und er schuf damit einen Markstein, der als *Erlanger Programm* (1872) in die Mathematikgeschichte eingegangen ist und der neben das Problemlösen und die Grundlagenforschung das Systemdenken gestellt hat

Das Erlanger Programm zeigt überdies exemplarisch zwei Seiten von Kleins mathematischem Denken: die Suche nach Einheit in der Mathematik, allgemeiner nach dem verbindenden Band in Wissenschaft und Kultur, sowie seine außerordentliche Fähigkeit, die ihm dabei zustatten kam, entlegene mathematische Dinge verbinden zu können. Seine rasche Auffassungsgabe ermöglichte es Klein beispielsweise, als Arthur Schoenflies ihm seine rein geometrisch gedachte Arbeit über Raumgruppen zur Publikation vorlegte, sofort zu bemerken: „Da haben Sie das Grundproblem der Kristallographie gelöst!“[11] Solches Streben nach Einheit der Mathematik, das – wie sein späterer Göttinger Kollege David Hilbert sagte – von Klein in der Geometrie gesucht wurde, während er selbst, Hilbert, dem verbindenden Element in der Analysis nachspüre, erscheint uns selbstverständlich, aber es sei daran erinnert, daß die damaligen Berliner Schulen, die Karl Weierstraß oder Leopold Kronecker repräsentierten, die Mathematik viel einseitiger auffaßten.

L. Fuchs (1833-1903)

Felix Klein nannte die vom Weierstraß-Schüler Lazarus Fuchs vertretene Richtung in der Mathematik „ein typisches Beispiel einer eng begrenzten ‚Schule‘, wie sie sich durch geregelten Vorlesungsbetrieb, sobald er einseitig wird, herausbilden kann.“[12]

Die Berliner Funktionentheorie in der Ägide von Weierstraß war etwa durch das Dogma „In der Funktionentheorie werden Funktionen nur durch Potenzreihen beschrieben und Riemannsche Flächen dienen nur zu deren Veranschaulichung“ charakterisiert, während für Klein (etwa 1882 in Leipzig geäußert) eine Riemannsche Fläche nicht nur der Veranschaulichung einer Funktion diente, sondern diese definierte.[13] Arithmetische und geometrische Haltungen stehen sich hier gegenüber: dem Rechnen mit Reihen begegnet Klein mit dem Sehen geometrischer Sachverhalte.

Kleins Wirken in Leipzig

Unser kleiner geschichtlicher Überblick hat die angewachsene Tragweite der Geometrie in der zweiten Hälfte des 19. Jahrhunderts deutlich gemacht und damit auch die Bedeutung eines Lehrstuhls für diese Disziplin gezeigt. Felix Klein war somit eine ausgezeichnete Wahl für die Leipziger Universität gewesen. Er selbst notierte: „Mein Lehrauftrag in Leipzig war ausdrücklich auf Geometrie beschränkt. So hatte es die Regierung verfügt.“[14] Wie konnte Klein dann aber als Professor der Geometrie – „trotz mannigfachen Widerspruchs“[14], wie er sich zudem erinnerte – seine Lehrtätigkeit mit einer zweisemestrigen Vorlesung über Funktionentheorie beginnen? Ehe diese Frage eingehender untersucht wird, wollen wir Kleins elfsemestriges Wirken in Leipzig kurz mit etwas Statistik Revue passieren lassen und dabei seinen Arbeitsaufgaben nachgehen.

In Leipzig hatte Klein mit Hilfe von Mayer nahe dem Bayerischen Bahnhof und unweit der Universität in der Sophienstraße 10 (heute Shakespearestraße) in der zweiten Etage eines fünfgeschossigen Hauses eine Wohnung gefunden. Das Gebäude steht nicht mehr.

F. Kleins Leipziger Wohnung in der Sophienstr. 10 (gegenwärtiger Zustand; das Gebäude ist im zweiten Weltkrieg zerstört worden). Rechts: Bayerischer Bahnhof in Leipzig (Zustand 2010); der älteste Kopfbahnhof Deutschlands wurde 1842 als Endpunkt der Sächsisch-Bayerischen Eisenbahn in Betrieb genommen. Klein traf hier aus München ein

Mathematische Kollegen des 31jährigen Klein in Leipzig waren K. von der Mühll (39 Jahre), A. Mayer (41 Jahre), C. Neumann (48 Jahre) und W. Scheibner (54 Jahre). Felix Klein ist sofort tätig geworden und „warf sich mit voller Kraft auf die Aufgaben des mathematischen Universitätsunterrichts" (Courant), um die ihn kennzeichnenden Einrichtungen Modellsammlung, Lesezimmer, Mathematisches Seminar (im Sinne eines Instituts verstanden) zu schaffen, die Ostern 1881 bezogen wurden.[15] Diese Dinge sind als Kleins Markenzeichen allgemein bekannt; für Leipzig hat Fritz König die Details zusammengetragen und Kleins Wirken in Leipzig ausführlich dokumentiert.[16] Voller Schwung bot Klein sofort ein höheres Seminar an, begann Kolloquien (10 Mitglieder) abzuhalten und richtete ein mathematisches Kränzchen ein (hierüber später mehr). Felix Kleins Vorlesungen wurden oft von 50 bis 100 Hörern besucht, schließlich beantragte er in Dresden das, was die universitäre Grundlage dieser Aktivitäten sein sollte: ein mathematisches Institut.

Klein hat in Leipzig sofort ein Lesezimmer eingerichtet, das sich wohl nur wenig von dem unterschied, welches er später in Göttingen geschaffen hat und das Iris Runge, die älteste Tochter von Carl Runge, in der Biographie ihres Vaters erwähnt:

„Eine sehr segensreiche Einrichtung war das mathematische Lesezimmer, eine Schöpfung Kleins. In zwei abgeschlossenen Räumen des Auditorienhauses [stadtauswärts am Ende der Weender Straße] war eine gut ausgewählte Handbibliothek der mathematisch-physikalischen Fachliteratur einschließlich aller wichtigeren Zeitschriften aufgestellt. Jeder Student konnte gegen Zahlung einer kleinen Gebühr einen Schlüssel dazu erhalten, und hatte dann die Möglichkeit, etwaige freie Stunden zwischen seinen Vorlesungen in dem Lesezimmer zu verbringen, wo er sein ganzes Handwerkszeug bequem beisammenfand. Gegenüber der großen Universitätsbibliothek war es ein wesentlicher Vorzug, daß man hier an die Regale herantreten, in allen Büchern blättern und sich das passende auswählen konnte. Außerdem wurden im Lesezimmer von den meisten Vorlesungen laufend Ausarbeitungen ausgelegt, so daß eine versäumte Stunde oder eine unverstandene Stelle nachgelesen werden konnte. Auch die Dozenten bedienten sich gern des Lesezimmers zum Verfolgen der Literatur und zum Nachschlagen. So wurde das Lesezimmer zum natürlichen Treffpunkt für alle mathematisch-physikalisch Interessierten; wenn auch in seinen Räumen nicht gesprochen werden durfte, so fand sich im Vorraum oder auf dem Korridor Gelegenheit genug für all die vielen lebhaften Diskussionen, die jüngeren Mathematikern und Physikern Bedürfnis zu sein scheint.“[17]

In Kleins *Autobiographischen Notizen* von 1913, die sich in der Handschriftenabteilung der Niedersächsische Staats- und Universitätsbibliothek Göttingen befinden und von denen es eine von Konrad Jacobs (geb. 1928) transkribierte Fassung gibt, notierte er u.a.:

1880 nun erst recht Arbeit, sofort Kolloquium und höhere Seminare [= Lehrveranstaltung],

1881 Ostern Czermakaion bezogen, Modellsammlung, Lesezimmer, Zyklus der geometrischen Kursvorlesungen begonnen,

1883 [inmitten seiner Rekonvaleszenzphase] zum Herbst Seminar und Lesezimmer auf die Ritterstraße verlegt.

1883, sofort als Klein aus dem Urlaub zurück gekommen war, am Dienstag, dem 9. Oktober, legte er den anstehenden Umzug in die Ritterstraße gleich für den Nachmittag des folgenden Freitag fest; denn in der darauf folgenden Woche, am Montag, dem 15. Oktober 1883, begann bereits das Wintersemester. Ostern 1881 war das Czermakaion bezogen worden, und Klein begann mit seinem viersemestrigen Zyklus der geometrischen Vorlesungen:

analytische Geometrie,
projektive Geometrie, I & II,
Infinitesimalgeometrie.

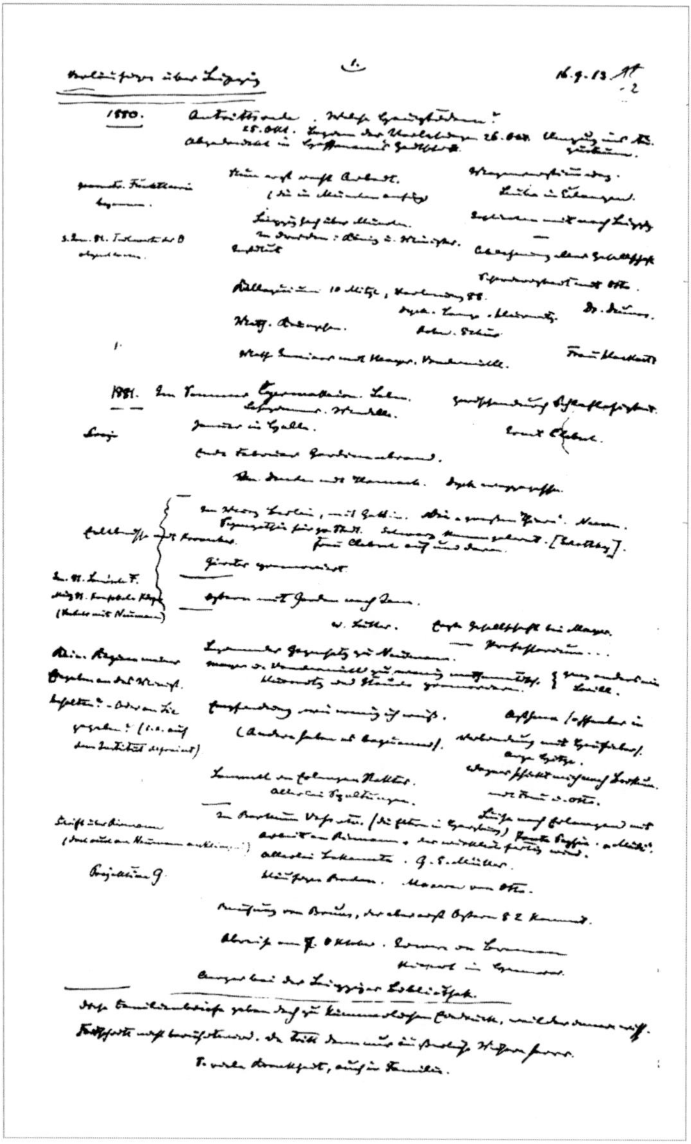

Blatt aus F. Kleins *Autobiographischen Notizen* aus dem Jahre 1913 mit der Überschrift „Vorläufiges über Leipzig“ (16. 9. 1913) über die Jahre 1880 und 1881

Rückblickend notierte Klein 1913, wiederum in den *Autobiographischen Notizen*: „Die Projektive [Vorlesung] des Wintersemesters [1881] die glänzendste Vorlesung in Leipzig. 107 Zuhörer. Dazu darstellende Übungen durch Dyck. Der [= Dyck] mit 15. Okt. Assistent. 66 Praktikanten.“ In der Tat ein beeindruckendes Ergebnis.

Zu den Vorlesungsorten einige Erläuterungen: Ab SS 1881 wurden die mathematischen Vorlesungen nicht mehr im Augusteum am Augustusplatz abgehalten (im 2. Weltkrieg beschädigt und später abgerissen), sondern sie wurden in Czermaks Spektatorium (Czermakaion) gelesen. Neben dem Fachkollegen Adolph Mayer und dem Philosophen Wilhelm Wundt war Klein einer der Direktoren des Czermakaions. Nebenräume, die nach Kleins Vorstellungen umgebaut worden waren, nahmen ab 20. April 1881 die Modellsammlung[18], Arbeitsräume (bis zu 50 Studenten) und die mathematische Bibliothek auf: Leipzig hatte damit ein *Mathematisches Seminar.* Direktoren waren Klein, Mayer und von der Mühll.

C. Neumann (1832-1925)

Carl Neumann scheute grundsätzlich Verwaltungsaufgaben. Das Czermakaion wurde 1900 abgerissen, so daß die Mathematiker wieder umziehen mußten.

Der Begriff Seminar im Sinne einer Einrichtung wird oft auch gleichbedeutend mit dem Wort Institut gebraucht, aber hier bezieht sich Seminar auch auf die Arbeitsgemeinschaft zwischen Studenten und Dozenten, wie sie ursprünglich im Seminar erfolgte. Ein Seminar ist aus dieser Sicht Teil eines Instituts im modernen Sinn; es wies eine eigene Fachbibliothek auf und bot den Studenten Arbeitsmöglichkeiten. Die Mitglieder des Seminars zahlten (wie bereits erwähnt) einen Beitrag (ca. 7 Mark), der sie berechtigte die Arbeitsräume sowie die Bibliothek zu benutzen, deren tägliche Öffnungszeiten in Leipzig zwölf Stunden betrugen (auch sonntags konnte man arbeiten, allerdings nur eingeschränkt am Vormittag). Etwa ein Drittel der Mathematikstudenten gehörten dem Seminar an.

Die praktische Übungsform des Seminars, in dem der Vorlesungsstoff ergänzt und gefestigt werden sollte, hatten die Mathematiker philologischen Seminaren abgeschaut, die schon seit dem Mittelalter durch das Einbeziehen von praktischen Übungen den Sprachunterricht wesentlich effizienter gemacht hatten. Die Bezeichnungen Priester- und Lehrerseminare erinnern noch an diese Tradition (und an den alten Begriff Seminar, siehe Anhang 7).

Klein hatte gleich bei Dienstantritt 1880 Mittel für den Kauf mathematischer Modelle beantragt und vom Dresdner Ministerium bereits am 6. November 1880 bewilligt bekommen. Am 5. Dezember 1880 stellte Klein den Antrag, ein Seminar einzurichten, dem das Ministerium am 17. März 1881 zustimmte. Das wenig benutzte Czermaksche Spektatorium, ein Hörsaalgebäude, das neben dem späteren Mathematischen Institut in der Talstraße gestanden und Platz für etwa 400 Hörer geboten hat, wurde den Mathematikern zur Verfügung gestellt. Schließlich wurde alles am 8. April 1881 übergeben. Von da ab hielt man vornehmlich in diesem Gebäude und nicht mehr im allgemeinen Universitätsgebäude am Augustusplatz mathematische Vorlesungen. Insbesondere die elementaren und geometrischen Vorlesungen hatten hier ihren festen Platz, denn im Czermakaion befand sich – wie erwähnt – die neu angeschaffte Modellsammlung, die in den geometrischen Vorlesungen eingesetzt wurde. Diese Vorlesungen lasen Klein oder seine Assistenten. Die Bezeichnung „Mathematisches Institut“ faßte die Einrichtung des Seminar und der Modellsammlung zusammen, die beide anfänglich im Czermakaion untergebracht waren, und sie erscheint in diesem Sinn seit dem SS 1881 in den Personalverzeichnissen der Universität Leipzig. Jedoch reichten die Räumlichkeiten des Czermakschen Spektatoriums bald nicht mehr aus. Eine von Klein daraufhin beantragte bauliche Erweiterung des Czermakaions zerschlug sich jedoch vorerst und wurde erst 1894 ausgeführt.

Blick auf das Leipziger Akademische Viertel (1885) von C. A. Eltzner (*Leipziger Illustrirte Zeitung*, Nr. 2213 vom 28. November 1885). Die Straße, die am linken Bildrand nahezu parallel zu diesem verläuft, ist die Sternwartenstraße, die auf die Sternwarte (mit Turm) zuläuft und dort (Stephanstraße) heute endet, während sie im Bild noch als Weg durch das Johannistal bis auf die Johannisallee führt. Von der rechten unteren Ecke ist ungefähr diagonal die Liebigstraße zu sehen. Viele medizinische Institute befinden sich beiderseits dieser Straße. Unterhalb, ein wenig links vom Schnittpunkt der Bilddiagonalen, liegt das frühere Mathematische Institut (1905 bis 1971). Es ist ein langgestrecktes zweistöckiges Gebäude, parallel zur Liebigstraße, (siehe S. 38), das nach rechts ein Karree begrenzt, in dessen Innenhof sich das Czermaksche Spektatorium (Czermakaion) befindet. Die Straße am unteren Bildrand ist die Talstraße, deren letzter, schräger Teil bis 1885 Teichstraße hieß. In ihr befanden sich links, an der Ecke Goldschmidtstraße (ehem. Königstraße), im Bild aber nicht mehr sichtbar, nach 1945 Lektorat und Herstellung des Leipziger Teubner-Verlages

So kam es, daß die Mathematik, wiederum auf Antrag Kleins (vom 12. Dezember 1882), für das Seminar die zweite Etage des „Kleinen Fürstenkollegs" erhielt; heute ist das die Ritterstr. 24 (seinerzeit bis 1885 als Ritterstr. 14 gezählt). Dort gab es je ein Lese-, Arbeits-, Seminar- und Sprechzimmer sowie einen Bibliotheksraum. Nach einem (zwei) Jahrzehnt(en) zählte die Bibliothek über 1.600 (2.100) Bücher und hielt 40 (53) deutschsprachige sowie internationale mathematische Zeitschriften. Klein hatte sich um alle Details gekümmert, beispielsweise auch um die 66 Stühle, die auf der Inventarliste verzeichnet sind. Vorlesungen hielt man weiterhin im Czermakaion, in dem auch die Modellsammlung verblieb. Das Mathematische Institut bestand damit aus zwei räumlich getrennten Abteilungen.

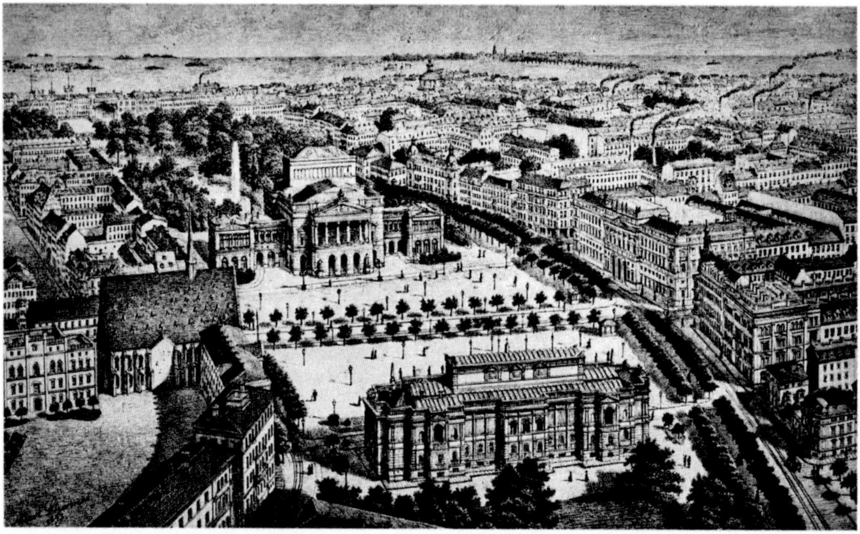

Blick auf den Leipziger Augustusplatz (1893) von A. Schirmes (Heliogravüre nach einer Radierung). Der Blick geht von Süden über das Leipziger Bildermuseum auf den Augustusplatz und das Neue Theater (heute steht dort das Opernhaus). Zwischen Grimmaischer Straße (links) und Grimmaischem Steinweg (rechts) überquert den Augustusplatz eine Verbindung, die von Bäumen gesäumt ist. Links befindet sich die Paulinerkirche, an die sich der Neubau des Augusteums anschließt, damals beide an der Schillerstraße gelegen. Links unten ist der Innenhof des Augusteums deutlich zu sehen. Auf der rechten Seite des Platzes, an der Ecke Grimmaischer Steinweg und Bahnhofstraße (heute Georgiring), befand sich ursprünglich die Firma B. G. Teubner. Später zog Teubner in die Poststraße, die in Höhe der Oper rechts vom heutigen Georgiring begann. Dort wurde 1911 der neu erbaute Teubnersche Firmenkomplex Poststraße / Querstraße (im Bild sind dort rechts zwei Schornsteine zu sehen) / Teubners Hof / Georgiring eingeweiht. Auf der anderen Seite des Augustusplatzes, etwas oberhalb, etwa wo der linke Seitenflügel des Theaters auf die den Platz begrenzende Goethestraße trifft, befand und befindet sich jetzt wieder das Rektorat der Universität. Nebenan im Eckhaus an der Ritterstraße war F. Kleins Mathematisches Institut (siehe S. 37). Die Ritterstraße beginnt links von der Paulinerkirche (oder rechts von der Nikolaikirche, die nicht mehr im Bild ist) und verläuft parallel zur Goethestraße zum oberen Bildrand hin bis zum Brühl. Den heutigen Hauptbahnhof gab es damals noch nicht; etwa an dessen Stelle standen Thüringischer, Magdeburger und Dresdner Bahnhof der preußischen und sächsischen Bahnlinien

Rektoratsgebäude Ritterstr. / Goethestr. vom Augustusplatz aus gesehen

Rektoratsgebäude der Universität Leipzig in der Ritterstraße. In diesem Gebäude befand sich im 2. Stock das 1883 von Felix Klein eingerichtete Mathematische Institut bis 1905

Die Universitätsinstitute um das Czermakaion herum weiteten sich aus: das Institut für angewandte Chemie wurde vergrößert, und man benötigte sowohl für dieses Institut als auch für das Zoologische Institut ein Heizungsgebäude, so daß das Czermakaion schließlich diesen neuen Platzanforderungen weichen mußte. Durch den Abriß des Czermakschen Spektatoriums im Jahre 1900 verlegten die Mathematiker die in ihm befindliche Abteilung vorübergehend wieder in das Hauptgebäude der Universität (in das Augusteum am Augustusplatz). Man hatte den Mathematikern einen Umzug in das damalige Physikalische Institut zugesichert, denn die Physiker sollten demnächst einen Neubau erhalten. 1904 bezogen die Physiker schließlich ihr neues Institut, so daß 1905 beide Abteilungen des Mathematischen Instituts in dem nun frei gewordenen Gebäude in der Talstraße unter ein Dach gebracht werden konnten.

Im WS 1971 gab man das traditionsreiche Gebäude in der Leipziger Talstraße 35 auf, in dem u. a. Adolph Mayer, Carl Neumann, Gerhard Kowalewski, Eduard Study, Friedrich Engel, Felix Hausdorff, Heinrich Liebmann, Wilhelm Blaschke, Leon Lichtenstein, Otto

Hölder und sein Sohn Ernst Hölder, Gustav Herglotz, Bartel L. van der Waerden, Paul Koebe, Eberhard Hopf, Herbert Beckert und Paul Günther sowie der Astronom Heinrich Bruns gelehrt hatten, und man wechselte in einen Plattenbau am Augustusplatz, der damals in Karl-Marx-Platz umbenannt worden war (einen Namen übrigens, den er unter den Sozialdemokraten schon von 1928 bis 1933 getragen hatte). Dieser Plattenbau befand sich ungefähr an der Stelle des früheren Hauptgebäudes der Universität, erstreckte sich aber noch auf das Gebiet der 1968 gesprengten Paulinerkirche.

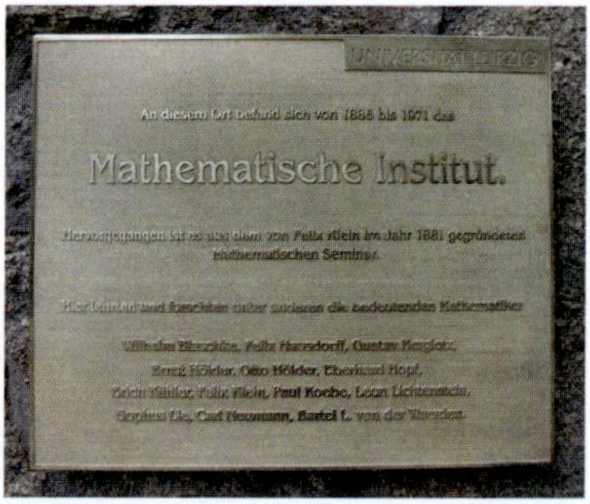

Oben: Universitätsgebäude in der Talstraße 35 und die 2009 dort angebrachte Gedenktafel (beide Fotos vom 6. Juni 2009).

Unten: Neubau Augusteum und Paulinerkirche am Augustusplatz (April 2011)

Der Plattenbau wurde 2007 abgetragen und wird gegenwärtig durch einen Neubau ersetzt, der äußerlich sowohl an das Augusteum als auch an die 1968 von den damals Herrschenden gesprengte Paulinerkirche erinnern soll. In dem neuen Augusteum werden die Leipziger Mathematiker wieder ihren Platz am zentral gelegenen Augustusplatz finden.

Am 6. Juni 2009 hat man an dem alten Institutsgebäude in der Talstraße 35 eine Gedenktafel angebracht, deren Text nicht ganz zutrifft, denn 1886 verließ zwar Felix Klein Leipzig, aber das Mathematische Seminar blieb 1886 weiterhin in der Ritterstraße; es wechselte nicht wie angegeben in die Talstraße. Das war, wie bereits gesagt, erst 1905 der Fall. Von den auf der Tafel genannten Mathematikern hat folglich Klein mit Sicherheit in diesem Gebäude nicht gelehrt, wiewohl er es bei späteren Leipziger Besuchen betreten haben wird. Auch der angeführte Sophus Lie hatte 1905 Leipzig längst verlassen und war 1899 in seinem Heimatland Norwegen gestorben.

Noch bevor Klein am 31. März 1886 Leipzig verließ, war von ihm der formale Antrag gestellt worden, daß die Lehr- und Arbeitsräume des Seminars in der Ritterstraße einerseits und die Modellsammlung nebst den Hörsälen im Czermakaion andererseits, also beide Abteilungen des Mathematischen Instituts, künftig als Mathematisches Institut der Universität „zusammengefaßt werden möchten“. Das Ministerium in Dresden stimmte dem zu, allerdings erst kurz vor Kleins Weggang, nämlich am 2. März 1886.

Das Leipziger Institut galt seit der Zeit Kleins aufgrund seiner vorzüglichen Arbeitsbedingungen als modern, und es fand entsprechend weltweite Aufmerksamkeit. Ganz im Kleinschen Sinn hat man nach dem Umzug in die Talstraße auch dafür gesorgt, daß dort Abstellplätze für die Fahrräder der Studenten vorhanden waren, „was bei den großen Entfernungen, welche diese bisweilen zurückzulegen haben, sehr nützlich ist“ (O. Hölder und K. Rohn).

Felix Klein hatte in seinen Erlanger und besonders in seinen Münchener Jahren den Grund zu den meisten seiner späteren wissenschaftlichen Untersuchungen gelegt. Die „Leipziger Schule" Kleins kann daher als direkte Fortsetzung der Münchener angesehen werden. Klein bot während seiner 11 Leipziger Semester 17 verschiedene Vorlesungen mit 2 oder 4 Wochenstunden an und hielt stets ein zweistündiges Forschungsseminar; seine Stundenzahl schwankte in den Semestern zwischen sechs und zehn pro Woche (siehe Anhang 3). Die Vorlesungen hatten bis über 100 Hörer, und in seinen höheren Seminarübungen zählte Klein insgesamt ca. 150 Mitglieder, die wenigstens ein Semester lang geblieben waren. Über seine erste Vorlesung in Erlangen bekannte Klein in seinem Lebenslauf von 1923: „In meiner ersten Vorlesung ... erschienen zwei Zuhörer, von denen ich den einen noch ein paar Mal, den anderen aber nie wieder gesehen habe, so daß eine Weiterführung der begonnen Vorlesung sehr zweifelhaft gewesen wäre."

W. von Dyck (1856-1934)

A. Hurwitz (1859-1919)

K. Rohn (1855-1920)

Assistent Kleins in Leipzig war zunächst Walther (von) Dyck, der ihm aus München gefolgt war. Dyck war auch Assistent für die Modellsammlung, und Klein hatte ihn beauftragt, für diese laufend neue Stücke zu erwerben. Auf Dyck folgte Friedrich Schur. Weiter gab es einen jährlich wechselnden Famulus, der aus den Doktoranden ausgesucht wurde (siehe Anhang 5). In den Leipziger Jahren gab es 17 Dissertationen bei Klein – sofern man die noch in Leipzig begonnen 5 Arbeiten mitzählt. Klein selbst erinnert sich an 16, darunter die von Adolf Hurwitz, Henry Burchard Fine oder Robert Fricke, sowie vier Habilitationen, 1881 Friedrich Schur, 1882 Walther Dyck, 1885 Friedrich Engel und 1885 Eduard Study; siehe Anhang 6. Zum Vergleich: bei Klein selbst hatte es vor seiner Leipziger Zeit 9 und danach in der Göttinger Periode 23 Dissertationen gegeben; in Leipzig gab es in der Mathematik in den Dezennien 1870-80 und 1880-90 insgesamt je 11 und 52 Dissertationen bzw. je 3 und 5 Habilitationen, von 1880-85 (etwa Kleins Leipziger Zeitraum) waren es 23 Dissertationen und 5 Habilitationen gewesen.

Neben der aufwendigen Lehre hat Klein in Leipzig 18 mathematische Arbeiten verfaßt (7 bzw. 6 über elliptische bzw. automorphe Funktionen, 3 über Geometrie, 2 zur mathematischen Physik), 2 Bücher geschrieben und mit der Herausgabe der *Autographierten Vorlesungen* begonnen (siehe Anhang 4). Ein respekteinflößendes Pensum! Die Protokolle der Kleinschen Seminare über vier Jahrzehnte (1872-1912), welche die Bibliothek des Mathematischen Instituts der Universität Göttingen aufbewahrt, sind ein weiteres Beispiel für Kleins Regsamkeit: sie füllen 29 Hefte mit über 8.000 Seiten. 1885, im Bewerbungsschreiben für seinen Wechsel nach Göttingen, konnte der 36jährige Klein anführen, daß von seinen Schülern bereits 4 Ordinariate, 3 Extraordinariate und 6 Privatdozenturen besetzt[19] sowie 17 Teilnehmer an seinen Seminaren inzwischen ausländische Dozenten geworden seien.

Arnold Sommerfeld, der 1891 beim Klein-Schüler Ferdinand Lindemann in Königsberg promoviert hatte, war Assistent am Lesezimmer in Göttingen (eine von F. Klein geschaffene Stelle) und u.a. mit der Aufgabe betraut, eine vierstündige Kleinsche Vorlesung auszuarbeiten. Arnold Sommerfelds Ansicht war es, daß jede Vorlesungsstunde ein kleines, auch stilistisches Meisterwerk gewesen sei; alle 10 Minuten gab es zudem ein zusammenfassendes Diktat. Dieses Diktat war eine Handreichung an die Studenten, da Lehrbücher nicht immer zur Verfügung standen und falls ja, diese teilweise auch teuer gewesen sind. Sommerfeld bemerkte übrigens, daß seine Studenten später solche Diktate gar nicht schätzten.

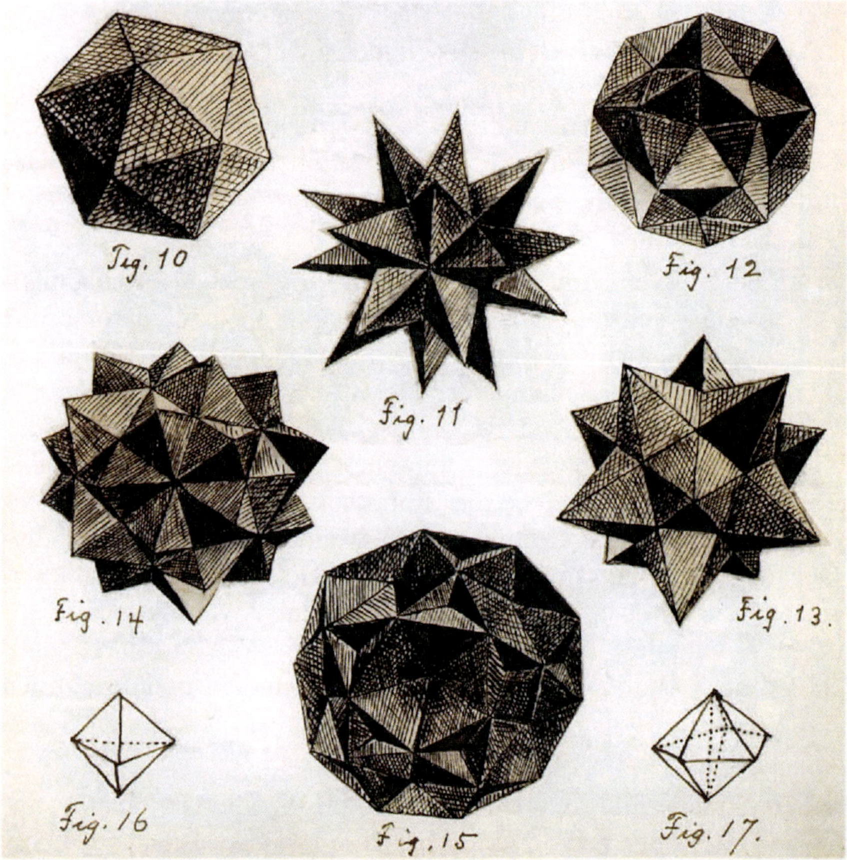

Aus Kleins Protokollbuch über ein Leipziger Seminar.

Zeichnungen von W. I. Stringham: reguläre Körper und Sternkörper aus dem Protokollbuch (Bd. 2) zum ersten in Leipzig gehaltenen Seminar mit dem Thema „Geometrie und Funktionentheorie“, 29. November 1880

Sommerfeld kam dann auch auf Kleins autographierte Vorlesungshefte zu sprechen: „Die autographierten Vorlesungshefte geben ein unmittelbareres Bild von Klein's Persönlichkeit, die sich nicht hinter Behauptung und Beweis versteckt, sondern überall lebendig hervortritt. Das Gauß'sche Siegel ‚pauca sed matura' [Weniges, aber Ausgereiftes] war nicht sein Fall: Die Fülle der Ideen, der Verknüpfungen, der Anwendungen drängte zum Ausdruck. Damit hängt zusammen die Freude am Unterricht, die [eine] Schule bildende Kraft, das Bedürfnis zur Äusserung im Gespräch und Colloquium, die königliche Freigebigkeit."[20]

Friedrich Schiller hat in den *Xenien* 1797 im Hinblick auf den philosophischen Alleszermalmer Immanuel Kant in *Kant und seine Ausleger* (Nr. 53) den geläufigen Vers verfasst, der auch auf Klein paßt: „Wie doch ein einziger Reicher so viele Bettler in Nahrung / setzt! Wenn die Könige baun, haben die Kärrner zu tun."

Wie Sommerfeld, so war auch der spätere Mathematikhistoriker von Rang Otto Neugebauer vor seiner Promotion in Göttingen 1926 (bei Courant und Hilbert) Assistent am Lesezimmer. Als jedoch Neugebauer Kleins Sammlung elementarer Bücher über Mathematikdidaktik ziemlich unerreichbar oben auf die Regale umräumte, protestierten die Lehrerstudenten umgehend bei Klein. Dieser sah sich gezwungen, Neugebauer einzubestellen, und im Hinblick auf dessen ausgedehnte ägyptologische Studien bemerkte er lakonisch, da sei ein neuer Moses erschienen, der den Pharao nicht kenne.

Wie schon in München so zeigte sich auch in Leipzig die internationale Einstellung Kleins, für den Wissenschaft nicht national sein konnte. Schon im WS 1880 waren der Italiener Giuseppe Veronese und der Franzose Georges Brunel Studenten Kleins, ein Jahr später folgte der Amerikaner Washington Irving Stringham. 1882 kam für zwei Jahre der Italiener Francesco Gerbaldi. 1887 hatte Klein beispielsweise sechs amerikanische Hörer. Von den amerikanischen Studenten, die bei F. Klein Vorlesungen hörten oder promovierten, wurden sechs Präsidenten der American Mathematical Society (AMS), nämlich Osgood (1905-1906), White (1907-1909), Bôcher (1909-1910), Fine (1911-1912), Van Vleck (1913-1914) und Bliss (1921-1922). Bis 1911 sollten insgesamt zwölf ausländische Studenten bei Klein promoviert werden.

Als Klein in Leipzig erste Wurzeln geschlagen hatte, begannen sich auch seine wissenschaftlichen Kontakte zu festigen: gleich seit dem WS 1880 gab es ein regelmäßiges mathematisches Kränzchen, an dem neben Klein die Mathematiker Karl Friedrich Rohn, Friedrich Heinrich Schur, Otto Staude und Walther Dyck teilnahmen. Kleins Erkrankung 1882 beeinträchtigte aber schon bald die Treffen, Staudes Habilitation 1883 in Breslau kam hinzu, Rohn wechselte 1885 nach Dresden.

Übrigens gab es später wieder ein mathematisches Kränzchen, das länderübergreifend abwechselnd in Halle und Leipzig stattfand und das in Georg Cantor und Felix Hausdorff entschiedene Verfechter besaß. Gerhard Kowalewski berichtet in seinem Erinnerungsbuch *Bestand und Wandel* hierüber: „Zwischen Halle und Leipzig gab es eine sehr schöne Vereinbarung. Die Mathematiker beider Universitäten hatten ein gemeinsames Kränzchen, das alle 14 Tage abwechselnd in Leipzig und Halle stattfand. Die älteren Leipziger Herren [Mayer, Scheibner, Neumann] nahmen nicht daran teil. Dagegen erschienen Otto Hölder, der Nachfolger Lies, und Engel sowie die drei Privatdozenten [Levi, Liebmann, Scheffers] ganz regelmäßig. Von den Hallensern wirkten mit Georg Cantor, der berühmte Schöpfer der Mengenlehre, Hermann Graßmann der Jüngere, ein Verwandter [= Sohn] des Verfassers der Ausdehnungslehre, sowie einige Gymnasialprofessoren“ (S. 106).

Die vorn zurückgestellte Frage, warum Klein mit einer funktionentheoretischen Vorlesung in Leipzig begonnen hatte, wird uns nun tiefer in das Wesen von Kleins mathematischem Denken führen. Er hat Geometrie nicht im engen Sinn des Wortes aufgefaßt, sondern als eine mathematische Denkweise schlechthin begriffen. Er hat übrigens drei mathematische Typen unterschieden: den *philosophisch* begründenden, den *analytisch* folgernden und den *geometrisch* veranschaulichenden. In diesem Sinne wünschte er auch die Professorenschaft eines Instituts zusammengesetzt. Courant beschrieb Klein, indem er eine Typisierung von Wilhelm Ostwald aufgriff, als den *romantischen* Typ des Wissenschaftlers, der anregende Ideen bekannt macht, auch wenn sie noch nicht völlig ausgereift sind, wobei diesem romantischen Typ der sorgfältig prüfende *klassische* Typ (etwa Gauß) gegenübersteht, der nicht mehr veröffentlicht, als er beweisen kann. Es ist amüsant, daß Hilberts Doktorand Oliver Kellogg auch Courant zu dem romantischen Wissenschaftlertyp zählte.

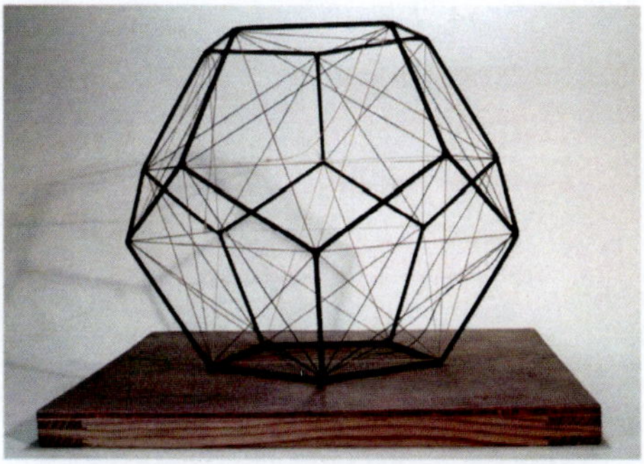

Kantenmodell eines Dodekaeders, das durch 12 Fünfecke begrenzt wird und 30 Kanten sowie 20 Ecken hat

Regelfläche, d.h. eine Fläche, die durch eine Schar von Geraden (= Fäden) erzeugt werden kann

Hellmuth Kneser hat 1949 in einer Göttinger Gedenkrede Kleins geometrisches Wesen meisterhaft in folgenden Worten erfaßt: „Jeder mathematische Gegenstand wird ihm zum räumlichen Bild, und seine besondere Kunst ist es, durch geometrische Transformationen von einem Bild zum anderen zu wechseln.“ In der Tat, weit über die Hälfte von Kleins Buch *Vorlesungen über höhere Geometrie* handelt von solchen Transformationen. An Sophus Lie schrieb Klein: „Ich bin ein Transformationsmensch“ (12. Dezember 1873). Bei der

Veranschaulichung algebraischer Funktionen etwa bemerkte Klein, daß der Übergang zwischen „verschiedenen anschauungsmäßigen Hilfsmitteln“ nicht nur wünschenswert, sondern „vom rein geometrischen Standpunkt geradezu gefordert werden muß, wenn die Sätze ... zu einem unmittelbaren Verständnis gebracht werden sollen.“[21] Kneser gab einige Beispiele – hier ausgewählte Kostproben:

> „Die geraden Linien des Raumes werden zu Punkten im fünfdimensionalen Raum.
>
> Die kanonischen Transformationen der Mechanik sieht er als Berührungstransformationen von Flächenelementen zu Flächenelementen an, und die Bewegungsgleichungen drücken aus, wie sich eine solche Berührungstransformation im Laufe der Zeit entfaltet.“[22]

Heute wären prominente Vertreter dieser Richtung beispielsweise Sir Roger Penrose und sein Schüler Stephen Hawking. In einem Interview im Jahre 1999 mit der *Süddeutschen Zeitung* (Magazin Nr. 36) erklärte Penrose: „Ich denke gern visuell. In Bildern zu rechnen geht meist auch schneller. Komplizierte Berechnungen, für die man viele Seiten Papier bräuchte, lassen sich bildlich oft mit wenigen Strichen umsetzen.“

Allerdings erfaßt ein solches puristisches Schubkastendenken die Auffassungen Kleins nur unvollkommen, da er auch für die sogenannte *Arithmetisierung* der Mathematik steht: „Bei Gauß wird die Raumanschauung, insbesondere die Anschauung von der Stetigkeit des Raumes noch unbedenklich als Beweisgrund benutzt. Da zeigte die nähere Untersuchung ... , daß die Raumanschauung dazu geführt hatte, in übereilter Weise Sätze als allgemeingültig anzusehen, die es nicht sind. Daher die Forderung ausschließlicher arithmetischer Beweisführung.“[23]

In seiner Leipziger Antrittsrede 1880 sprach sich Klein deutlich gegen den Geometer reinsten Wassers Jakob Steiner aus, der „die einzige Quelle seiner Beweise in der unmittelbaren geometrischen Anschauung“ erblickte. Gleichzeitig legte Klein dort die Wurzeln der später von ihm als Arithmetisierung bezeichneten Auffassung frei, die offenbar auf seinen Lehrer Plücker zurückgeht, für den die abstrakte Größenlehre, die Analysis, die eigentliche Wissenschaft darstellte, zu der die Geometrie lediglich ein Gegenbild war.

J. Steiner (1796-1863)

Kummersche Fläche mit 8 reellen Doppelpunkten (Fläche vierter Ordnung).

Klein erstattete auf der 50. Versammlung Deutscher Naturforscher und Ärzte in München 1877 einen Bericht über die Gestalten der Kummerschen Fläche.

Die vollständige Klassifizierung der Flächen vierter Ordnung ist bis heute noch nicht erfolgt

Halten wir dem das auf abstrakter Anschauung fußende berühmte Staunen von Georg Cantor über die Gleichmächtigkeit von Mengen unterschiedlicher Dimensionen entgegen, etwa von Quadrat und Intervall, bei dem Cantor sogar zögerte, die Fassungslosigkeit in seiner Muttersprache auszudrücken:„Je le vois, mais je ne le crois pas!“ (Brief an Richard Dedekind vom 20. Juni 1877.) Klein hat dies sehr drastisch durch folgendes Bild ausgedrückt: Cantor schüttet alle Punkte eines Quadrates in einen Sack, um sie zum Zwecke der Abbildung erst gründlich durcheinander zu rütteln. Cantor konstruierte bijektive Abbildungen zwischen stetigen Mannigfaltigkeiten verschiedener Dimensionen. Die offensichtlich unbezweifelbare Gleichheit der Dimension einer Mannigfaltigkeit und deren Koordinatenanzahl muß nicht mehr bestehen, wenn man wie Cantor auf die Stetigkeit Abbildung verzichtet.

Kleins geometrische Vorstellungskraft zeitigte auch tragikomische Folgen. Er hatte bemerkt, daß ein in eine geschlossene Kurve geknüpfter Knoten, wenn man die Kurve aus dem dreidimensionalen Raum in den vierdimensionalen hinaufhob, dort nicht mehr bestehen mußte, sondern sich lösen ließ. Zufällig hatte Klein dieses Ergebnis seinem späteren Leipziger Kollegen Johann Karl Friedrich Zöllner mitgeteilt, der als ein Bahnbrecher der Astrophysik gilt, der aber auch ausgesprochene metaphysische Neigungen entwickelt hatte. Zöllner war schlechterdings von der vierten Dimension fasziniert. Da er sowohl Riemanns naturphilosophische Arbeiten als auch Kleins Beiträge zur nichteuklidischen Geometrie gut kannte, konnte er die volle Tragweite seiner Spekulationen erfassen und gewann hieraus (leider) metaphysischen Auftrieb.[24]

Die Möglichkeit, auf dem von Klein gewiesenen Weg sich experimentell der Existenz der vierten Dimension des Raumes versichern zu können und zudem sogar einen Zugang zu dieser gewinnen zu können, heizte Zöllner derart an, daß er in zu diesem Zwecke durchgeführten Séancen einem betrügerischen Taschenspieler aufsaß. Zöllner verlor damit unter Fachkollegen zunehmend an Ansehen und isolierte sich weitgehend. Es spricht für Klein, daß er auch unter diesen Umständen weiterhin bemüht war, dem verdienstvollen Astrophysiker selbst als persona non grata gerecht zu werden. Ähnliche Großzügigkeit hat er, wie wir im Anhang 8 genauer ausführen werden, später auch gegenüber Sophus Lie gezeigt, der als kranker, paranoider Mann Klein scharf und ungerecht beispielsweise „als oberflächlich“ attackierte.

Betrachten wir nochmals Courants Aussage über Klein, daß dieser so tief wie kein anderer Riemanns funktionentheoretische Gedanken erfaßt habe und daß die Selbstverständlichkeit, mit der wir heute auf Bernhard Riemann aufbauen, wesentlich ihm geschuldet sei.[25] Klein, ich folge Courant, zog die zugrunde liegende physikalische Vorstellung aus dem Dunkel hervor und machte sie zu seinem Leitgedanken. Damit schuf er etwas, das als *physikalische Mathematik* zu bezeichnen wäre. Richard Courant wörtlich: „Klein erzeugte sich Funktionen, indem er ein Stück der Ebene oder einer beliebigen Fläche mit einer leitenden Schicht bedeckt denkt und an einzelnen Stellen Pole ... aufsetzt. Der Strömungszustand ... repräsentiert dann eine ganz bestimmte Funktion. ... Alle Existenztheoreme, der berühmte Riemannsche Abbildungssatz ... und weit mehr wird von diesem Gesichtspunkt unmittelbar verständlich und durchsichtig; alles tritt in einen zwangsläufigen Zusammenhang."[26]

B. Riemann (1826-1866)

Und Felix Klein selbst: „Ich suche durch physikalische Erwägungen zu einer wirklichen Beherrschung der Grundgedanken der Riemannschen Theorie zu gelangen. ... Ich halte es für ein Unrecht, wenn die meisten Mathematiker ihre intuitiven Überlegungen ganz unterdrücken und nur die allerdings notwendigen strengen ... Beweise veröffentlichen. ... Ich habe keine Bedenken getragen, diese physikalischen Anschauungen geradezu zum Ausgangspunkt meiner Darstellung zu machen."[26]

Der letzte Satz zeigt, daß Klein natürlich die Grenzen eines solche Analogiedenkens bewußt gewesen sind. Allerdings hat er zur mathematischen Logik oder Axiomatik keine Arbeiten geschrieben; dafür brachte er kein tieferes Interesse auf, sondern sprach von der formalen Methode als von einem Gegenstand, „der mir persönlich ferner liegt".

Im Hinblick auf diese Haltung hat der in Göttingen geborene Laurence Chisholm Young erklärt, daß Klein nicht verstanden habe, was ein moderner Beweis sei: „Weierstrass had not been far wrong in saying that what Klein did was not mathematics at all. Felix Klein had, by the account of many who knew him, including my teacher Carathéodory, no notion how to *prove* things – he could just *see* they were true.“[27]

Aber Klein ging es gerade darum, ein Problem durch ein Maximum an Einsicht mit einem Minimum an Rechnung zu bewältigen. Diese Geisteshaltung, die einerseits auf Riemanns Auffassung der Funktionentheorie, andererseits auch auf den abstrakten Begriffsbildungen Dedekinds fußt und die die Rechenhaftigkeit des 19. Jahrhunderts begrifflich überwinden will, ist später in Göttinger Mathematikerkreisen das *allgemeine* Dirichletsche Prinzip genannt worden. Aus einer solchen Einstellung heraus werden Kleins Zitate verständlich: „Wenn ein Mathematiker keine Ideen mehr hat, treibt er Axiomatik. – So ist die Mathematik von denen am meisten gefördert worden, die mehr durch Intuition als durch strenge Beweisführung sich auszeichneten.“[28]

Hier trifft sich F. Klein mit der Anschauung von Jaques Hadamard: „Logic merely sanctions the conquest of mathematics.“ Vor diesem Resümee (zweites Zitat), das sich auf Riemanns Genie bezog, führte Klein aus: „Gewiß ist es der Schlußstein am Gebäude einer jeden mathematischen Theorie, den zwingenden [logischen] Beweis für alle Behauptungen zu erbringen. Gewiß spricht sich die Mathematik selbst das Urteil, wenn sie auf zwingende Beweise verzichtet. Das Geheimnis genialer Produktivität wird es jedoch ewig bleiben, neue Fragestellungen zu finden, neue Theoreme zu ahnen, die wertvolle Resultate und Zusammenhänge erschließen. Ohne die Schaffung neuer Gesichtspunkte, ohne die Aufstellung neuer Ziele, würde die Mathematik in der Strenge ihrer logischen Beweisführung sich bald erschöpfen und zu stagnieren beginnen, indem ihr der Stoff ausginge.“[29]

Ganz anders, aber sehr einflußreich argumentierten Karl Weierstraß und Hermann Amandus Schwarz: abstrakt und kritisch. Sie verlangten stets strenge Beweise anstelle von genial, aber nur intuitiv hingestellten Existenzsätzen. Poincaré urteilte in seiner Arbeit *L'oeuvre mathématique de Weierstrass*: „La méthode de Riemann [dans la théorie des fonctions] est avant tout une méthode de découverte, celle de Weierstrass est avant tout une méthode de démonstration."[30]

K. Weierstraß
(1815-1897)

H. A. Schwarz
(1843-1921)

David Hilbert, der sich durch seinen Leitbegriff Axiomatik tiefgehend von Kleins Auffassung unterschied, betonte später nachdrücklich den logischen Zirkel bei Analogieschlüssen: ein mathematisches Modell müsse alle einschlägigen Fragen aus sich selbst heraus, also intern, beantworten können, Rechtfertigungen können nicht – wie in der Physik üblich – durch externe Mittel erfolgen; Klein aber wolle die Mathematik zur Herrscherin in der Wirklichkeit und nicht im Idealen machen.

D. Hilbert
(1862-1943)

Die Physik beflügelte zweifelsohne Kleins mathematische Gedanken, und der herausragende Physiker Arnold Sommerfeld unterschied feinsinnig: „Es ist nicht eigentlich mathematische Physik, was hier getrieben wird, sondern physikalische Mathematik“[31]. Der Physiker Max Born, der bei Klein Vorlesungen gehört hatte, sprach bei einschlägigen Beispielen Kleins sogar vom Verlust der physikalischen Natur auf einer „Spielwiese für mathematische Zaubertricks“, und er klagte zudem über Kleins Beweisskizzen, deren Lücken zu schließen ihm als Student schwer gefallen war (siehe Anhang 8). Rückblickend, im Alter, schätzte Born jedoch Kleins Darlegung der tragenden Ideen in den auf Gesamtschau angelegten Vorlesungen mehr als andere Darstellungen.[32] Constantin Carathéodory, der unmittelbare Nachfolger Kleins in Göttingen, zählte Klein zu den brillantesten und gründlichsten Vortragenden aller Zeiten.

Das beschriebene Denken konnte Klein in der geometrischen Funktionentheorie verwirklichen, die somit ganz exemplarisch für Kleins Schaffen ist. Gegenüber dem Weierstraßschen Vorgehen, das durch die Potenzreihe bestimmt ist und im analytischen Gebilde endet, veranschaulicht sich Klein im Geiste Riemanns analytische Funktionen als konforme Abbildungen, und das Pendant zum analytischen Gebilde ist die Riemannsche Fläche, die im Kleinschen Sinne jedoch nicht nur zur Veranschaulichung dient, sondern die als unverzichtbarer Bestandteil des Funktionskonzepts begriffen wird, „als der Mutterboden, auf dem die Funktionen allererst wachsen und gedeihen können“ (H. Weyl), wie wir noch sehen werden. Klein war stets um den Ausgleich der Riemannschen und Weierstraßschen Auffassungen bemüht gewesen. Er hat daher die Absicht des jungen Hermann Weyl, beide Theorien zu verschmelzen, nicht nur begrüßt, sondern er hat um 1910 trotz seines abermals sehr angegriffenen Gesundheitszustandes dieses Vorhaben diskutierend begleitet, das 1913 zu Weyls *Die Idee der Riemannschen Fläche* führte, jenem wegweisenden funktionentheoretischen Markstein bei B. G. Teubner.

H. Weyl
(1885-1955)

Gipsmodell einer randlosen Fläche
vom Geschlecht 2

Es war jenes tiefe geometrische Eindringen in den funktionentheoretischen Stoff, das am Beginn von Kleins Leipziger Lehrtätigkeit zu seiner zweisemestrigen Vorlesung *Funktionentheorie in geometrischer Behandlungsweise* geführt hatte. Das kleine Beiwort „geometrisch“ im Titel verweist auf die etwas andere Auffassung dieser Disziplin durch Klein. Nach diesen die Leipziger Lehrtätigkeit eröffnenden funktionentheoretischen Vorlesungen (WS 1880, SS 1881) begann Klein einen Zyklus von vier aufeinander abgestimmten Vorlesungen über „Analytische Geometrie“ (SS 1881), „Projektive Geometrie“, I und II, (WS 1881 und SS 1882) sowie „Anwendungen der Differential- und Integralrechnung auf Geometrie“ (WS 1882). Nach seinem gesundheitlichen Zusammenbruch Ende 1882 hat er vor allem über spezielle Themen aus der Funktionentheorie wie „Elliptische Funktionen“, I und II, (WS 1883 und SS 1884) und „Hyperelliptische Funktionen“, I und II, (SS 1885 und WS 1886) gelesen. Bei den Dissertationen in der zweiten Hälfte von Kleins Leipziger Zeit dominieren demzufolge entsprechende Themen.

Hier einige Angaben zu den Hörerzahlen von Kleins Vorlesungen (nach F. König[16]):

WS 1880/81	Funktionentheorie, I	74
SS 1881	Funktionentheorie, II	34
	Analytische Geometrie	50
WS 1881/82	Projektive Geometrie, I	73
	Darstellende Geometrie, I	50

SS 1882	Projektive Geometrie, II	51
	Darstellende Geometrie, II	12
WS 1882/83	Anwendungen der Differential- u. Integralrechnung	60
	Übungen dazu	11

Die Lehrveranstaltungen zur darstellenden Geometrie wurden erstmals an der Leipziger Universität angeboten. Klein war durch seine Münchner Tätigkeit in den Ingenieurswissenschaften bestens vorbereitet, über Methoden der graphischen Statik (Culmannsche Statik, Cremonasche Kräftepläne) usw. vorzutragen – alles Gegenstände, die Vertreter einer „reinen" Mathematik nicht für akademisch hielten. Aber Klein hatte in seiner Antrittsrede Gründe für sein Tun angeführt.

Klein hielt gleich im WS 1880 mit Mayer ein Seminar ab, aber Mayers formale Strenge mag Klein von einer weiteren Zusammenarbeit abgehalten haben, zumal es zu engeren Kontakten mit Carl Neumann gekommen war, die zu ersten physikalisch orientierten Arbeiten führten. Doch auch diese Beziehung hatte keinen Bestand, so daß Klein sich in seiner depressiven Phase nach dem Zusammenbruch vereinsamt im Leipziger Kollegium vorkam.

Der Höhepunkt des mathematischen Schaffens

Felix Kleins Beiträge zur geometrischen Funktionentheorie sind nicht nur mathematisch bedeutend, sondern auch charakteristisch für sein Denken, so daß nun einiges aus dieser Ideenwelt skizziert werden soll.

Der Riemannsche Abbildungssatz (1851) besagt, daß jedes einfach zusammenhängende Gebiet G, das von der Ebene verschieden ist, durch eine analytische Funktion $w = f(z)$ umkehrbar eindeutig (also biholomorph) auf einen Kreis K und damit auch auf eine Halbebene abgebildet werden kann. Für Klein ist dieser Sachverhalt übrigens ein geometrisches Prinzip zur Erzeugung analytischer Funktionen $f(z)$. Aber von solchen Abbildungsfunktionen läßt sich bei dieser Auffassung über die bloße Existenz hinaus zunächst wenig sagen. Bei einfachen Figuren jedoch, die etwa durch Geraden- oder Kreisbogenstücke begrenzt werden, gewann Klein bereits aus den geometrischen Sachverhalten wesentliche Eigenschaften für die zugehörige Abbildungsfunktion.

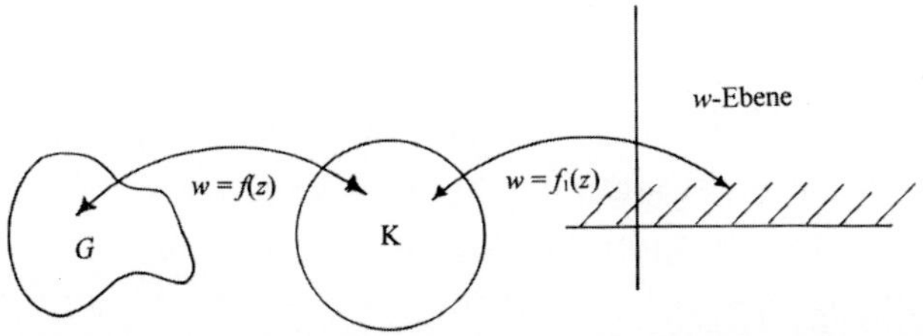

Konforme Abbildung eines einfach zusammenhängenden Gebietes G auf den Einheitskreis K (Riemannscher Abbildungssatz) und konforme Abbildung des Kreises auf die obere Halbebene

Sehen wir uns hierzu in der z-Ebene ein gleichseitiges nullwinkliges Kreisbogendreieck D in einem Kreis K als einfaches Beispiel an. Es gibt eine im Innern von D definierte meromorphe Funktion, die D auf die obere w-Halbebene G abbildet. Wir können es so einrichten, daß den drei Eckpunkten A, B und C von D die Bildpunkte 0, 1 und ∞ entsprechen, so daß die Dreiecksseite AB als Bild die Strecke 01 hat. In der w-Ebene läßt sich nach dem Schwarzschen Spiegelungsprinzip die Abbildungsfunktion aus der oberen Halbebene G über die Strecke 01 in die untere fortsetzen, wobei das ursprüngliche und das gespiegelte Gebiet G und G^* längs 01 verbunden sind. In der z-Ebene entspricht dieser Prozedur die Fortsetzung der Funktion in ein weiteres Kreisbogendreieck, das sich durch Spiegeln von D längs der Seite AB ergibt und dessen neuer Eckpunkt C^* auf dem Kreis K liegt. In dieser Weise kann man fortfahren, Kreisbogendreiecke an ihren Seiten zu spiegeln, bis der dem Ausgangsdreieck D umschriebene Kreis K ausgefüllt ist. Es ist geometrisch einleuchtend, daß dieser Kreis so ganz ausgeschöpft wird und daß er die entstandene, sogenannte Modulfigur als Grenzkreis berandet.

Der beschriebene geometrische Sachverhalt ist bei Maurits Cornelius Escher auch Gegenstand künstlerischer Betrachtungen geworden, nämlich in den vier Holzschnitten *Grenzkreise* (Cirkellimiet) I-IV (1958-1960).

In der w-Ebene entsprechen den gespiegelten Dreiecken stets Halbebenen, die jeweils mit der anderen Halbebene längs einer der Strecken 01, 1∞, $\infty 0$ verbunden sind und die sich dabei in natürlicher Weise als Blätter einer unendlichblättrigen *Riemannschen Fläche* aufschichten. Die Verzweigungspunkte sind damit 0, 1 und ∞. Die Abbildungsfunktion, die vom Ausgangsdreieck auf die Modulfigur fortgesetzt wurde, bildet in ihrer Erweiterung diese Modulfigur konform auf die Riemannsche Fläche ab. Kann man umgekehrt einer geschlossenen algebraischen Fläche, die als Riemannsche Fläche begriffen wird, eine solche Modulfigur zuordenen? In drei sogenannten Fundamentaltheoremen drückte Klein diese Beziehungen aus, worauf wir noch zurückkommen werden. Es geht dabei um Beziehungen zwischen automorphen und algebraischen Funktionen.

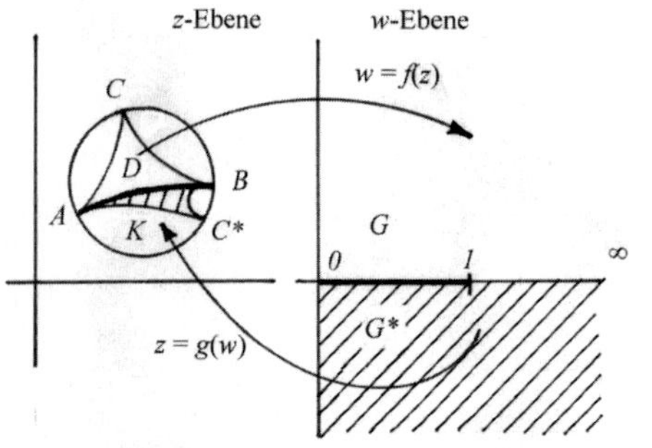

Grundoperation für das Grenzkreistheorem. Ein nullwinkliges Dreieck D der z-Ebene sei einem Kreis K einbeschrieben. D wird auf die obere Hälfte der w-Ebene konform abgebildet, wobei dem Dreiecksbogen AB die Strecke 01 entspricht. Mit Hilfe des Schwarzschen Spiegelungsprinzips wird die Abbildung auf der gespiegelten unteren Halbebene G^* definiert und schließlich in den Kreis K fortgesetzt, wodurch sich ein zu D gespiegeltes Dreieck D^* ergibt

Für Klein korrespondieren in diesem Beispiel – wie auch im allgemeinen Fall – die vorhandenen *geometrischen Symmetrien* der gespiegelten Dreiecke bzw. Halbebenen mit gewissen Gruppen. Die Gruppe der Automorphismen der oberen Halbebene bzw. des Einheitskreises enthält als Elemente gewisse gebrochene lineare Funktionen $l(z)$ (Möbiustransformationen) und keine weiteren. Solche Funktionen kann man als Verallgemeinerungen von periodischen Funktionen oder von Modulfunktionen auffassen, wobei an die Stelle der periodischen Verschiebung die Möbiustransformation tritt.

Henri Poincaré brachte einen fruchtbaren geometrischen Gesichtspunkt ins Spiel, nämlich die Idee, solche Gruppen in der hyperbolischen Geometrie zu deuten.[33] Zwei im euklidischen Sinn verschiedene Dreiecke der Modulfigur mit Grenzkreis K erweisen sich dann unter nichteuklidischen Bewegungen als deckungsgleich, und die Gesamtheit der Transformationen, die die Modulfigur in sich abbilden, die also jedes Dreieck in ein anderes überführt, bildet eine Untergruppe (die sogenannte Fuchssche Gruppe) der Automorphismengruppe (bzw. der Gruppe der hyperbolischen Isometrien).

Die Gruppe und ihre Wirkung in und auf den Raum, das ist der Kleinsche Leitstern. Analytisch gesehen entspricht dem nichteuklidischen Verschieben von Dreiecken ein Verallgemeinern der üblichen Periodizität einer Funktion, genauer die Invarianz einer Funktion $f(z)$ gegenüber gewissen gebrochen linearen Transformationen (Möbiustransformationen), d.h. die Invarianz einer Funktion gegenüber einer gebrochen linearen Transformation $l(z) = (az + b)/(cz + d)$:

$$f(z) = f(l(z)).$$

Solche Funktionen nannte Klein seit 1890 *automorphe Funktionen* mit Grenzkreis. Aber damit erschöpft sich die Rolle der automorphen Funktionen mit Grenzkreis nicht, denn sie lösen das *Uniformisierungsproblem.*

Der Uniformisierungssatz ist eines der Fundamentaltheoreme der Theorie der automorphen Funktionen. Eine eindeutige Parameterdarstellung des gesamten Verlaufs einer analytischen Funktion und ihres zugehörigen analytischen Gebildes (der Riemannschen Fläche) wird Uniformisierung genannt. Man sucht also für eine analytische Funktion $w = f(z)$ in einem schlichten Gebiet G der komplexen u-Ebene zwei eindeutige automorphe Funktionen $w = w(u)$ und $z = z(u)$ mit Grenzkreis, die nur Pole als Singularitäten haben (meromorphe Funktionen), so daß identisch gilt:

$$w(u) \equiv f(z(u)).$$

Der *Uniformisierungssatz* für algebraische Funktionen, deren Geschlecht größer als 1 ist, wird nach Robert Fricke (1912) *Grenzkreistheorem* genannt. Er ist ein herausragender Satz in der Theorie der automorphen Funktionen. Ein einfaches Beispiel für die Uniformisierung einer algebraischen Gleichung:

$$x^2 + y^2 - 1 = 0$$

mit den automorphen Funktionen $x(u) = \cos u$ und $(u) = \sin u$, wobei u eine bis auf eine lineare Transformation, hier $v = u + 2\pi n$ (n ganz), eindeutig bestimmte uniformisierende Größe ist.

Diese Grundgedanken der Uniformisierung sind um 1880 von F. Klein, H. Poincaré, H.A. Schwarz, L. Fuchs und F. Schottky entwickelt worden. Bis 1881 war Klein der souverän führende Mathematiker mit der für ihn charakteristischen vorzüglichen Kenntnis der einschlägigen Arbeiten, als der 27jährige Poincaré aus der französischen Provinz, von der Universität in Caen, und seit kurzem ein Korrespondent Kleins, in den *Comptes Rendus* eine entsprechende, wie in diesem Akademiejournal üblich, nur wenige Seiten umfassende Skizze bekannt machte, in der diskontinuierliche Gruppen, automorphe Funktionen und Θ-Reihen Schlüsselwörter in einem Programm bilden, mit dem Poincaré (so Jean Dieudonné in seinem Poincaré-Artikel im *Dictionary of Scientific Biography*) letztlich die

Uniformisierung aller algebraischen Kurven anstreben will, was Klein beim Lesen wohl aufgegangen sei.

Ein ungleicher Wettlauf beginnt: Noch staunt der wenig ältere Klein (32) über den Jüngeren (27), das hält auch noch in seiner *Entwicklung der Mathematik* (1926)[34] an, da der Gegenspieler keine Dirichletschen Prinzipien kennt und doch mit Θ-Reihen operiert und trotz allem in immer rasanterem Tempo aufholt, um schließlich an Klein vorbeizuziehen. Klein bietet alle Kräfte auf, um in der Auseinandersetzung die Uniformisierung algebraischer Gleichungen zu erhalten, was ihm trotz administrativer Belastung gelingt (wenn auch der strenge Beweis noch offen bleibt).

Es gibt einen Bericht Kleins über die dramatischen Umstände bei der Entdeckung dieses Satzes. Ostern 1882 hatte sich Klein zur Erholung auf die Insel Norderney begeben. Das Wetter war jedoch so schlecht, daß er beschloß abzureisen: „In der letzten Nacht vom 22. zum 23. März, die ich wegen Asthmas auf dem Sofa sitzend zubrachte, stand plötzlich um 2 1/2 Uhr das Grenzkreistheorem, wie es durch die Figur des Vierzehnecks vorgebildet war, vor mir. Am folgenden Vormittag im Postwagen ... durchdachte ich das, was ich gefunden hatte noch einmal bis in alle Einzelheiten. Jetzt wußte ich, daß ich ein großes Theorem hatte. In Düsseldorf angekommen, schrieb ich es gleich zusammen, datierte es vom 27. März, schickte es an Teubner [den Verlag der *Mathematischen Annalen*] und ließ Abzüge der Korrekturen an Poincaré und Schwarz ... gehen."[35]

Der Satz zeigt einen geometrischen Sachverhalt von beeindruckender Schönheit, in dem Klein zu einem der „schönsten und merkwürdigsten Zusammenhänge der Funktionentheorie" (Courant) gelangte. Riemannsche Flächen und Fundamentalbereiche automorpher Funktionen sind einander gleichwertige geometrische Gebilde.

Das Theorem liest sich bei Klein in seiner Arbeit „Über eindeutige Functionen mit linearen Substitutionen in sich" so: „Unter allen auf einer [algebraischen] Riemann'schen Fläche existierenden unverzweigten Functionen giebt es immer eine und nur eine η-Function der zweiten Art [bis auf Möbiustransformationen]. Alle anderen unverzweigten Functionen sind eindeutige Functionen dieses η.“[36]

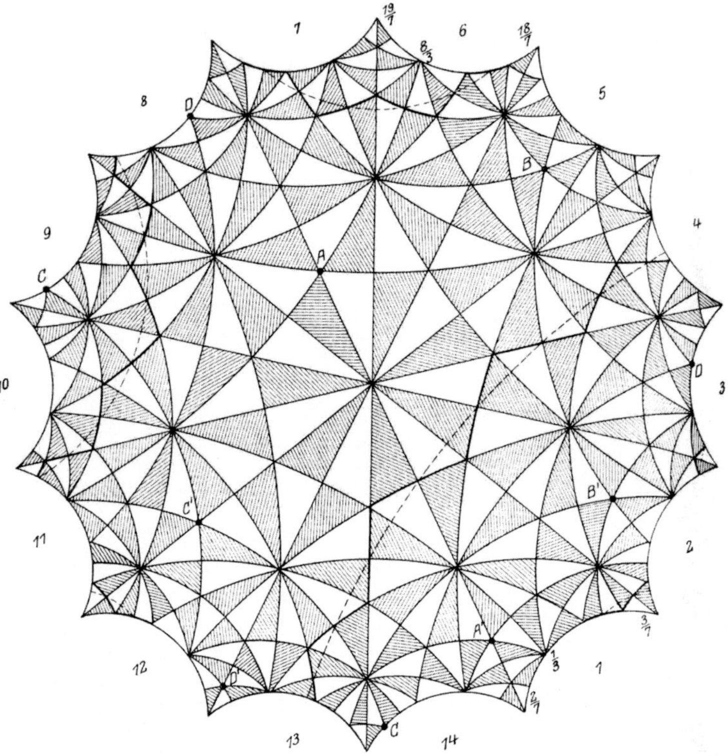

Kleins Abbildung zur Ersetzung einer Riemannschen Fläche durch eine regulär eingeteilte Oberfläche.

Über die Transformationen siebenter Ordnung der elliptischen Funktionen. Mathematische Annalen 14 (1878)

Hermann Weyl faßte den tiefliegenden Sachverhalt poetisch: „Wir betreten damit den Tempel, in welchem die Gottheit ... aus der irdischen Haft ... sich selber zurückgegeben wird: in dem Symbol des zweidimensionalen Nicht-Euklidischen Kristalls wird das Urbild der Riemannschen Flächen selbst ... erschaubar.“[37]

Werfen wir noch einen Blick auf die in dieser Ruhmeshalle durch Klein eingegrabene Inschrift, auf das *Grenzkreistheorem*: Jede Riemannsche Fläche vom Geschlecht $p > 1$ ohne Verzweigungspunkte kann eindeutig bis auf Möbiustransformationen durch automorphe Funktionen mit Grenzkreis uniformisiert werden.[38]

Der Grenzkreis weist darauf hin, daß die Vervielfältigung des Ausgangsbereichs nicht auf die gesamte Ebene führt, sondern daß sie sich nicht über den Grenzkreis hinaus fortsetzen läßt.

Diesen Sachverhalt deutet sich Klein in den Vorlesungen über nicht-euklidische Geometrie auch so: „Die Möglichkeit der Auffassung der Riemannschen Fläche als eine Raumform der nichteuklidischen Geometrie ist ... geradezu der Inhalt des Uniformisierungssatzes.“ Klein hielt im Sommer 1882 noch 15 Seminare über dieses Thema, die Eduard Study ausarbeitete, und während der Herbstferien im thüringischen Tabarz vervollständigte Klein seine Vorlesungen (datiert vom 2. November 1882) zu dem Artikel „Neue Beiträge zur Riemannschen Funktionentheorie“ von 78 Seiten für den Band 21 der *Mathematischen Annalen* von 1883.

Ein weiteres Fundamentaltheorem Kleins ist das *Rückkehrschnitttheorem*: Es sei G eine kompakte Riemannsche Fläche vom Geschlecht g; $Q_1, \dots, Q_g$ ein System einander nicht treffender Rückkehrschnitte auf G, die G in ein schlichtartiges $2g$-fach zusammenhängendes Gebiet G^* verwandeln. Dann gibt es eine konforme Abbildung von G^* auf ein Gebiet B, so daß die Randkurven aus linearen Abbildungen hervorgehen. Die auf G eindeutigen algebraischen Funktionen werden durch eindeutige automorphe Funktionen uniformisiert, deren Fundamentalbereich B ist (nach Courant / Hurwitz, *Vorlesungen über allgemeine Funktionentheorie*, Berlin 1964).

Weshalb erhielt der seinerzeit noch unbekannte Poincaré Korrekturbogen? Klein hatte unmittelbar erkannt, daß die Arbeiten dieses jungen unbekannten französischen Mathematikers enge Bezüge zu seinen eigenen Untersuchungen aufwiesen, daher eröffnete er am 12. Juni 1880 einen Briefwechsel mit Poincaré.[39] Sophus Lie berichtete übrigens Klein aus Paris, daß Poincaré – wie auch Gaston Darboux und Camille Jordan – zunächst Schwierigkeiten mit Kleins Arbeiten gehabt hatte. Aber Poincaré arbeitete sich – wie oben schon erwähnt – seit 1880 (26 Jahre alt) – teilweise durch kollegiale Aufklärung Kleins – unglaublich rasch in das Thema ein und hielt mit, so daß Klein gewissermaßen im nun ausgebrochenen Wettlauf mit Poincaré als Konkurrenten seine Ergebnisse erreichte.

Fahnenkorrekturen hatte Klein schon im Januar 1882 an Poincaré mit der Bitte gesandt: „Sie werden eine Korrektur bekommen, die ich Sie bitte nach Durchsicht ‚An die Teubnersche Buchdruckerei Leipzig‘ zu schicken.“ Henri Poincaré bestätigte im Januar 1882: „J'ai reçu les épreuves de Teubner, et je vais les lui renvoyer. J'ai vu notre note et je ne vois pas qu'il y ait lieu d'y changer quoi que ce soit.“ Sowohl Poincaré als auch Klein betrieben nachhaltig den Fortgang jener Untersuchungen, ohne dabei freilich mehr als vage Vorstellungen vom Endergebnis haben zu können. Aber der ehrgeizige Klein fühlte sich herausgefordert und wollte, mußte unbedingt der erste am Ziel der von ihm begonnenen Forschung sein.

Der Wettstreit zwischen beiden verlief durchaus fair. So schrieb Klein am 3. April 1882 an Poincaré: „Es wird mir viel daran liegen, mit Ihnen in regem Verkehr zu bleiben.“ Er ließ, wie erwähnt, durch den Teubner-Verlag sogar Druckfahnen an Poincaré schicken, und Poincaré antwortete bei einer solchen Gelegenheit im Januar 1882, daß er mit Ungeduld auf das angekündigte Theorem warte, das ihm sehr interessant erscheine: „J'attends avec impatience le théorème que vous m'annoncez et qui me paraît des plus intéressants.“

Poincaré hatte zwei Wochen nach Klein, am 10. April 1882, bei den *Comptes Rendus* in der dort üblichen Kürze eine zweieinhalbseitige Note eingereicht:

„Soit $f(x, y) = 0$ une relation algébrique. Il existera, en général, deux fonctions fuchsiennes $F(z)$ et $F_1(z)$, jouissant des propriétés suivantes:

1°. Elles n'existent qu'à l'intérieur du cercle fondamental.

2°. Si l'on fait $x = F(z)$, $y = F_1(z)$, la relation $f(x, y) = 0$ est satisfaite.“[40]

Die dem außergewöhnlichen Leistungsvergleich innewohnende Anspannung entlud sich schließlich auf einem Nebenschauplatz, den die damalige äußerst mangelhafte Literaturkenntnis Poincarés eröffnete. Als nämlich Poincaré im Sommer 1881 darauf bestand, die automorphen Funktionen mit Grenzkreis *les fonctions fuchsiennes* zu nennen, da sein Ausgangspunkt auch in Untersuchungen von Lazarus Fuchs gelegen hatte, widersprach Klein heftig („Fuchs hat hier keine Verdienste“) und entfachte einen Papierkrieg, in den verärgert auch der betroffene Fuchs eingriff.[41] Poincaré bemühte sich, den Sturm im Wasserglas zu beruhigen, indem er schrieb: „... il est clair que j'aurai pris une autre dénomination si j'avais connu le travail de M. Schwarz“, d.h., er hätte eine andere Bezeichnung gewählt, wenn er die Arbeiten von Schwarz gekannt hätte, und ausgleichend führte nun Poincaré auch *fonctions kleinéennes*[42] ein.

Klein schlug darauf im Frühjahr 1882 vor, auf Namen ganz zu verzichten und bürgerte schließlich den Begriff automorphe Funktion ein. Poincaré replizierte auf deutsch mit dem Faust-Zitat: „Name ist Schall und Rauch“ (Vers 3457) sowie „Après tout, ça m'est égal, faites comme vous voudrez, je ferai comme je voudrai de mon côté“. Trotzdem gibt es heute einschlägige Fuchssche und Kleinsche Gruppen.

Klein und Poincaré erhielten also 1882 gleichzeitig das Grenzkreistheorem, aber Klein konnte es in „seinen“ *Mathematischen Annalen* noch im November publizieren (Erscheinungsdatum 28. November), während Poincaré in den *Acta mathematica* erst im Dezember mit seiner ersten Arbeit folgte, der sich jedoch dann schnell vier weitere anschlossen.[43] Das war also ein sehr knapper Vorsprung gewesen, der Klein zu seinem Triumph verholfen hatte und der sich zudem als Pyrrhussieg herausstellen sollte, denn Klein war geistig erschöpft und brach Ende 1882 gesundheitlich zusammen, damit dem jüngeren und seinerzeit äußerst produktiven Poincaré gänzlich das Feld überlassend.[44] Dieser kündigte in seinem kometenhaften Aufstieg überschwenglich im Jahre 1883 auch die Uniformisierung für analytische Gleichungen $f(w, z) = 0$ an.

Jedoch waren letztlich sowohl Klein als auch Poincaré den Beweismitteln um ein Vierteljahrhundert vorausgeeilt – strenge Beweise vermochten erst ab 1907 Henri Poincaré, Luitzen Brouwer und Paul Koebe zu geben. Letzterer war übrigens 1910 zum ersten Male aus Göttingen nach Leipzig für vier Jahre gekommen; 1926 kam er, um ganz zu bleiben. Hilbert hatte zudem 1900 in seinem berühmten Vortrag „Mathematische Probleme“ auf dem Pariser Weltkongreß den ausstehenden Beweis dafür verlangt, daß analytische Beziehungen durch automorphe Funktionen zu uniformisieren seien (22. Problem), womit an herausragender Stelle auf die wünschenswerte Klärung dieser grundlegenden Frage hingewiesen worden war. Klein hatte noch 1923 geglaubt, daß seine Beweisskizze mit einer Kontinuitätsmethode eine „vollständig einwandfreie Durchführung“ erlaube. Aber hier bedurfte es weiterer topologischer Mittel, ehe Mitte des 20. Jahrhunderts Lars Ahlfors und Lipman Bers in Teichmüllerschen Räumen zum Ziele kamen. Nach 1930 hat insbesondere Hans Petersson Fortschritte bei Verallgemeinerungen des vielschichtigen Problems erzielt.[45]

Bei Kleins gesundheitlichem Zusammenbruch müssen wir einen Augenblick inne halten, um das Ausmaß des Schicksalsschlages zu erfassen, der den rastlos tätigen und bislang vom Erfolge verwöhnten genialen Mann im Höhepunkt seine Schaffens und noch dazu im besten Alter getroffen hatte. Kleins Ahnung, die „Anforderungen nicht höher spannen, als es meine nur zu begränzte Leistungsfähigkeit gestattet“ (Brief an den Dekan in Leipzig vom 2. Juni 1880) hatte sich erfüllt. „Meine eigentliche produktive Tätigkeit auf dem Gebiet der theoretischen Mathematik ist 1882 zugrunde gegangen. ... So hatte Poicaré freies Feld“, lesen wir in dem entsprechenden Abschnitt seines Buches *Über die Entwicklung der Mathematik im 19. Jahrhundert* (S. 380). Und daß man verstehen möge, wenn er später nur noch gelegentlich automorphe Funktionen berührt habe.

H. Poincaré
(1854-1912)

P. Koebe
(1882-1945)

Die Hauptquelle des geistigen Lebens in der Kleinschen Familie war die Mutter, deren geistige Regsamkeit Klein geerbt zu haben meinte, aber als mütterliches Erbteil auch die mit der Beweglichkeit in der Gedankenwelt verbundene nervöse Erschöpfung der Mutter erhalten zu haben glaubte. Daß diese Erbschaft ihm im späteren Leben viel zu schaffen gemacht habe, klagte Klein immer wieder, bis hin zu seiner *Autobiographie* von 1923.

Mathematisches Arbeiten ist letztlich immer ein einsames Geschäft: dem Hochgefühl des schöpferischen Gestaltens folgt nach der Vollendung des Gedankengebäudes eine um so deutlichere Wahrnehmung des Abschlusses des Höhenfluges und des Ausbleibens von Einfällen, des Gewahrwerdens einer sich anschließenden geistigen Leere, und damit sind ein gesteigertes, überdeutliches Bemerken der

Folgen von körperlicher Überanstrengung und Überarbeitung sowie eine verzerrte Sicht auf das Alltagsgeschehen verbunden, und hiermit wiederum das Aufkommen depressiver Stimmungen. In einer solchen Krise – heutige Psychologen sprechen nicht mehr wie Kleins Zeitgenossen vom Nervenzusammenbruch, sondern englisch vom *Burn-out-Syndrom* –, in einer solchen Krise wird leicht ein vermeintlicher oder befürchteter Verlust der Lebens- und Schöpferkraft subjektiv zu einer festen Gewißheit. „Endgültige Erkrankung: Ueberanstrengung als eigentliche Ursache. Falsche ärztliche Behandlung“ schreibt Klein hierüber 1913. Das Verhalten der Betroffenen ist dabei vielfältig: Goethe floh vor der Depression nach Italien, ohne Ortswechsel wollte Beethoven „dem Schicksal in der Rachen greifen“, Gustav Mahler konsultierte Sigmund Freud.

Sehen wir uns unter diesem Gesichtspunkt einmal an, wie Klein das Überschreiten des Zenits seines mathematischen Schaffens erlebt und bewältigt hat: In seinem kometenhaften Aufstieg erfuhr Felix Klein Ende 1882 mit 32 Jahren den völligen Zusammenbruch seiner schöpferischen Leistungen, das muß ein furchtbarer Schock für den unentwegt wirkenden Mann gewesen sein. 42 Jahre sollten noch vor ihm liegen. Ist Klein nun, wie immer wieder gesagt wird, nach dem Zusammenbruch nicht mehr als Mathematiker, sondern nur noch als Hochschullehrer, Organisator und Reformer tätig gewesen? Oder war er überhaupt – auch das wird behauptet – nur ein Organisationsgenie? Einige seiner Bemerkungen wie „volles Zusammenklappen der großen Produktivität“, „Verlust des Genies“ und die bekannte Aussage „Meine eigentliche produktive Tätigkeit auf dem Gebiet der theoretischen Mathematik ist 1882 zugrunde gegangen. Alles, was folgt, betrifft ... nur noch Einzelheiten“ [46] stützen diese Thesen, auf die ich gleich eingehen will. Vorab meine Antwort: Wer ihn so verkürzt sieht, verstellt sich die Sicht auf Felix Klein erheblich.

Kurt-R. Biermann hat die einschlägigen Vorbehalte der Berliner Mathematiker in seiner schönen Monographie *Die Mathematik und ihre Dozenten an der Berliner Universität* (Berlin 1988, S. 166f.) resümiert und dabei die Vielzahl der Kleinschen Tätigkeiten bündig zusammengefaßt, die bis heute kontrovers gesehen werden: „Damit sind wir aber auch bei der Hauptquelle der Abneigung angelangt: Kleins organisatorische Tätigkeit. Diese war es in allererster Linie, die ihn in Berlin im Laufe der Jahre in zunehmendem Maße verdächtig machte, kein ernsthafter Wissenschaftler mehr zu sein. Kleins Bemühungen um die Verschmelzung von Universität und Technischer Hochschule, um die Förderung des mathematischen und naturwissenschaftlichen Unterrichts an den höheren Schulen, seine Bestrebungen, nach amerikanischem Vorbild ... private Mittel zur Finanzierung von Hochschulinstituten zu beschaffen, sein Eintreten für das Frauenstudium, seine Verbindungen zum Verein Deutscher Ingenieure, seine Schöpfung ‚Göttinger Vereinigung zur Förderung der angewandten Physik und Mathematik', sein Wirken als Präsident der Internationalen Unterrichtskommission ... – alle diese vielfältigen wissenschaftsorganisatorischen Tätigkeiten, deren Aufzählung sich fortsetzen ließe, hatten ihn in Berlin in den Geruch kommen lassen, ein Manager, wie man heute sagen würde, und kein Gelehrter zu sein."

Doch Felix Klein war wissenschaftlich keineswegs am Ende seines Schaffens angelangt. Denn im Laufe der folgenden Monate raffte er sich wieder auf und ergriff etwas, das er als leichte Arbeit bezeichnete: das Ergebnis ist sein wunderschönes *Ikosaederbuch*, in dem Geometrie, Algebra, Funktionen- und Gruppentheorie organisch ineinander verwoben sind.[47] Weitere Bücher erschienen, ständig folgten autographierte Vorlesungen, daneben blieb er weiterhin Herausgeber der führenden mathematischen Zeitschrift *Mathematische Annalen*, und er war in die Herausgabe eines unwiederholbaren Jahrhundertwerkes, der grandiosen *Encyklopädie der mathematischen Wissenschaften* in 6 Teilen mit insgesamt 24 Buchbinderbänden, wesentlich einbezogen. Auf der Suche nach geeigneten Mitarbeitern reiste Klein durch Europa, und er dirigierte souverän fast 200 Mitarbeiter. Insbesondere betreute Klein schließlich, da sich aus seiner Sicht kein geeigneter Wissenschaftler finden ließ, gemeinsam mit seinem Schüler C.H. Müller den Mechanik-Band der *Encyklopädie*.

Klein vermied auch hier jede nationale Enge und unternahm Reisen ins Ausland, um geeignete erstklassige Autoren zu gewinnen. Diese Haltung war ihm je schon selbstverständlich. Als er mit Sophus Lie im Sommer 1870 nach Paris ging, bemühte sich Klein um ein Empfehlungsschreiben des Berliner Kultusministeriums und erhielt die bornierte Antwort: „Wir bedürfen keiner französischen und englischen Mathematik." Die Kenntnis ausländischer Leistung erschien dort unwichtig, man hatte nur wenig Verständnis für die Auffassung, daß Wissenschaft stets über Grenzen hinweggeht. Die Ablehnung der englischen Mathematik bezieht sich auf Kleins Absicht, an den Parisaufenthalt eine Englandreise anzuschließen, die aber durch die preußische Kriegserklärung an Frankreich im Juli 1870 nicht zustande kam, während der Pariser Aufenthalt nach 10 Wochen ein jähes Ende fand.

Teilweise wurde Klein bei den dem Mechanik-Band gewidmeten Reisen von seinem früheren Assistenten Arnold Sommerfeld begleitet, der zunächst an der nahegelegenen Bergakademie Clausthal und dann an der TH Aachen lehrte. Die britische Mechanik, die Klein trotz der anfänglichen Widrigkeiten in Deutschland bekannt gemacht hatte, die italienische Geometrie und die französische Funktionentheorie sollten in der *Encyklopädie* in bester Weise vertreten sein, und in der Tat gelang es Klein, die Briten Augustus E. H. Love für die Hydrodynamik, Horace Lamb für die Akustik und Edmund Whittaker für dynamische Systeme zu gewinnen; die italienischen Geometer Federigo Enriques, Gino Fano, Gino Loria, Guido Castelnuovo, Luigi Berzolari und Corrado Segre steuerten neun Artikel bei; aus Holland brachte er von Hendrik A. Lorentz und Heike Kamerlingh Onnes unterzeichnete Autorenverträge mit. Die Bemühungen in Frankreich waren weniger erfolgreich, hier erkärte sich Georges Brunel bereit (bestimmte Integrale), Paul Painlevé schrieb mit Ernest Vessiot über gewöhnliche Differentialgleichungen, jedoch begann man in Frankreich mit einer erweiterten französischen Ausgabe der *Encyklopädie*, die durch den Weltkrieg ihr Ende fand und an deren Erweiterung Mathematiker wie Emile Borel, Henri Lebesgue, Maurice Fréchet und Jules Molk (Herausgeber) beteiligt waren. Es ist hier der Ort nochmals zu bemerken, wie wenig in der Wissenschaft Ländergrenzen Kleins Arbeiten und Denken beeinträchtigten: unter seinen Doktoranden gab es ein Dutzend nichtdeutschsprachiger Ausländer; in seinen Vorlesungen saßen beständig ausländische Hörer; die Lesezimmer, wenn auch bescheiden in ihrer Ausstattung, wiesen doch immer die führenden ausländischen Publikationen auf.

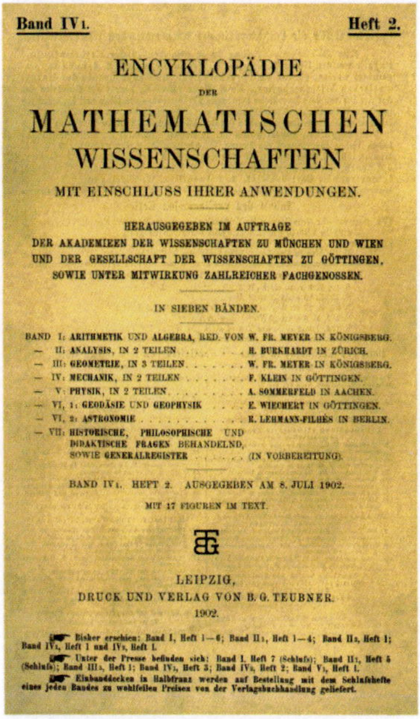
Band IV1. Heft 2.

ENCYKLOPÄDIE DER MATHEMATISCHEN WISSENSCHAFTEN

MIT EINSCHLUSS IHRER ANWENDUNGEN.

HERAUSGEGEBEN IM AUFTRAGE DER AKADEMIEEN DER WISSENSCHAFTEN ZU MÜNCHEN UND WIEN UND DER GESELLSCHAFT DER WISSENSCHAFTEN ZU GÖTTINGEN, SOWIE UNTER MITWIRKUNG ZAHLREICHER FACHGENOSSEN.

IN SIEBEN BÄNDEN.

BAND I: ARITHMETIK UND ALGEBRA, RED. VON W. FR. MEYER IN KÖNIGSBERG.
— II: ANALYSIS, IN 2 TEILEN . . . . . . H. BURKHARDT IN ZÜRICH.
— III: GEOMETRIE, IN 3 TEILEN . . . . . . W. FR. MEYER IN KÖNIGSBERG.
— IV: MECHANIK, IN 2 TEILEN . . . . . . F. KLEIN IN GÖTTINGEN.
— V: PHYSIK, IN 2 TEILEN . . . . . . A. SOMMERFELD IN AACHEN.
— VI, 1: GEODÄSIE UND GEOPHYSIK . . . . E. WIECHERT IN GÖTTINGEN.
— VI, 2: ASTRONOMIE . . . . . . K. LEHMANN-FILHÉS IN BERLIN.
— VII: HISTORISCHE, PHILOSOPHISCHE UND DIDAKTISCHE FRAGEN BEHANDELND, SOWIE GENERALREGISTER . . . . (IN VORBEREITUNG).

BAND IV1. HEFT 2. AUSGEGEBEN AM 8. JULI 1902.

MIT 17 FIGUREN IM TEXT.

LEIPZIG,
DRUCK UND VERLAG VON B. G. TEUBNER.
1902.

Bisher erschien: Band I, Heft 1—6; Band II1, Heft 1—4; Band II2, Heft 1; Band IV1, Heft 1 und IV2, Heft 1.

Unter der Presse befinden sich: Band I, Heft 7 (Schlufs); Band II1, Heft 5 (Schlufs); Band III3, Heft 1; Band IV1, Heft 3; Band IV2, Heft 2; Band V1, Heft 1.

Einbanddecken in Halbfranz werden auf Bestellung mit dem Schlufshefte eines jeden Bandes zu wohlfeilen Preisen von der Verlagsbuchhandlung geliefert.

Titelseite der Encyklopädie,
Mechanik IV/1, Heft 2, 1902
Mechanik der Punkte und starren Systeme,
B. G. Teubner 1902

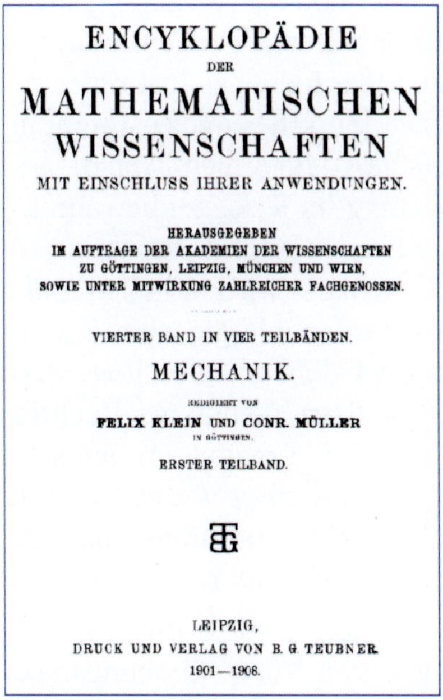
ENCYKLOPÄDIE DER MATHEMATISCHEN WISSENSCHAFTEN

MIT EINSCHLUSS IHRER ANWENDUNGEN.

HERAUSGEGEBEN IM AUFTRAGE DER AKADEMIEN DER WISSENSCHAFTEN ZU GÖTTINGEN, LEIPZIG, MÜNCHEN UND WIEN, SOWIE UNTER MITWIRKUNG ZAHLREICHER FACHGENOSSEN.

VIERTER BAND IN VIER TEILBÄNDEN.

MECHANIK.

REDIGIERT VON
FELIX KLEIN UND CONR. MÜLLER
IN GÖTTINGEN.

ERSTER TEILBAND.

LEIPZIG,
DRUCK UND VERLAG VON B. G. TEUBNER.
1901—1908.

Titelseite der Encyklopädie
des 1908 erschienenen Bandes Mechanik,
den F. Klein und C. Müller redigierten,
B. G. Teubner 1908

Der Weltkrieg war in diesem Hinblick für den Patrioten Klein ein Fiasko, aber seine Unterschrift unter den „Aufruf an die Kulturwelt" („Es ist nicht wahr, daß ...") vom 4. Oktober 1914, neben 93 deutschen Gelehrten und Künstlern ersten Ranges – von Adolf von Baeyer bis Wilhelm Wundt oder Max Planck, Walther Nernst –, erregte berechtigtes Unverständnis.

Dieses Dokument, das die internationalen Wissenschaftsbeziehungen nachhaltig störte, war ein übles Produkt der deutschen Kriegspropaganda. Grace Chisholm Young, die darin nicht ganz zu Unrecht einen schmutzigen Trick (ruse) vermutete, versuchte aus der Schweiz daher sofort zu erfahren, weshalb Klein, übrigens als einziger Göttinger Professor, dies denn unterschrieben hatte. (David Hilbert hatte man zufällig nicht erreicht.) Nach dem Krieg erklärte Klein betreten (siehe Youngs „Obituary" in der *Times* vom 9. Juli 1925), er habe das Pamphlet erst in der Zeitung gesehen, aber zuvor telegraphisch seine Zustimmung gegeben, als man ihn um seine Unterschrift für einen Appell an alle Gebildeten bat, eine objektive Haltung im Krieg zu bewahren („an appeal to the intellectuals of the civilized world to maintain an objective attitude during the war"). „Jedermann wird in hellen und dunklen Tagen zu seinem Lande halten", entschuldigte sich Klein, ohne irgendwie seine Unterschrift „zurückziehen" zu wollen. Der in vielen Variationen geläufige Satz nennt Patriotismus als Rechtfertigungsgrund; englisch drückte ihn 1872 ein Senator im amerikanischen Kongresses so aus: „My country, right or wrong", aber der Abgeordnete und gebürtige Deutsche Carl Schurz fügte noch an: „When right, to be kept right, when wrong, to be put right."

Ein Urteil, in dem die Katastrophen des vergangenen Jahrhunderts und deren Verwirklichungsmechanismen klar wahrgenommen wurden, hat André Weil gegeben. Über das Manifest vom Oktober 1914 schreibt Weil, daß er erfuhr, daß „viele der Unterzeichner, unter anderem Felix Klein, den Text gar nicht gesehen hatten. Man hatte sie nur per Telephon um Zustimmung für etwas gebeten, was ihnen als patriotische Pflichterfüllung dargestellt wurde. Nur, wer nicht weiß, wie man sich Unterschriften von Intellektuellen für Deklarationen, Protestschreiben und Stellungnahmen aller Art beschafft, kann erstaunt darüber sein." (*Erinnerungen*, S. 38.)

Nun zurück zu Kleins Publikationen. Er war auch an der Herausgabe der Werke von C. F. Gauß und A. F. Möbius beteiligt und verfaßte schließlich noch ein Vorlesungskonzept für eine Geschichte der Mathematik seines Jahrhunderts, das 1926 in zwei Bänden von R. Courant und anderen zum Druck gebracht wurde (s. S. 72).

Kleins Tod ließ eine geplante Gauß-Biographie in Vorarbeiten enden (siehe hierzu den Abschnitt über den Teubner-Verlag, S. 85ff.).

Bereits die grundlegenden Einsichten von Hermann Minkowski zur Relativitätstheorie, die eine Deutung in der pseudo-euklidischen Geometrie (Minkowski-Welt) erlaubten, hatte Klein im Sinn seines Erlanger Programms interessiert aufgenommen, aber mit seinen fünf Beiträgen zur allgemeinen Relativitätstheorie begeisterte er 1918 selbst Albert Einstein, wie Arnold Sommerfeld berichtet.

„Klein hat sicherlich empfunden, daß gerade seine großartigsten wissenschaftlichen Schöpfungen im Grunde nur gigantische Entwürfe waren, deren Ausführung er anderen Händen überlassen mußte", resümierte Courant, der nach Carathéodory Kleins Lehrstuhl in Göttingen inne hatte. In der Tat berichtet R. Courant hier, was Klein in seiner *Autobiographie* 1923 so faßte: „Ich beschränkte mich auf Ideen und Richtlinien und überließ die genaue Durchführung und weitere Ausgestaltung den jüngeren Kräften, die mir helfend zur Seite standen."[48]

Iris Runge faßt in ihrem Buch *Carl Runge und sein wissenschaftliches Werk* die eher organisatorischen Leistungen Kleins so zusammen: „Nach seiner Genesung war er nicht wieder in das alte Fahrwasser zurückgekehrt; sein Interesse und seine unermüdliche Schaffenskraft konzentrierten sich nun auf die allgemeineren Fragen, die er früher in fast übermenschlicher Anstrengung noch neben seiner eigenen Forschungstätigkeit bearbeitet hat. Ausgehend von der Organisation des mathematischen Lehrbetriebes seiner Universität kam er zur Beschäftigung mit der Entwicklung der mathematischen Wissenschaft im Ganzen, zur Erkenntnis ihrer besonderen Tendenzen, der Beseitigung von Hemmnissen und überlegter Lenkung auf besonders fruchtbare Gebiete. So begann er allmählich, die Universität Göttingen ... durch Schaffung besonderer Einrichtungen und Heranziehung geeigneter Persönlichkeiten zur Pflanzstätte seiner Ideen umzuschaffen, deren wesentlicher Inhalt die stärkere Berührung von Wissenschaft und Leben war.“[49]

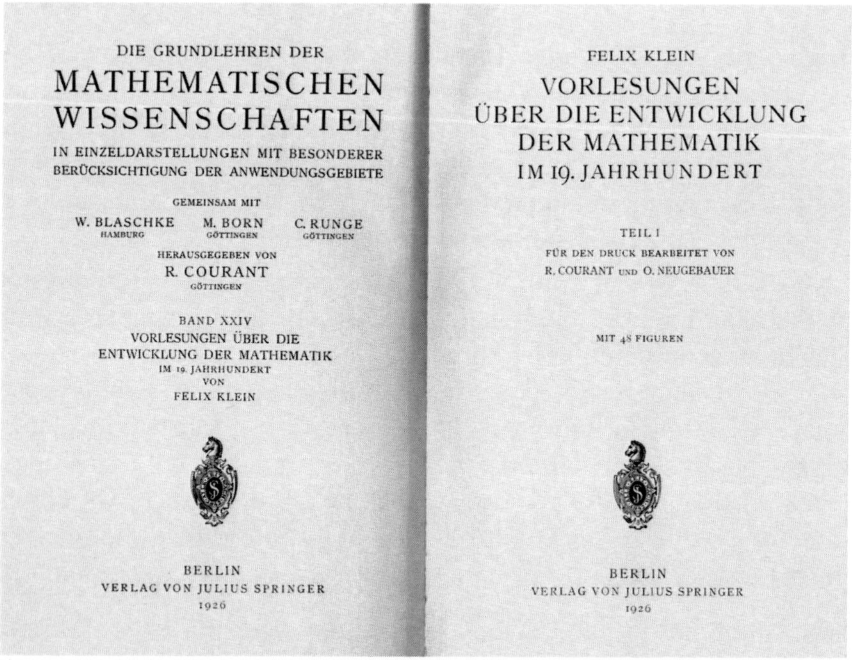

DIE GRUNDLEHREN DER
MATHEMATISCHEN WISSENSCHAFTEN
IN EINZELDARSTELLUNGEN MIT BESONDERER BERÜCKSICHTIGUNG DER ANWENDUNGSGEBIETE

GEMEINSAM MIT
W. BLASCHKE (HAMBURG) M. BORN (GÖTTINGEN) C. RUNGE (GÖTTINGEN)
HERAUSGEGEBEN VON
R. COURANT
GÖTTINGEN

BAND XXIV
VORLESUNGEN ÜBER DIE ENTWICKLUNG DER MATHEMATIK IM 19. JAHRHUNDERT
VON
FELIX KLEIN

BERLIN
VERLAG VON JULIUS SPRINGER
1926

FELIX KLEIN
VORLESUNGEN ÜBER DIE ENTWICKLUNG DER MATHEMATIK IM 19. JAHRHUNDERT

TEIL I
FÜR DEN DRUCK BEARBEITET VON
R. COURANT UND O. NEUGEBAUER

MIT 48 FIGUREN

BERLIN
VERLAG VON JULIUS SPRINGER
1926

Titelseite von Felix Kleins *Vorlesungen über die Entwicklung der Mathematik im 19. Jahrhundert*, 2 Bde. Berlin 1926.
Posthum herausgegeben von R. Courant und O. Neugebauer, wobei Neugebauer den größeren Anteil hatte; die Mithilfe von Kleins Tochter Elisabeth wird von den Herausgebern nicht erwähnt

Wer hier vom wissenschaftlichen Lebensabend spricht, dem kann man nur entgegenhalten: Was für ein Abendrot!

Es waren vor allem der eiserne Wille und das straffe Zeitregime, durch die Klein von seiner Begabung Höchstleistungen erzwang, durch die er aber auch jahrelang seine labile Gesundheit überstrapazierte und sich daher immer am Rande eines gesundheitlichen Zusammenbruchs bewegte. Klein selbst führte in seiner *Autobiographie* 1923 als eigene Eigenschaften an: „Ein zäher Wille, nie nachlassender Fleiß, nüchterner Wirklichkeitssinn, unbedingte Zuverlässigkeit und wohlbedachte Sparsamkeit." David Hilbert etwa, der 1889 Klein begeistert von seinen langen und intensiven Gesprächen über mathematische Themen mit seinem Freund Minkowski auf regelmäßigen Königsberger Spaziergängen berichtete, erhielt ein Bedauerndes „dass ich zum ausgiebigen Gedankenaustausch gar keine Zeit haben würde" als Antwort (Brief vom 27. Juni 1889); Kleins Töchter baten um „Termine" beim Vater. Entspannung in der Musik oder Literatur fand Klein nicht, aber er beteiligte sich an den wöchentlichen Institutsspaziergängen auf den Göttingen Hainberg.

In Notizen, erst ein Vierteljahrhundert nach der Leipziger Zeit zu Papier gebracht, finden wir immer noch ganz detaillierte Erinnerungen an die beschriebenen allgemeinen Sachverhalte des Burn-out-Syndroms: Klein notierte Schlaflosigkeit, immer wieder Magenverstimmungen und schwere Asthmaanfälle, er fragte „Was ist die Ursache der Krankheit?" oder klagte „Niemals Kontrolle der Verdauung!", gequält brach aus ihm heraus „So viel Krankheit", unter Heuschnupfen litt er ohnehin je schon. Vor diesem Hintergrund stellte er 1886 verzweifelt „herankommende Unproduktivität"[50] fest. Er suchte ausgleichende „soziale Wirksamkeit als Ersatz für das verlorene Genie" und wünschte sich für Göttingen ein „wissenschaftliches Dasein auf Basis eines vernünftigen Familienlebens".[51]

Müssen solche Zeugnisse einer schwer durchlittenen Zeit nicht zwangsläufig in eine Depression führen und notwendig jede schöpferische Arbeit zum Versiegen bringen? Das erschütterndste, mir bekannte Gegenbeispiel in der Mathematik ist Carl Friedrich Gauß. Unerwartet findet der Leser mitten in einem Gaußschen Manuskript über elliptische Funktionen einen hingekritzelten Satz, der ihn mit voller Wucht trifft: „Der Tod ist mir lieber als ein solches Leben."

Es war jedoch Kleins tiefste Überzeugung, daß das Maß der uns geschickten Leiden auch von uns ertragen werden könne und nicht unser Vermögen zu widerstehen überstiege, so wie es im 1. Korinther Brief, Kapitel 10, Vers 13,[52] steht, an den Kleins Grabinschrift auf dem Göttinger Friedhof erinnert. Unter den zahllosen notorischen Klagen wie „∞ viele Geschäfte", „so viel zu tun" sind denn auch solche Bemerkungen wie „Sehnsucht nach Arbeit" (1884) oder „die Muse will zunächst nicht recht" (1886) zu finden.[51]

Das Verhältnis von angewandter und reiner Mathematik war je schon ein kontroverses Thema: *Dienerin oder Königin?* Beispielsweise sah Hilbert in der Mathematik eine vornehme Dame, die bei den Nachbarn weder betteln noch sich ihnen aufdrängen solle.[53] Demgegenüber hat Klein als „Mathematiker reinsten Wassers" (so Born) beständiges Interesse an den Anwendungen der Mathematik gezeigt und war unablässig bemüht, zu diesem Zwecke neue Institute und Vereinigungen zu gründen. Weyl, der Klein gut kannte, urteilt mit diesen Worten: „Im Zentrum seiner [Kleins] wissenschaftlichen Tätigkeit war Klein reiner Mathematiker und ist es stets geblieben" (*Naturwissenschaften* 1930, S. 5). Man liest in diesem Zusammenhang aber auch andernorts: „Gewiß hat Klein … Bedeutendes und Bleibendes für die Mathematik und deren Anwendung … geleistet. Doch sollte man nicht übersehen, daß Klein bewußt diese seine Kräfte in den Dienst der deutschen Großindustrie gestellt hat, ... geriet Klein sogar unter den Einfluß der Politik des deutschen Imperialismus und Großmachtchauvinismus."[54]

Hier wird die Grenze der Mathematikgeschichte überschritten und das Gebiet einer voreingenommenen politisch ausgerichteten Geschichtsschreibung betreten. Aus einer solchen Sicht heraus ist es rückblickend leicht, herablassend und selbstgerecht an den vielbeschäftigten Mathematiker hohe Ansprüche zu stellen. Man findet in einer Biographie Kleins: „Für Klein trifft wie für die große Mehrheit der Intelligenz seiner Zeit zu, daß sich hohe Fach- und Spezialkenntnisse mit politischer Blindheit und mit Anfälligkeit gegenüber der reaktionären Ideologie und Politik paarten." Ohne irgendeinen Patriotismus Kleins oder andere Haltungen rechtfertigen zu wollen, so ist doch klar, daß man sich hier aus der dogmatischen Sicht einer ideologischen Heilslehre anmaßt, Klein wie alle Andersdenkenden überheblich der politischen Beschränktheit zu zeihen. Solche Befangenheit verdrängt jedoch historisches Verständnis.

Auch von anderen Gesichtspunkten ist Klein beständig an großen Erwartungen gemessen worden. Er hat seine Kräfte wahrlich nicht geschont und sie in den Dienst seiner Wissenschaft gestellt; dem Leipziger Kollaps folgte übrigens noch ein zweiter in Göttingen 1911. Es ist wohl daher menschlicher, ihn am altrömischen Rechtsgrundsatz „Ultra posse nemo obligatur (Niemand ist verpflichtet, mehr zu leisten, als er vermag)" zu messen als an einem Idol, dessen Konturen von den Wunschvorstellungen einer Weltanschauung bestimmt sind und das letztlich einen Übermenschen verlangen würde. Erinnern wir uns wieder an Kleins Bitte, man möge Nachsicht mit ihm haben, wenn „ich hinter dem Gewollten weit zurückbleibe" (Brief an den Dekan in Leipzig, 2. Juni 1880).

Richard Courant kannte die Tragik in Kleins Leben, die sein ständiger Leistungswille, seine systematische Arbeit, seine Krankheit und der Krieg über ihn gebracht hatten. Jedoch sah er eine schwerer wiegende Tragik, die in Kleins so erstaunlicher wissenschaftlicher Veranlagung wurzelte, nämlich die weniger starke Ausbildung einer Kraft zur „eindringenden, tiefbohrenden Analyse". Und daher sah er in seiner Gedächtnisrede vom 31. Juli 1925 Kleins Zusammenbruch auch im Zusammenhang mit dieser Grenze seiner Persönlichkeit:

„Klein hat diesen tief innerlichen Zwiespalt getragen, vielleicht seiner Tragweite nicht voll bewußt. Aber ich glaube fast, daß hier eine der letzten Ursachen seines entscheidenden Zusammenbruchs zu suchen ist. Klein hat sicherlich empfunden, daß gerade seine großartigsten wissenschaftlichen Schöpfungen im Grunde nur gigantische Entwürfe waren, deren Ausführung er anderen Händen überlassen musste“ (*Naturwissenschaften* 37(1928), S. 772).

Wenn aber ein Wort von Friedrich Nietzsche auf Felix Klein paßt, dann ist es dieses aus dem *Menschlichen, Allzumenschlichen,* II (Aphorismus Nr. 13): „Es ist gut, eine Sache doppelt auszudrücken und ihr sofort einen rechten und einen linken Fuß zu geben. Auf einem Bein kann die Wahrheit zwar stehen; mit zweien aber wird sie gehen und herumkommen.“ Ergänzt man hier in Gedanken „Wahrheit“ durch das Beiwort „mathematisch“, dann wird deutlich, daß der eigentlich von Minkowski auf Hilbert gemünzte Ausdruck eines „Generaldirektors“ des modernen Mathematikbetriebes wie maßgeschneidert auf Felix Klein zutrifft.

Einen Auftrieb von außen brachte ein Ruf an die amerikanische Johns Hopkins University, Baltimore, am 12. Dezember 1883 (exakt 15 Jahre nach Kleins Promotion, mündliche Prüfung).[55] Zunächst zögert Klein, „große Lust hinzugehen, jedenfalls Neubeginn“, vertraute er 1913 seinen *Autobiographischen Notizen* an. Ein innerhalb der folgenden Woche verfaßter Briefentwurf für Baltimore (datiert auf den 18. Dezember 1883) spiegelt mit einer detaillierten, bis ins Hypochondrische tendierenden Krankheitsbeschreibung Kleins damalige innere Zerrissenheit wider. Am 31. Januar 1884 lehnte Klein von sich aus ab, da man nicht alle seine Bedingungen erfüllen wollte. Den Posten erhielt Simon Newcomb. Das Dresdener Ministerium sandte Klein ein Dankschreiben für sein Bleiben. Als eine noble Geste verlieh ihm die Hopkins University im Juli 1884 die Sylvester Medaille.[56] Klein sah in diesem Zeichen eine ausgestreckte Hand, aber nun waren es Termingründe (wie unterschiedliche Semesteranfänge), die eine Reise nach Baltimore vereitelten; ein Besuch Kleins an der Johns Hopkins University in Baltimore hätte vielleicht engere Beziehungen zu dieser amerikanischen Universität ergeben.

Bisher hatte Klein seine Studenten ermutigt, nach Italien, Frankreich (Paris) und nach Großbritannien zu gehen; so waren beispielsweise 1876 Lindemann, 1883 Dyck (im Frühjahr noch vor Kleins Erkrankung), 1886 Hilbert und Study auf Kleins Empfehlung nach Paris gegangen, wobei Klein einige von ihnen sogar mit Stipendien versehen konnte. Aber nun standen auch amerikanische Universitäten auf der Liste, und bald reisten Dyck, Lindemann, Wedekind und Study dorthin. Zehn Jahre später folgte ihnen Klein selbst. In seinen *Autobiographischen Notizen* notierte sich Klein, daß er schon 1884 beabsichtigte, gemeinsam mit Dyck in die USA zu reisen. 1910 ließ er schließlich für ein Jahr seine Tochter Elisabeth in Bryn Mawr Mathematik studieren.

Einen Brückenkopf für Klein bildete in Chicago sein Göttinger Doktorand Oskar Bolza. Nach einigen vergeblichen Bemühungen Bolzas, Klein für eine Reise in die USA zu gewinnen, bot schließlich die Weltausstellung in Chicago 1893 (World's Columbian Exposition) einen verlockenden Anlaß, denn Klein konnte als offizieller Vertreter der deutschen Regierung (official representative of the German Government) auf der Ausstellung der deutschen Universitäten auftreten, die anläßlich des „Congress on Mathematics and Astronomy" im August 1893 im Memorial Art Palace (heute Museum of Science and Industry) in Chicago stattfand.

Diese Mathematikertagung, die neben anderen Tagungen in die Feiern zum 400. Jahrestag der Entdeckung Amerikas eingebettet war, wird häufig als erster internationaler Mathematikerkongress betrachtet, aber noch nicht in der Zählung berücksichtigt (die erst mit der Zürcher Tagung 1897 erfolgt). Klein hat dieser Sicht mit folgenden Worten Ausdruck gegeben: „But our mathematicians must go further still. They must form international unions, and I trust that this ... World Congress will be a step in that direction."

Klein eröffnete die Chicagoer Konferenz mit einem Vortrag „The Present State of Mathematics“, in dem er hervorhob „we now must seek to accomplish by united efforts and cooperation“ das früher Begonnene. 45 Mitglieder zählte die mathematische Sektion; neben Klein gab es drei weitere Deutsche. Klein hatte allerdings zahlreiche Beiträge europäischer Mathematiker mitgebracht, darunter solche wie die von D. Hilbert, A. Hurwitz, H. Minkowski, A. Pringsheim oder H. Weber. Klein selbst lud an drei Nachmittagen in die deutsche Ausstellung ein, in der u. a. mathematische Modelle und Apparate gezeigt wurden; eine Veranstaltung war für die Astronomen vorgesehen, auf der sich Klein etwas allgemeiner halten konnte. An der Präsentation der mathematischen Modelle war Kleins früherer Assistent Dyck maßgeblich beteiligt, der sich in dieser Aufgabe allerdings etwas unglücklich als „Packesel“ sah.

Nach dem Kongress hielt Klein an der Northwestern University am Lake Michigan, nördlich von Chicago, ein 14tägiges Kolloquium für jene Tagungsteilnehmer, die daran interessiert waren; 25 von ihnen folgten dieser Einladung zum „Evanston Colloquium“, auf dem Klein in einer Reihe von Vorlesungen über neuere mathematische Entwicklungen berichtete. Damit hielt Klein das erste mathematische Kolloquium auf amerikanischem Boden. Nicht zu Unrecht dankte William Story, der Präsident des Kongresses, Klein für „influence and inspiration of German universities and mathematicians“. Aber auch Klein war dankbar für erhaltene Anregungen: „Vor allem hatte ich im Auftrag des Ministeriums das mathematische Frauenstudium in Amerika einer eingehenden Prüfung zu unterziehen. Unabhängig davon lernte ich mit ganz besonderem Interesse die praktische Ausgestaltung kennen, welche das Ingenieursstudium an den einzelnen amerikanischen Universitäten gefunden hat.“ Diese Zeilen schrieb Klein in seiner *Autobiographie* (1923), nicht ohne hinzuzufügen, wie sehr ihn der „Opfermut privater Kreise“ bei der Verwirklichung solcher Vorhaben beeindruckt hatte. Da sollte er noch nicht wissen, daß dieser Opfermut Kleins lang gehegte Idee (seit 1906, Baupläne seit 1914) eines Neubaus für das Göttinger Mathematische Institut schließlich wahr werden lassen sollte, nämlich dank der Bemühungen Courants wurden von der Rockefeller Foundation 350.000 $ gespendet, so daß trotz der schwierigen Nachkriegsjahre in der Bunsenstraße ein modernes Institut errichtet werden konnte, das am 3. Dezember 1929 eingeweiht wurde. Klein erfuhr von dieser Zuwendung nichts mehr, die erst 18 Monate nach seinem Tod gemacht wurde. Er selbst erlebte also den Tag der Institutseinweihung nicht mehr, aber Hilbert war zugegen.

Mathematisches Institut in der Bunsenstraße, eingeweiht 1929; Gedenktafel für O. Neugebauer (1899-1990), enthüllt 2010

F. Althoff (1839-1908)

Klein hatte seine Aufgabenstellung beim Frauenstudium ernst genommen und brachte gleich „drei junge Damen, zwei aus Amerika und eine aus England [mit, die sich] bei uns zum Studium der Mathematik einfanden und von den Universitätsbehörden nach einigem Widerstreben als Hörerinnen zugelassen wurden. 1895 fand dann bei uns die erste reguläre Promotion einer Dame in Preußen statt.“ (Sofia Kowalewskaja wurde zwar schon 1874 in Göttingen promoviert, jedoch in absentia.) Die Promovendin war die Engländerin Grace Chisholm Young, ihr folgte als erste Amerikanerin Mary F. Newson Winston, die nur wenige Jahre darauf Hilberts berühmte Pariser Rede von 1900 für die Monatsschrift *American Mathematical Monthly* ins Englische übersetzen sollte.

Im Jahre 1896 besuchte Klein nochmals die Vereinigten Staaten, nämlich zur Feier des 150jährigen Bestehens der Universität Princeton, der viertältesten der USA, und auf dieser Vortragsreise erhielt er einen Ruf an die renommierte Yale University in New Haven (Connecticut), der drittältesten Universität Nordamerikas (1701); Klein lehnte ab. Bereits 1889 hatte man sich in den USA abermals um ihn bemüht, jedoch auch der Universität von Worcester (Mass.) erteilte er eine Absage. Der dankbare Ministerialdirektor Friedrich Althoff versuchte daraufhin, Klein nach Berlin zu ziehen. Aber zum einen war da Kleins Abneigung gegen große Städte, obwohl diese Haltung bei ihm nicht a priori angelegt war. In den ersten Monaten seiner Leipziger Zeit, als Klein die Umwelt noch im Hochgefühl des erfolgreichen Schaffens wahrnahm, vertraute er beispielsweise seinen *Autobiographischen Notizen* (1913) für 1880 an: „Leipzig hoch über München". Er bemerkte auch für den März 1881: „Im März in Berlin, mit Gattin. Die ‚großen Thiere' [K. Weierstraß, L. Kronecker]. Sympathie für gr.[oße] Stadt. Schwarz kennengelernt. Erlebnisse mit Kronecker." Der Sog der aufstrebenden Metropole hatte offenbar auch den erfolgreichen Professor aus Leipzig erfaßt! Dyck, den er in Berlin bei dieser Gelegenheit getroffen hatte, war weniger begeistert von der quirligen Hauptstadt (er war schließlich als geborener Münchner ein Bayer). Jedoch war es die massive Abwehr der Berliner Mathematiker, die Althoffs Plan keine Chance gab (und das dürfte Felix Klein sehr wohl gewußt haben). Wir werden bald die vernichtende Berliner Kritik an Klein sogar protokolliert vor Augen haben; eine Kritik, die in ihrer Animosität den Bezug zur Wirklichkeit verliert.

Aber kehren wir nach Leipzig in den Herbst 1885 zurück, in dem Klein ahnungslos begann, Wasser auf die Berliner Mühlen zu gießen. Klein schätzte nach der gesundheitlichen Krise „volle Zurückgezogenheit". Unter dem 19. Oktober 1885 vermerkte er in den schon mehrfach erwähnten Notizen: „Göttingen fängt an zu spuken." Denn der Vortragende Rat im Preußischen Kultusministerium

Friedrich Althoff (damals noch Assessor), den Klein schon am 19. August 1870 als Kriegsfreiwilligen (als Nothelfer) bei Metz auf einem Schlachtfeld des deutsch-französischen Krieges (in Borny) kennengelernt hatte – wie er in seinen *Kriegserinnerungen*[57] berichtet –, war bereits im Frühjahr 1885 beim Sondieren für die Göttinger Nachfolge von Moritz Stern in Leipzig gewesen, hatte allerdings Klein nicht getroffen. Der Leipziger Astronom und Direktor der Sternwarte Heinrich Bruns lehnte ab, nach Göttingen zu gehen. So gab es im Juli Kontakte mit Klein, und bereits im August 1885 war Althoff berechtigt, eine Berufungsverhandlung zu führen. Das Sächsische Kultusministerium versuchte zwar mit zwei Telegrammen (vom 10. und 11. August) das Steuer herumzuwerfen – um Klein vor den Verhandlungen mit Althoff in Berlin zu erreichen, war eines sogar dorthin gerichtet worden. Man kündigte auch eine Gehaltserhöhung auf 9.000 Mark an. Aber am 12. November erhielt Klein, der nur auf Platz 2 der Berufungsliste gestanden hatte, die feste Zusage aus Preußen und akzeptierte.

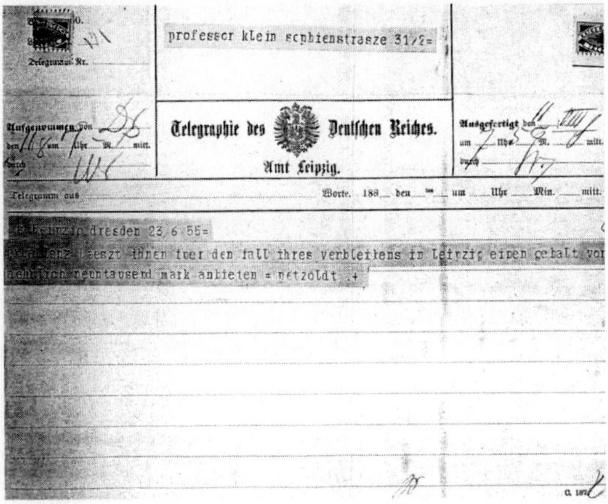
Telegramm-Nr.
professcr klein scphienstrasze 31/2=
Aufgenommen von
den um Uhr M. mitt.
durch
Telegraphie des Deutschen Reiches.
Amt Leipzig.
Ausgefertigt den
um Uhr M. mitt.
durch
Telegramm aus Worte. 188 den um Uhr Min. mitt.
dresden 23 6 55=
laeszt ihnen fuer den fall ihres verbleibens in leipzig einen gehalt von
neuntausend mark anbieten = petzoldt .+

Telegramm des Sächsischen Kultusministeriums vom 11. August 1885, 7:56 Uhr, mit dem Angebot – zur Rufabwehrung – an Felix Klein in Leipzig, sein Gehalt auf 9000 Mark pro Jahr zu erhöhen

„Sehr gegen meinen Willen bin ich in Leipzig von den Sorgen des Unterrichts absorbiert worden“,[58] schrieb Klein an Althoff, und daß er sich in Göttingen vor allem wissenschaftlich wieder finden wolle.

Ähnliche Klagen über Arbeitsüberhäufungen, an deren Ursachen Klein freilich nicht ganz schuldlos war, hatte er auch beim Verlassen von Erlangen und München erhoben. In dem Bild vom zu weiten Mantel erscheint wieder seine Sorge, daß es ihm unmöglich sein würde, „wissenschaftliche und organisatorische Arbeit nebst allseitiger Dozententätigkeit mit gleicher Energie neben einander herzuführen“[59]. Weil Klein sich aber aufgrund seiner strengen Pflichtauffassung solchen Bürden nicht entziehen konnte, fürchtete er stets die ihn aufreibende administrative Aufgabenlast, die Klein übrigens in Großstädten wie München oder Leipzig als noch niederdrückender empfand.

Für sich selbst schrieb Klein in den *Autobiographischen Notizen* (1913) folgende Gründe für den Weggang auf: „Anhänglichkeit an Göttingen, Abneigung gegen die große Stadt, wo es mir gesundheitlich schlecht ging, Anziehung der Althoffschen Persönlichkeit und die erwartete Wirksamkeit in Preußen, Vereinsamung in der überalterten Fakultät.“ Schon unter der Jahreszahl 1881 hatte er zu dem letzten Punkt ausführlicher vermerkt: „Beginnender Gegensatz zu Neumann; Mayer und von der Mühll zu wenig mathematisch, ganz anders wie Brill [sein früherer Münchner Kollege].“ Zusammengefaßt finden wir das in der Klage: „Die dortigen [4 Leipziger] Fachkollegen waren alle viel älter als ich [jeweils 8, 10, 17 und 23 Jahre], und ich habe mich dementsprechend dort wissenschaftlich wesentlich isoliert gefühlt.“ Klein notierte auch: „Ärger mit der Leipziger Bibliothek.“ Aber für die Jahre 1881/82 lesen wir ebenfalls: „Dieser Winter und der folgende Sommer waren die besten Leipziger Semester.“

Wo Licht ist, da ist auch Schatten. Das gilt nicht nur für Leipzig und Kleins dortige Kollegen, auch bei Klein selbst fehlen Schattenseiten nicht. Manches, wie das straffe Zeitregime, erscheint natürlich aus der Alltagsperspektive anders als aus der Sicht des produktiven Gelehrten. Aber die Konsequenzen, die ein Fauxpas des Studenten Max Born hatte, nämlich auch Astronomie belegen zu müssen, um so im Rigorosum am verärgerten Klein als Prüfer vorbei zu kommen, sind fatal.[60] In Borns Memoiren finden sich auch einige Beispiele für Kleins „diktatorisches Gehabe".

Oskar Bolza, der wie er sagte „eigentlich durch Zufall und gegen seinen Willen zu Klein in Beziehung kam", hat trotz der erhaltenen Förderung durch den Lehrer und dessen Unterstützung bis hin zur Stellensuche (Empfehlungen für die USA) in seiner Autobiographie in dem Abschnitt „Ein Jahr bei Felix Klein und seine Folgen" zwiespältig über seine Studienzeit und Promotion bei Klein berichtet: „Dagegen war die Wirkung auf mich geradezu katastrophal: der ungeheure Abstand zwischen Kleins überragender Genialität, die, unterstützt von einem wunderbaren geometrischen Anschauungsvermögen, ihn die Resultate erraten ließ, seiner souveränen Beherrschung fast aller Gebiete der Mathematik, aus denen ihm für jede Aufgabe die reichste Fülle von Hilfsmitteln zuströmte ... wirkte erdrückend auf mich und hatte einen vollständigen Zusammenbruch meines Selbstvertrauens, wenigstens nach der Seite der wissenschaftlichen Produktivität zur Folge."[61]
Diese Zeilen Bolzas vermitteln über die Beschreibung Kleins hinausgehend auch einen Einblick in die Schattenseiten jener unvergleichbaren Göttinger Ära der „Olympian professors" und „shining lights" (Peter D. Lax), die allerdings nicht alle Anwesenden als „halcyon days" (H. Weyl, 1944) wahrgenommen haben.

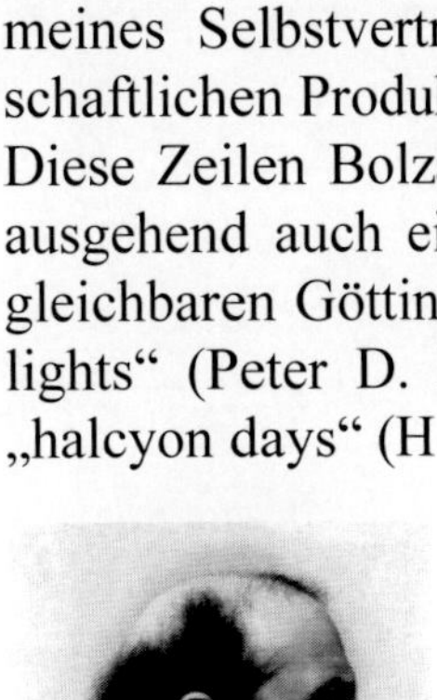

C. Carathéodory (1873-1950)
Nachfolger von Felix Klein in Göttingen, 1913

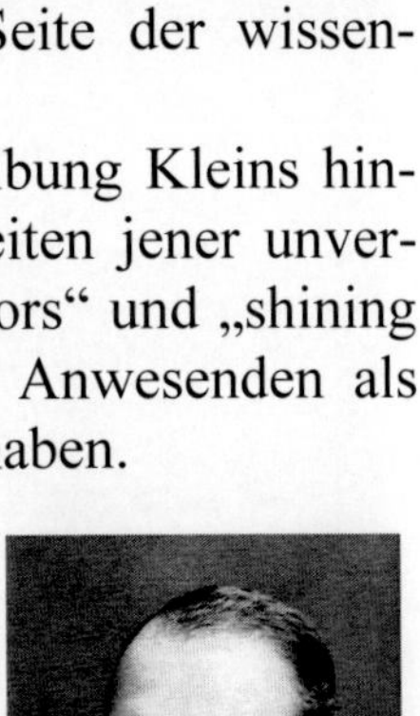

O. Bolza (1857-1942)
Doktorand von Felix Klein in Göttingen, 1886

Q. B. F. F. Q. S.

AVCTORITATE SVMMISQVE AVSPICIIS

REGIS AVGVSTISSIMI POTENTISSIMI

GVILELMI

VNIVERSITATIS FRIDERICIAE GVILELMIAE RHENANAE CONSERVATORIS CLEMENTISSIMI

RECTORE MAGNIFICO

FRIDERICO BLVHME

REGI AB INTIMIS IVSTITIAE CONSILIIS, AQVILAE RVBRAE III. CLASSIS CVM LEMNISCO EQVITE
THEOLOGIAE ET IVRIS VTRIVSQVE DOCTORE PROFESSORE PVBLICO ORDINARIO COLLEGII CVI IVRIS DICVNDI POTESTAS EST PRAESIDE
SOCIETATVM HISPALENSIS LITTERARVM ITEM OECONOMICAE FLORENTINI ATHENAEI HISTORICAE SLESVICO-HOLSATICAE HAMBVRGENSIS LVBECENSIS NORIMBERGENSIS SODALI

ORDINIS PHILOSOPHORVM H. A. DECANVS ET PROMOTOR LEGITIME CONSTITVTVS

ERWINVS NASSE

ARTIVM LIBERALIVM MAGISTER PHILOSOPHIAE DOCTOR OECONOMIAE PVBLICAE PROFESSOR PVBLICVS ORDINARIVS

IN VIRVM ORNATISSIMVM

FELICEM KLEIN

RHENANVM

POSTQVAM ET EXAMINA SVMMA CVM LAVDE SVPERAVIT

ET DISSERTATIONEM

„UEBER DIE TRANSFORMATION DER GLEICHUNGEN ZWEITEN GRADES ZWISCHEN LINIEN-COORDINATEN AUF EINE KANONISCHE FORM“

ARTIS ET SVBTILITATIS EGREGIVM SPECIMEN

VNA CVM THEMATIS CONTROVERSIS

PVBLICE DEFENDIT

EX DECRETO ORDINIS

SVMMOS IN PHILOSOPHIA HONORES DOCTORISQVE NOMEN IVRA ET PRIVILEGIA

CONTVLI CONLATAQVE ESSE TESTOR

IN EIVSQVE REI FIDEM HASCE LITTERAS ORDINIS PHILOSOPHORVM SIGILLO SANCIENDAS CVRAVI

BONNAE DIE XII. MENSIS DECEMBRIS MDCCCLXVIII.

Doktordiplom für Felix Klein (Doctor philosophiae) der Universität Bonn unter dem Dekanat von Erwin Nasse, 1868.

Kleins Inauguraldissertation trug den Titel „Ueber die Transformation der Gleichungen zweiten Grades zwischen Linien-Coordinaten auf eine kanonische Form“

Grußadresse zu Kleins goldenem Doktorjubiläum 1918, unterzeichnet von ca. 175 Wissenschaftlern und den Geschäftsführern des Verlages B. G. Teubner

HERRN
GEHEIMEN REGIERUNGSRAT
DR. PHIL. ET ING.

FELIX KLEIN

ORDENTLICHEM PROFESSOR
DER MATHEMATIK AN DER
GEORG AUGUST UNIVERSITÄT
GÖTTINGEN

ZUM 12. DEZEMBER 1918
DEM TAGE SEINES
GOLDENEN DOKTORJUBILÄUMS

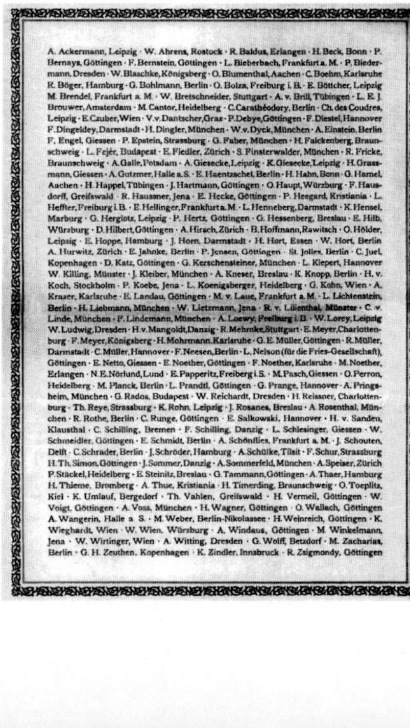

A. Ackermann, Leipzig · W. Ahrens, Rostock · R. Baldus, Erlangen · H. Beck, Bonn · P. Bernays, Göttingen · F. Bernstein, Göttingen · L. Bieberbach, Frankfurt a. M. · P. Biedermann, Dresden · W. Blaschke, Königsberg · O. Blumenthal, Aachen · C. Boehm, Karlsruhe R. Böger, Hamburg · G. Bohlmann, Berlin · O. Bolza, Freiburg i. B. · E. Böttcher, Leipzig M. Brendel, Frankfurt a. M. · W. Bretschneider, Stuttgart · A. v. Brill, Tübingen · L. E. J. Brouwer, Amsterdam · M. Cantor, Heidelberg · C. Carathéodory, Berlin · Ch. des Coudres, Leipzig · E. Czuber, Wien · V. v. Dantscher, Graz · P. Debye, Göttingen · F. Diestel, Hannover F. Dingeldey, Darmstadt · H. Dingler, München · W. v. Dyck, München · A. Einstein, Berlin F. Engel, Giessen · P. Epstein, Strassburg · G. Faber, München · H. Falckenberg, Braunschweig · L. Fejér, Budapest · E. Fiedler, Zürich · S. Finsterwalder, München · R. Fricke, Braunschweig · A. Galle, Potsdam · A. Giesecke, Leipzig · K. Giesecke, Leipzig · H. Grassmann, Giessen · A. Gutzmer, Halle a. S. · E. Haentzschel, Berlin · H. Hahn, Bonn · G. Hamel, Aachen · H. Happel, Tübingen · J. Hartmann, Göttingen · O. Haupt, Würzburg · F. Hausdorff, Greifswald · R. Haussner, Jena · E. Hecke, Göttingen · P. Heegard, Kristiania · L. Heffter, Freiburg i. B. · E. Hellinger, Frankfurt a. M. · L. Henneberg, Darmstadt · K. Hensel, Marburg · G. Herglotz, Leipzig · P. Hertz, Göttingen · G. Hessenberg, Breslau · E. Hilb, Würzburg · D. Hilbert, Göttingen · A. Hirsch, Zürich · B. Hoffmann, Rawitsch · O. Hölder, Leipzig · E. Hoppe, Hamburg · J. Horn, Darmstadt · H. Hort, Essen · W. Hort, Berlin A. Hurwitz, Zürich · E. Jahnke, Berlin · P. Jensen, Göttingen · St. Jolles, Berlin · C. Juel, Kopenhagen · D. Katz, Göttingen · G. Kerschensteiner, München · L. Kiepert, Hannover W. Killing, Münster · J. Kleiber, München · A. Kneser, Breslau · K. Knopp, Berlin · H. v. Koch, Stockholm · P. Koebe, Jena · L. Koenigsberger, Heidelberg · G. Kohn, Wien · A. Krazer, Karlsruhe · E. Landau, Göttingen · M. v. Laue, Frankfurt a. M. · L. Lichtenstein, Berlin · H. Liebmann, München · W. Lietzmann, Jena · R. v. Lilienthal, Münster · C. v. Linde, München · F. Lindemann, München · A. Loewy, Freiburg i. B. · W. Lorey, Leipzig W. Ludwig, Dresden · H. v. Mangoldt, Danzig · R. Mehmke, Stuttgart · E. Meyer, Charlottenburg · F. Meyer, Königsberg · H. Mohrmann, Karlsruhe · G. E. Müller, Göttingen · R. Müller, Darmstadt · C. Müller, Hannover · F. Neesen, Berlin · L. Nelson (für die Fries-Gesellschaft), Göttingen · E. Netto, Giessen · E. Noether, Göttingen · F. Noether, Karlsruhe · M. Noether, Erlangen · N. E. Nörlund, Lund · E. Papperitz, Freiberg i. S. · M. Pasch, Giessen · O. Perron, Heidelberg · M. Planck, Berlin · L. Prandtl, Göttingen · G. Prange, Hannover · A. Pringsheim, München · G. Rados, Budapest · W. Reichardt, Dresden · H. Reissner, Charlottenburg · Th. Reye, Strassburg · K. Rohn, Leipzig · J. Rosanes, Breslau · A. Rosenthal, München · R. Rothe, Berlin · C. Runge, Göttingen · E. Salkowski, Hannover · H. v. Sanden, Klausthal · C. Schilling, Bremen · F. Schilling, Danzig · L. Schlesinger, Giessen · W. Schmeidler, Göttingen · E. Schmidt, Berlin · A. Schönflies, Frankfurt a. M. · J. Schouten, Delft · C. Schrader, Berlin · J. Schröder, Hamburg · A. Schülke, Tilsit · F. Schur, Strassburg H. Th. Simon, Göttingen · J. Sommer, Danzig · A. Sommerfeld, München · A. Speiser, Zürich P. Stäckel, Heidelberg · E. Steinitz, Breslau · G. Tammann, Göttingen · A. Thaer, Hamburg H. Thieme, Bromberg · A. Thue, Kristiania · H. Timerding, Braunschweig · O. Toeplitz, Kiel · K. Umlauf, Bergedorf · Th. Vahlen, Greifswald · H. Vermeil, Göttingen · W. Voigt, Göttingen · A. Voss, München · H. Wagner, Göttingen · O. Wallach, Göttingen A. Wangerin, Halle a. S. · M. Weber, Berlin-Nikolassee · H. Weinreich, Göttingen · K. Wieghardt, Wien · W. Wien, Würzburg · A. Windaus, Göttingen · M. Winkelmann, Jena · W. Wirtinger, Wien · A. Witting, Dresden · G. Wolff, Betzdorf · M. Zacharias, Berlin · G. H. Zeuthen, Kopenhagen · K. Zindler, Innsbruck · R. Zsigmondy, Göttingen

Felix Klein und der Teubner-Verlag in Leipzig

Klein war vom 1. Oktober 1880 bis zum 31. März 1886 an der Universität in Leipzig Professor für Geometrie. Diese Universität ist in den siebziger Jahren des 19. Jahrhunderts die am meisten frequentierte Hochschule Deutschlands gewesen. Nicht nur die Universität, auch die Stadt selbst blühte auf. Während Leipzig im ersten Drittel jenes Jahrhunderts etwa 45.000 Einwohner aufwies, war deren Zahl zur Zeit von Kleins Promotion schon fast auf 80.000 angewachsen, und zur Zeit des deutsch-französischen Krieges zählte Leipzig bereits über 100.000 Einwohner, 1880 waren es bereits 150.000 und vor dem ersten Weltkrieg über eine halbe Million. Leipzig war damit die drittgrößte deutsche Stadt.

In der ersten Hälfte der 80er Jahre hielt die elektrische Beleuchtung in Leipzig Einzug; in Göttingen hat sich Klein gegen Ende des Jahrhunderts dafür eingesetzt, daß auch in dieser Stadt Gas und elektrischer Strom verfügbar waren.[62]

Felix Klein wohnte am westlichen Ende der Sophienstraße (heute Shakespearestraße), unweit von der Stelle, wo sie von der Zeitzer Straße (heute Karl-Liebknecht-Straße) geschnitten wurde.[63] Längs der Zeitzer Straße gab es eine Pferdebahn, die Klein zum Rektorat der Universität bzw. dem Mathematischen Institut und auch zum Magdeburger Bahnhof (heute Teil des imposanten Hauptbahnhofes, eingeweiht 1915) bringen konnte, jede Strecke vermutlich in ca. einer halben Stunde. Insgesamt verfügte die Pferdebahn über acht Linien mit einer Gesamtlänge von 46,6 km und fast 1.000 Pferden. Zum Bayerischen Bahnhof waren es nur wenige Minuten zu Fuß. Leipzig hatte übrigens seinerzeit sieben Fernbahnhöfe der sächsischen und preußischen Staatsbahnen, bis ein gemeinsamer Zentralbahnhof gebaut wurde, der bei seiner Fertigstellung einer der größten Bahnhöfe der Welt war.

Wir werden sehen, daß es gerade diese umtriebige sächsische Metropole war, die Felix Klein nach seiner Krankheit in die stillere Provinz trieb. „Konzentration auf ein vernünftiges Familienleben" lesen wir in seinen *Autobiographischen Notizen* für 1885 – illusionär für den tatkräftigen Mann.

August Föppl beschreibt Leipzig zur Zeit von Felix Klein: „Die Umgebung von Leipzig ist ganz flach. Längs der Flußauen hat sie aber prächtige Laubwälder, in denen ich an den freien Vor- oder Nachmittagen viel spazieren lief. ... So schöne Spazierwege, wie sie später in den Wäldern angelegt wurden, gab es in den 70er Jahren freilich noch nicht. Nur in dem Rosentale, dem bevorzugten Ziele der Leipziger Spaziergänger, war auch zu jener Zeit schon ganz gut dafür gesorgt. Außerhalb des Rosentales konnte man an Wochentagen in den Wäldern der allernächsten Umgebung von Leipzig weite Strecken zurücklegen, ohne einem Menschen zu begegnen. An schönen Sonntagen freilich waren alle Wälder dicht gefüllt; in der Woche aber fand niemand Zeit zum Spazierengehen. Leipzig war eine Stadt emsigster Arbeit, aber keine Stadt, die Müßiggänger anzog. Unter den zahlreichen großen Gelehrten, die Leipzig in seinen Mauern barg, scheinen auch nicht viele gewesen zu sein, die wie ich einen großen Teil ihrer Gedankenarbeit im Freien abmachten."[64]

Diese sächsische Stadt war bekanntlich auch eine Stadt des Buches: eine Stätte der Verlage, der Druckereien und des Buchhandels. Zu dieser Seite der Handelsstadt hatte Felix Klein von Anbeginn seiner Laufbahn an ein enges Verhältnis, das er nicht mehr abbrechen sollte und das in seinem letzten Lebensabschnitt durch die Verleihung des ersten Ackermann-Teubner-Preises[65] (1914) eine schöne Veranschaulichung dieser langwährenden Beziehung fand. Der intensiven Verbindungen Kleins zur Teubnerschen Verlagsbuchhandlung gedachte der Verlag anläßlich des 60. Geburtstages Kleins im Jahre 1909 „mit Freude und aufrichtigem Stolz"[66]. Gehen wir jedoch erst einmal um fast vier Jahrzehnte zum Anfang zurück:

Am 27. Mai 1868 war an den Leipziger Teubner-Verlag ein Brief geschickt worden, der die Herausgabe eines Plückerschen Werkes betraf, das durch den Tod von Julius Plücker am 22. Mai 1868 ins Stocken zu geraten drohte. Im Namen der Plückerschen Erben und mit Empfehlung von Alfred Clebsch bot sich ein Helfer an, der mit „F. Klein, stud. math., früherer Assistent bei Plücker“ [66] unterzeichnete, um den zweiten Band der *Neuen Geometrie des Raumes, gegründet auf die gerade Linie als Raumelement* gemäß dem vorliegenden Nachlaß Plückers herauszugeben. Der Teubner-Verlag, beraten von Alfred Clebsch, dem Herausgeber des ersten Teil des Plückerschen Buches, akzeptierte dieses ungewöhnliche Angebot eines noch nicht 20jährigen, und so erschien noch 1869 der zweite und letzte Teil dieses wegweisenden Werkes.

Es war also die Teubnersche Druckerschwärze, mit der es Klein zuerst zu tun gehabt hatte. Seine eigene 53seitige Dissertation „Über die Transformation der Gleichungen zweiten Grades zwischen Linien-Coordinaten auf eine kanonische Form“ war 1868 in der Druckerei Georgi in Bonn hergestellt worden, aber dieser pflichtgemäße Bestandteil des Promotionsverfahrens war nur ein Vorgeschmack auf die Bücherwelt, in der Klein bald aufgehen sollte. Der Tag der Promotion (Rigorosum) war der 12. Dezember 1868. Übrigens ist Klein von Plücker eigentlich als Assistent ausgewählt worden, um bei den physikalischen Experimenten zu helfen, und er sollte nur „nebenbei“ dem Geometer Plücker bei seinen mathematischen Publikationen zur Hand sein. Jedoch fesselten die geometrischen Auffassungen Plückers Kleins ausgeprägte Anschauung, so daß es für ihn schließlich nahe lag, eine Dissertation über die neue Liniengeometrie anzufertigen. Das selbst gewählte Thema betreute schließlich der Bonner Mathematikprofessor Rudolf Lipschitz. 1869 folgten übrigens vier weitere Arbeiten über Liniengeometrie, je zwei in den *Göttinger Anzeigen* und den *Mathematischen Annalen*. Zudem ließ Klein im Jahre 1884 seine Dissertation nochmals in den *Mathematischen Annalen* (Bd. 23) nachdrucken.

Bewegen wir uns nun wieder ein halbes Jahrhundert vorwärts. Am 12. Dezember 1918, in einer trüben und ärmlichen Zeit nach dem Ende des Kriegs und des Kaiserreichs, beging Klein sein 50jähriges Doktorjubiläum. Göttinger Studenten hatten ihm gemäß den Zeitumständen eine festliche Kaffeetafel ausgerichtet. Klein wußte, daß in diesen glanzlosen Tagen viele Damen an so einem gesellschaftlichen Ereignis teilnehmen würden. Er hatte deshalb in alten Unterlagen gewühlt und eine verstaubte Einladung zum Berliner Mathematikerball im Februar 1870 (einer preußischen Karnevalsversion) herausgekramt. „Aber wer weiß heute noch von ... Kiepert, Netto ... ? Tempi passati“, sollte Klein nach der Sichtung seiner Materialien in einem Brief an Wangerin in Halle klagen.[67]

Um die Werke von Fachkollegen hat sich Klein später noch mehrfach gekümmert. So war er an den Bänden 2 und 3 sowie am Nachtrag zu Band 4 der *Gesammelten Werke* (1886-1887) von A.F. Möbius beteiligt, einem Leipziger Vorgänger von Klein, und in Göttingen sah er es als eine Ehrenpflicht an, sich der Herausgabe der *Werke* von C.F. Gauß anzunehmen, ab Band VIII (1900). Insgesamt 14 Berichte über den Stand dieser Werkausgabe hat Klein in den *Göttinger Nachrichten* von 1898 bis 1921 erscheinen lassen (nahezu gleichzeitig ebenfalls in den *Mathematischen Annalen*). Klein war es auch, der das inzwischen legendäre *Gaußsche Tagebuch* zum Druck brachte.[68]

Felix Kleins erstes mathematisches Buch *Über Riemanns Theorie der algebraischen Funktionen und ihrer Integrale* erschien 1882, und zwar bei B. G. Teubner. Aber da war Klein längst eine feste Größe für den Leipziger Wissenschaftsverlag. Teubner hatte sich, mathematisch beraten von Oskar Schlömilch, der Mathematik und Physik geöffnet und deshalb Schlömilch 1856 die Herausgabe einer *Zeitschrift für Mathematik und Physik* ermöglicht sowie unter dem Einfluß von Carl Neumann und Alfred Clebsch ein Dutzend Jahre später einer weiteren Zeitschrift ins Leben verholfen, den *Mathema-*

tischen Annalen (Band 1 erschien übrigens am 22. Dezember 1868, also zehn Tage nach Kleins Promotion in Bonn).

Die *Mathematischen Annalen* aus Leipzig waren natürlich auch als Gegenstück zu dem Berliner *Journal für die reine und angewandte Mathematik* (Crelle-Journal, seit 1828) gedacht, um sich der Berliner Dominanz zu entziehen. Die erfolgreichen *Annalen* erfüllten schnell den verlegerischen Zweck, führende Mathematiker als Autoren zu gewinnen, und sie drängten so eher unabsichtlich Schlömilchs Zeitschrift mit einem etwas anderem Profil in den Hintergrund. Schlömilch wechselte übrigens 1874 als Vortragender Rath in das sächsische Kultusministerium, so daß sowohl der Teubner-Verlag als auch Klein selbst dort einen verständnisvollen Ansprechpartner für wissenschaftliche Belange fanden.

Klein sagte 1898 anläßlich des Erscheinen des 50. Annalen-Bandes über die Herausgabe dieser Zeitschrift, daß es von Anfang an ein Grundsatz gewesen sei, in den *Annalen* keine spezielle mathematische Richtung zu vertreten, sondern allen als bedeutend erscheinenden Leistungen gegenüber offen zu sein, aber doch dabei die Arbeiten jüngerer Kollegen besonders zu fördern. Nationale Gesichtspunkte spielten für Klein hier ohnehin keine Rolle. Übrigens hatte man bei Kleins Berufung nach Leipzig 1880 auch bereits dessen Verdienste um die *Annalen* zur Kenntnis genommen und anerkannt.

Im Namen der Redaktion der *Mathematischen Annalen* verfaßte C. Carathéodory einen Nachruf auf F. Klein, mit dem der 95. Band der *Annalen* begann. Carathéodory hob darin zurecht hervor: „Die Mathematischen Annalen in ihrer jetzigen Gestalt sind wesentlich eine Schöpfung Kleins. Durch ihn sind die Richtlinien, die den Gründern dieser Zeitschrift vorschwebten, zur festen Tradition geworden. Wenn die Mathematischen Annalen, so gut es menschlich möglich ist, alle mathematischen Gebiete, die sich lebendig entwickeln, in gleicher Weise umfaßt haben, so verdanken sie es Klein. Er hat dafür gesorgt, daß die verschiedenen Richtungen der Mathematik in der Redaktion vertreten waren und daß die Redaktionsmitglieder in Gleichberechtigung neben ihm arbeiteten."

Klein hat die Redaktion fast 50 Jahre mit ganzer Kraft geleitet, denn die Zügel ließ er nicht schleifen, wenn er verantwortlich war. Als seine Kraft nachließ, von der krankeitsbedingten zweijährigen Unterbrechung abgesehen (1882-1884), so berichtet C. Carathéodory, „hat er sich – vor kaum 10 Monaten [September 1924] – zurückgezogen, weil er nicht dem Namen nach an einer Stelle stehen wollte, deren Verantwortung er nicht mehr voll tragen konnte." Klein und seine Redaktion haben die *Annalen* auch erfolgreich durch den Krieg und die schwierige Nachkriegszeit gesteuert, wobei die Zeitschrift nach dem 80. Band 1919 zu Springer wechselte.

Ein Beispiel für Kleins redaktionelle Arbeit in den *Annalen*: Im April 1906 schickte Klein ein Rundschreiben an einige Mitarbeiter der Zeitschrift (D. Hilbert, A. Mayer, P. Gordan, M. Noether, W. von Dyck und H. Weber), das Vorschläge für die Annalenhefte machte. Der Punkt 1 lautete: „Wir leiden unter der Menge des minderwertigen Materials, und zwar im doppelten Sinne:

a) vielfach sind Notizen [Arbeiten] aufgenommen, welche kaum mehr zeigen, als dass der Verf. angefangen hat, sich für Fragestellungen zu interessieren. Ich habe einen dafür gehenden Eindruck z. B. bei Egorow (Extrema), Retty [Rethy] (Ostwaldsches Princip ...) um nur wenige Namen zu nennen."
[Gegen diese Bemerkung protestierte Mayer in seiner schwer lesbaren Schrift.]

Unter b) forderte Klein Kürzungen, etwa bei langen Artikeln wie dem Perrons und Carathéodorys Habilschrift; das „macht Sorge". Schließlich befürwortete Klein für Band 62 noch einige Arbeiten.[69]

Trotz der Internationalität ihrer Autoren blieb die Publikationssprache der *Mathematischen Annalen* bis etwa 1960 überwiegend deutsch.[70]

Clebsch starb 1872 mit nur 39 Jahren, und da C. Neumann administrative Arbeiten scheute, stellte sich die Frage nach einer neu besetzten Redaktion. Im Jahre 1873 wurde die Redaktion der *Annalen* durch den 24jährigen Klein aufgefüllt (ab Band 6). 1876 trat der Leipziger A. Mayer in die Redaktion ein, und Klein (damals in München) übernahm nach bereits dreijährigem Wirken die Hauptredaktion dieser wichtigen mathematischen Zeitschrift. Weitere Herausgeber waren später W. Dyck (1888), D. Hilbert (1897) und O. Blumenthal (1906). Noch nicht 30 Jahre alt ist Klein gewesen, als er somit an einer wesentlichen Stelle der mathematischen Wissenschaften in Deutschland angekommen war, und es war keine Frage, daß er diese Stelle in bewunderswerter Weise ausfüllen sollte: der Teubner-Verlag hatte einen vorzüglichen Berater gewonnen, und der Berater seinerseits nutzte diese Möglichkeiten, die mathematischen Wissenschaften gemäß seinen weitreichenden Vorstellungen „im Druck" zu befördern.

Klein befand sich in den 80er Jahren am Anfang einer umfassenden Theorie der automorphen Funktionen, also jener komplexen Funktionen, die invariant gegenüber einer gebrochen rationalen Transformation (auch Möbius-Transformation genannt) sind. Beispiele hierfür wären periodische Funktionen, elliptische Funktionen und Modulfunktionen. Diese Transformationen lassen sich zudem geometrisch als Bewegungen in der Lobatschewskischen Geometrie deuten, als Verallgemeinerung entsprechender Sachverhalte in der euklidischen Ebene. Dieser Gedankenkreis hatte Klein ergriffen, er konnte sich nicht zurücknehmen (siehe auch vorn den Abschnitt „Der Höhepunkt des mathematischen Schaffens"). Wegen der folgenden Erkrankung war Klein zwar vom 15. Juni bis zum 15. August 1883 beurlaubt worden, und Dyck vertrat ihn im Vorlesungsbetrieb und in Institutsangelegenheiten. Aber das Projekt der automorphen Funktionen war in den letzten Monaten in ihm herangereift.

Klein legte sein großes Vorhaben, das die automorphen Funktionen betraf, gleich nach dem Urlaub in einem Brief vom 24. August 1883 dem Teubner-Verlag dar, in dem sich der folgende programmatische Abschnitt befindet: „Lassen Sie mich ferner die allgemeine Absicht angeben, von der aus ich diese Bearbeitung [des Themas] unternehme. Daß es mit den abgerissenen Monographien in den Zeitschriften nicht genug sei, daß es gelte dieselben, sobald sie ein größeres Gebiet zum Abschluß geführt haben, in zusammenhängender Darstellung zusammenzufassen, ist seit langem mein Grundsatz.“ [71] Am Ende dieses Weges stand 1912 schließlich das monumentale zweibändige Werk *Vorlesungen über die Theorie der automorphen Funktionen*, das mit Hilfe von Robert Fricke verfaßt worden war und über 1.300 Seiten zählte. Ihm waren Semester um Semester einschlägige Vorlesungen über elliptische, hyperelliptische oder Modulfunktionen vorangegangen.

Diese Theorie der automorphen Funktionen, die seinerzeit in Leipzig im Wettlauf mit Poincaré durch Klein vorangetrieben worden war, führte nach dem ersten Weltkrieg zu einer merkwürdigen Episode: Der amerikanische Mathematiker Lester R. Ford, ein Schüler von Maxime Bôcher (PhD 1917), dem 29. Doktorand von Felix Klein, verfaßte in Leipzig das schmale, aber glänzend geschriebene Buch *Automorphic functions* (1929), das übrigens die erste englischsprachige Darstellung dieses Gebietes ist. Es mag ein historisches Bedürfnis Fords gewesen sein, dieses Buch in Leipzig zu schreiben, um dort den genius loci aufzunehmen. Dort, wo Klein titanenhaft bis ans Ende seiner Leistungsmöglichkeit gegangen war und wo Koebe schließlich in einem ersten kurzen Aufenthalt von 1910 bis 1914 diese Theorie vorangetrieben und zu einer Lösung gebracht hatte (Kleinsche Uniformisierungssätze) und wohin Paul Koebe im Jahre 1926 wieder und zwar endgültig zurückgekommen war.

Ford hatte als National Research Fellow zwar Leipzig als Studienort gewählt, aber offenbar Kontakt zu Leon Lichtenstein und nicht zu Koebe gesucht (bzw. zu letzterem nicht gefunden). Bemerkenswert ist, daß es Ford 1927 auch in Leipzig gelang, eine Schreibkraft zu finden, die ihm das englischsprachige Manuskript für sein Buch getippt hat. Ford ist neben dieser Monographie auch durch den von ihm gestifteten Preis bekannt, der für herausragende Arbeiten verliehen wird, die im *American Mathematical Monthly* veröffentlicht wurden.[72] Dieser Ford Award wird seit 1964 von der Mathematical Association of America (MAA) verliehen, und ihn haben u. a. Jean Dieudonné, Peter Lax und Johannes Nitsche entgegengenommen.

Der Teubner-Verlag war längst weltbekannt für philologische Werke wie etwa im Rahmen der *Bibliotheca Teubneriana*, ab 1849 das Flaggschiff des altphilologischen Teubnerschen Verlagszweiges. Die Sorgfalt beim Edieren fremdsprachlicher Texte erleichterte nun auch die qualitätsgerechte und ansprechende Herstellung der satztechnisch schwierigen mathematischen Texte. 1849 brachte Teubner ein erstes mathematisches Buch heraus, um 1900 umfaßten die mathematischen Kataloge bereits mehrere hundert Seiten, und die Liste der Teubner-Autoren reichte von Abel über Euler, Gauß, Hilbert, Klein, Minkowski bis Zeuthen, wobei Kleins Veröffentlichungen allein etwa vier Druckseiten in Teubners Verlagskatalogen füllten. Die Mathematik hatte sich also neben der Philologie als weiteres wichtiges Fachgebiet bei Teubner durchgesetzt.

Um das Ende des ersten Jahrzehnts im 20. Jahrhundert gab es zwei wichtige Ereignisse sowohl für Klein als auch für den Teubner-Verlag: 1909 beging Felix Klein seinen 60. Geburtstag, und 1911 feierte B. G. Teubner sein 100jähriges Bestehen. Beide Ereignisse wirkten wegen der gegenseitigen Verbindungen des Verlages und Kleins aufeinander, und man mag auch das Jubiläum Kleins für 40 Jahre Professor der Geometrie im Jahre 1912 hinzuzählen.

Der Teubner-Verlag schickte Klein zum 60. Geburtstag eine typographisch ansprechende Grußadresse mit einer zugehörigen Kassette. Der Anlaß des Teubner-Verlages hierfür war ein mehrfacher: sowohl dem bekannten Autor als auch dem verbundenen Berater und erfolgreichen Hauptredakteur der *Mathematischen Annalen* zum Geburtstag zu gratulieren.

Aufwendig gestaltetes Dankschreiben an Felix Klein in Göttingen
anläßlich des Abschlusses des 75. Bandes der *Mathematischen Annalen*,
der „‚Entdeckungszeitschrift' des Teubnerschen Verlages".
Leipzig: B. G. Teubner, 21. Juli 1914

Die Feier zum einhundertjährigen Firmenjubiläum B. G. Teubner fand am 3. und 4. März 1911 statt, wobei der Festakt im engeren Kreis mit ausgewählten Gästen am 3. März im Palmengarten durchgeführt wurde, während die Veranstaltung für Belegschaft und Autoren, insgesamt etwa 1 200 Personen, im Zoo durchgeführt wurde.

Bei der Feier im Palmengarten gab es eine feste Sitzordnung, Klein hatte den Platz 33 der Tafel III, und er befand sich damit in der Nähe von Herrn Alfred Ackermann nebst Frau (Nr. 36 und 37), auch Dyck (Nr. 32) war dort plaziert. Ackermann war im Verlag für das mathematische Programm zuständig. Die Liste der Ansprachen, die zu diesem Anlaß gehalten werden sollten, wies mehr als 50 Redner auf; man hatte hierfür wenigstens zwei Stunden veranschlagen müssen und deshalb die Vortragenden um Kürze gebeten. Die ersten fünf Vortragenden gehörten der Firma selbst an, dann folgten sechs Staatsbedienstete. Dyck, als Vertreter der *Encyklopädie*, sprach als 17ter, Rudio, der die *Euler-Ausgabe* vertrat, war der 19. Redner, Klein hier als Repräsentant der Universität Göttingen, war die Nummer 30 der Rednerliste. Klein überreichte aber auch Grußadressen der *Annalen* sowie seiner nationalen und internationalen Vereinigungen zur Föderung des mathematisch-naturwissenschaftlichen Unterrichts (DAMNU und IMUK).

Die *Leipziger Neuesten Nachrichten* berichteten vom Festtag im Zoo und dem dortigen Festprogramm, das ein eigens hierfür verfaßtes Singspiel, Lieder, Vorträge von Gedichten, Tanz und andere Vergnügungen umfaßte. Der Verlag selbst gab aus diesem Anlaß 1911 ein „Sonderheft“ *Vergangenheit und Gegenwart* heraus, welches übrigens das einzige Heft dieser Zeitschrift geblieben ist, denn eine weitere für 1961 angekündigte Ausgabe (150 Jahre B. G. Teubner) ist nie erschienen.

Als ein poetisches Gegenstück zu *Des Knaben Wunderhorn* (1805-1808) veröffentlichte man *Des deutschen Knaben Wandel* (1911), wobei die Verse 19 und 20 studentische Erfahrungen wiedergeben:

> „Bei Schoenfließ [Schoenflies] hört er Mengenlehre;
> bei Neumann über Herrn Ampère,
> Herr Gutzmer spricht vom tangens φ,
> Herr Klein schwärmt für des Ludolfs π.
>
> Und fehlts dem Studio nicht an Geld,
> die *Encyklopädie* er hält,
> und schafft so manches Werk sich dann,
> vom Teubnerschen Verlage an.“

In diesem Sonderheft 1911 wurde auch die Frage launig erörtet, was ein Manuskript sei. Uns geht es hierbei weniger um den Humor jener Zeit, sondern um dessen Hintergrund, der einige Einblicke in eine vergangene Welt der Verlage ermöglicht. Die Feststellung, daß das dazu benötigte beschriebene Blatt aus verschiedenem Material (Geschäftsplakate, erledigte Frachtbriefe, allerhand Formulare, ausrangierte Geschäftsbriefe, Fragmente von Schulheften) bestehen könne, ist nicht grundlos, denn Besuche in Archiven zeigen noch heute die Sparsamkeit der Gelehrten im Hinblick auf Papier; aber auch der Teubner-Verlag war für die nachhaltige Nutzung von Manuskript- und Briefseiten bekannt. Ein Manuskript (Verlage akzeptierten auch 1911 noch handgeschriebene Vorlagen!) habe so beschaffen zu sein, daß es einer mehrfarbigen Landkarte nicht unähnlich sei – auch dies verlor sich im Laufe der Zeit. Bleibt ein Setzer bei einem Wort stecken, so ruft er die Kollegen herbei, wobei jeder eine andere Lesart weiß, unter der sich jedoch stets die richtige befinde.

Es habe bei Teubner noch kein Manuskript gegeben, das nicht entziffert worden sei. Man glaubt diese selbstironische Behauptung, denn aus den drei Setzersälen kamen zum Firmenjubiläum 1911 je rund achtzig Glückwünsche von Teubnerianern.

Die nachfolgenden Zitate aus dem *Druckerei-Reglement* des Teubner-Verlages vom 22. Juni 1823 „die Aufrechterhaltung und Disziplin die Offizin betreffend“ sind ernst gemeint und für mathematische Texte von Interesse:

„Die Setzer sind verbunden, den Angriff ihrer Correcturen auf der Stelle zu vollziehen, da sich eine Verzögerung nicht anders als nachtheilig auf den Fortgang des Geschäftes auswirkt.“ Selbstredend fand sich auch für die Drucker ein entsprechender Passus, der das sofortige Abziehen der Korrekturseiten verlangte. Die Gründlichkeit, mit der B. G. Teubner den Buchsatz betrieb, speist sich wesentlich aus dem philologischen Anfang des Verlages. Mehrfache Korrekturgänge waren kein Problem: „Was gemacht werden kann, wird gemacht", war ein zentraler Leitspruch des Firmengründers Benedictus Gotthelf Teubner.

Die Verpflichtung gegenüber den Autoren und Herausgebern zeigt sich im Falle Kleins auch darin, daß ihm der Verlag anläßlich des Firmenjubiläums für seine Tätigkeit in der Redaktion der *Encyklopädie* (Brief vom 7. März 1911) und für die Herausgabe der *Annalen* (Brief vom 9. März 1911) dankte, unterzeichnet u. a. von Alfred Ackermann-Teubner.

Klein war vielfacher Autor des Teubner-Verlages. Als Beispiele seien die folgenden Werke mit Erscheinungsterminen angeführt:

10. 1881: *Über Riemanns Theorie der algebraischen Funktionen und ihrer Integrale.*
Auflage: 1 000 Exemplare.

8. 9. 1884: *Vorlesungen über das Ikosaeder und die Auflösung der Gleichungen vom fünften Grade.*
Auflage: 1 000 Exemplare.

1902: F. Klein und stud. math. C. Müller [24 Jahre]
Anwendung der Differential- und Integralrechnung auf Geometrie.
Autographiertes Vorlesungsheft (in Kommission).

11. 5. 1909: Redaktion für *Die Kultur der Gegenwart*, Mathematische Wissenschaften, Abt. Id.

25. 5. 1910: F. Klein und A. Sommerfeld
Über die Theorie des Kreisels.
(Vertragsabschluß nach der vierten und letzten Lieferung.)

Zur Hundertjahrfeier der Firma 1911 schickte die DMV an Teubner eine Grußadresse, die Klein unterzeichnet hatte und in der es heißt: „Die Verlagsbuchhandlung B. G. Teubner ist die Heimstätte der deutschen Mathematik geworden." Klein überbrachte damals auch als Generalredakteur der *Mathematischen Annalen* und als Vorsitzender der Internationalen Mathematischen Unterrichtskommission weitere Glückwünsche dem Verlag, „der sich seit einem halben Jahrhundert unvergängliche Verdienste um die Hebung des gesamten mathematischen und naturwissenschaftlichen Unterrichts erworben“ hat.

Materielle Modelle zur Veranschaulichung mathematischer Objekte hat es stets gegeben, aber mit der steigenden Abstraktion kam ihnen besonderes Gewicht zu. Das Interesse von Klein, der nach eigenem Verständnis zu dem Typ von Mathematikern gehörte, der von der Anschauung ausging, wurde durch die Modelle naturgemäß geweckt. Er hatte sich schon 1871 Modelle zur Liniengeometrie anfertigen lassen. Gleich zu Beginn seiner Münchner Zeit (WS 1875) hielt Klein mit Brill, der auch Architekt war, Übungen zum Modellieren ab. Bis zum Weggang Brills von München 1884 (Klein hatte München schon 1880 verlassen) waren so etwa einhundert Modelle entstanden. In den Gedanken, die sich Klein zur Verbesserung des mathematischen Unterrichts in den *Autobiographischen Notizen* für 1880 machte, werden die Münchener Modelle ausdrücklich hervorgehoben. Selbst „irreale“ Fälle, wie sie bei der Frage erscheinen, was entsteht, wenn man die projektive Ebene mit einem Henkel versieht, modellierte Klein. Das Ergebnis, als Kleinsche Flasche (oder auch Schlauch) bekannt, beschrieb er in den Vorlesungen *Über Riemanns Theorie der algebraischen Funktionen und ihrer Integrale*: „Man kann so sich von denselben ein Bild machen, indem man etwa ein Stück eines Kautschukschlauches umstülpt und nun sich selbst durchdringen läßt, daß beim Zusammenbiegen der Enden die Außenseite mit der Innenseite zusammenkommt.“[73]

Bereits Kleins Lehrer J. Plücker hatte mathematische Modelle geschätzt, und Klein fand eine Reihe interessierter Kollegen, die nicht nur Modelle herstellten, sondern auch Modellsammlungen anlegten. In München begannen F. Klein und A. Brill Gipsmodelle für die TH herzustellen, was bald eigene Firmen wie die von Brills Bruder in Darmstadt und später wie die von Martin Schilling (erst Halle, dann

Leipzig) hervorbrachte. Schon H. A. Schwarz hatte in Göttingen eine „ansehnliche Modellsammlung“ zustandegebracht, wobei er auch auf Modelle Abraham Gotthelf Kästners zurückgreifen konnte. Mithin brauchte Klein in Göttingen „nur noch“ ein Lesezimmer einzurichten, um seine Prinzipien im Institut zu verwirklichen (*Autobiographie* 1923). Auch der Teubner-Verlag war auf dem Gebiet der mathematischen Modelle tätig, indem er nicht nur die zugehörigen einschlägigen und teilweise sehr umfangreichen Kataloge druckte, sondern selbst auch mathematische Modelle vertrieb.[74]

Ein zentraler Grundsatz verband B. G. Teubner und Felix Klein, daß nämlich mathematisches Wissen, wissenschaftliche Erkenntnisse schlechthin, der schnellen Verbreitung und einfachen Verfügbarkeit bedürfen. Wie konnte man die Drucklegung von mathematischen Arbeiten optimieren? Der bisher übliche Bleisatz (im Stile Gutenbergs) war nicht nur zeitaufwendig, sondern auch teuer. Marktgerechte Ausgaben mathematischer Bücher, die relativ kleine Druckauflagen erforderten, verursachten gegenüber „gängigen“ Büchern hohe Kosten. Eine Aufgabe war mithin – und das erkannte Klein sehr klar –, den Vorlesungsbetrieb so auszurichten, daß die Studenten verwertbare Mitschriften nach Hause tragen konnten. Wir wissen bereits, daß der Vortragende Klein wichtige Sachverhalte seinen Studenten in die Feder diktierte. In diesem Studienbetrieb waren die Vorlesungsmitschriften ein zentrales Lehrmittel – als praktische Frage blieb aber, wie konnte man anstelle von individuellen Mitschriften autorisierte Wiedergaben der Vorlesungen in ausreichender Anzahl herstellen? Klein war außerhalb Deutschlands aufgefallen, daß man dort das Senefeldersche Steindruckverfahren benutzte, um – wie wir heute sagen würden – rentable Kleinauflagen herzustellen. Als tatkräftiger Mann nutzte er daraufhin den Druck von sogenannten autographierten Werken, worauf wir nachfolgend genauer zu sprechen kommen.

Klein war einer jener Hochschullehrer, die Vorlesungsausarbeitungen ernst nahmen und schließlich auch eine vertretbare Lösung für deren Herstellung fanden. Natürlich konnte man jede Mitschrift abschreiben und sie so benutzen. Dieser einfachen, aber zeitraubenden Prozedur unterzogen sich selbst Professoren (in der Leipziger Bibliothek der Fakultät für Mathematik gibt es hierfür Belege, z.B. von A. Mayer). Finanziell besser gestellte Studenten konnten Mathematikstudenten, die sich ihr Studium (teilweise oder ganz) finanzieren mußten, für das Abschreiben von Mitschriften gewinnen. Diese an mittelalterliche scriptorien erinnernden Verfahren waren üblich und hatten auch geregelte Preise.[75] Maschinenschriftliche Ausarbeitungen konnte man zwar gut lesen; sie eigneten sich aber nicht für den mathematischen Formelsatz und lieferten bei der Verwendung von Durchschlagpapier ohnehin maximal fünf Kopien. Erfindungen, wie etwa das Abschreiben mit Hilfe von „Kopier-Dinte", die ein mehrfaches „Abbügeln" der entsprechend präparierten, handschriftlich geschriebenen Seiten mit Bügeleisen ermöglichte, erhöhten zwar die Auflage (bis max. 100 Kopien), aber auch solche hektographische Verfahren befriedigten letztlich die Nachfrage nicht.[76]

In Erlangen hatte Klein anfangs nur wenige Studenten gehabt, erst der Tod von Clebsch im Jahre 1872 trieb ihm nach und nach einige von Alfred Clebschs fortgeschrittenen Studenten und Doktoranden aus Göttingen zu, so daß die Hörerzahl bis auf ein Dutzend anwuchs. Das war in München ganz anders, wo die Vorlesungen von bis zu 200 Hörern besucht wurden. Hier benötigte man Arbeitsmaterial für den Vorlesungs- und Übungsbetrieb, das sich Klein mittels der Autographie verschaffte.

Klein verband dabei die Vorteile einer handschriftlichen mathematischen Vorlesungsausarbeitung mit den technischen Möglichkeiten des Steindrucks, den Alois Senefelder 1798 für die Reproduktion von Texten und Bildern entwickelt hatte (Autographie) und der, wie Klein selbst sagte, „in anderen Ländern, wie vor allem Frankreich und Italien, sehr häufig angewandt" worden war. Wichtige Vorlesungen, die Klein unter seiner Leitung bisher stets ausarbeiten ließ, um sie dann im Lesezimmer allgemein verfügbar zu machen, wurden nun autographiert, d. h. in einer angemessenen Kleinauflage im Steindruckverfahren[77] hergestellt und verteilt.

Diese Idee ist in zweifacher Hinsicht revolutionär: man produziert kostengünstig (niedrige Auflagenhöhe) und zugleich schnell (wegen der unverzögerten Verfügbarkeit einer handschriftlichen Vorlage). Der Preis der autographierten Hefte lag zwischen 7 und 9 Mark.

Seine sogenannten *Autographierten Vorlesungshefte* ließ Klein zunächst über Druckereien herstellen, wobei dem handschriftlichen Teil oft einige Seiten wie Titelseite und Geleitworte im traditionellen Bleisatz vorangestellt wurden (siehe Abb. S. 148).

Klein führte in seiner *Autobiographie* von 1923 über den Zweck der autographierten Vorlesungsausarbeitungen aus: „Eine Anzahl dieser [in Göttingen gehaltenen] Vorlesungen sind autographiert im Buchhandel erschienen; diese Publikationsform, die bedeutend weniger Arbeit als die Anfertigung von ausgefeilten Lehrbüchern verursacht, ist in Deutschland ziemlich ungebräuchlich, wird aber in anderen Ländern ... sehr häufig angewandt. Ich verfolgte hierbei vor allen Dingen den Zweck, allen Studierenden und besonders denjenigen, die erst in späteren Semestern kamen und daher meine vorangehenden Vorlesungen nicht hatten hören können, ein Einarbeiten in die von mir benutzten Methoden zu ermöglichen. Gleichzeitig versuchte ich mehr und mehr der Auffassung Ausdruck zu geben, daß sich der Mathematiker nicht nur auf die Durcharbeitung seines eigenen Gebietes beschränken solle, sondern daß er darüber hinaus die Pflicht habe, seine Wissenschaft in allen Bereichen der Anwendung als ordnendes Prinzip zur Geltung zu bringen.“ Die autographierten Vorlesungsausarbeitungen lagen Klein so sehr am Herzen, daß er dreimal in die *Mathematischen Annalen* Selbstreferate über einige Ausarbeitungen einrücken ließ, nicht ohne zu bemerken: „Dieses und das folgende Selbstreferat sollen das Studium der ... autographischen Vorlesungshefte selbst keineswegs überflüssig machen“[78].

Bald konnte Klein den Verlag B. G. Teubner für den Vertrieb solcher Druckerzeugnisse gewinnen. Teubner übernahm derartige Publikationen als Kommissionsverlag. Ebenso wie die *Mathematischen Annalen* dem Verlag gewissermaßen einen Autorenpool bescherten, waren die autographierten Vorlesungen ein Ausgangspunkt für spätere Buchpublikationen. Felix Klein hat von 1889 bis 1896 wenigstens 10 seiner Vorlesungsausarbeitungen autographieren lassen, wovon 7 über Teubner in den Buchhandel kamen. Die Ausarbeitungen seiner viersemestrigen Vorlesung über die Entwicklung der Mathematik im 19. Jahrhundert, im engeren Kreis Göttinger Fachkollegen während des Krieges in Kleins Wohnung gehalten, wurden übrigens aufgrund ihrer besonderen Entstehung (Krankheit Kleins, kompetenter Hörerkreis, ursprüngliche Vorarbeit für Teubners umfangreiche *Kultur der Gegenwart*) gleich und nicht über eine Autographie Grundlage für die spätere Springer-Buchpublikation *Vorlesungen über die Entwicklung der Mathematik* (1926-1927, 2 Bände). Im SS 1916 gehörten zu den 16 Hörern unter anderem Paul Finsler, Emmy Noether, Constantin Carathéodory und Carl Runge.

Wie schon in Leipzig richtete Klein auch in Göttingen ein Lesezimmer ein, und in dem 1907 bei Teubner gedruckten *Katalog des mathematischen Lesezimmers der Universität Göttingen* heißt es: „Ich erwähne ferner, daß die mathematischen Dozenten immer mehr dazu übergegangen sind, Ausarbeitungen der von ihnen gehaltenen Vorlesungen unter ihrer Aufsicht anfertigen zu lassen und auf dem Lesezimmer auszulegen, so daß der Student, wenn er einzelnes nicht völlig aufgefaßt hat, [sich] dort Rat holen kann.“ Klein stellt hier ein wenig sein Licht unter den Scheffel, denn es ist seinem nachhaltigem Bestreben zu verdanken, daß die Dozenten Ausarbeitungen herstellen ließen. R. Courant in seiner Gedächtnisrede hierüber: Felix Klein „hat die große Macht über Menschen besessen, weil er geistige Überlegenheit verband mit einer dienenden Sachlichkeit, weil er nie etwas für sich selbst, stets alles für seine Ziele tat, weil man in der majestätischen Würde seines Wesens nie eine

Spur von Eitelkeit und Selbstüberhebung herausfühlen konnte. ... Aber alles dies wird überstrahlt von dem Zauber seines Wesens, der magnetischen Kraft, mit der er jeden, auch Widerstrebende, zwang, ihm Mitarbeiter zu werden und Gefolgschaft zu leisten."[79]

Max Born sagt hierzu in seiner Autobiographie *Mein Leben*, daß er als Student sich angewöhnt habe, Ausarbeitungen der besuchten Vorlesungen anzufertigen und auch als Dozent darauf achtete, daß ein geeigneter Student seine Vorlesung ausarbeitete, die am Semesterende vervielfältigt wurde. „Dieser Brauch war in Göttingen Tradition; dort werden Kopien aller wichtigen Vorlesungen im mathematischen Leseraum aufbewahrt. ... Felix Kleins Vorlesungen, veröffentlicht als handgeschriebene Manuskripte, sind die brillantesten Beispiele für das, was ich meine."[80]

Die ansteigenden Studentenzahlen in den Jahren nach dem ersten Weltkrieg haben vermutlich den Umweg über autographierte Vorlesungsmitschriften überflüssig gemacht, und man konnte gute Ausarbeitungen, die ja in der Regel unter Aufsicht von Klein angefertigt wurden, direkt als nur wenig zu bearbeitende Manuskriptvorlage für klassische Buchproduktionen im Bleisatz verwenden. Diese „Nachkriegs"-Bücher erschienen durchweg im Springer-Verlag, da sich der Teubner-Verlag nach dem ersten Weltkrieg und der Inflationszeit mehr auf die Schulbuchproduktion konzentrierte, deren Bedarf sowohl übersichtlicher als auch ertragreicher war, während Springer stärker auf das wissenschaftliche Programm setzte. Dadurch sind Kleins späte Werke, eigentlich alle seine posthumen Bücher, ausnahmslos an den Verlag Julius Springer in Berlin gekommen.

Die Idee des schnellen Drucks aufgrund der Vorlage durch den Autor ist seit den 70er Jahren sowohl von Springer als auch von Teubner gezielt wieder aufgenommen worden, und der Kleinoffsetdruck von druckreifen Vorlagen des Autors (camera-ready) erwies sich wie seinerzeit schon bei Felix Klein als erfolgreich. Die Reihe *TEUBNER-TEXTE zur Mathematik* wurde 1976 in Leipzig begründet und brachte es bis 2005 auf 214 Titel; weitere vergleichbare Teubner-Reihen zur Physik und zur Informatik folgten. Zunehmend kamen dann bei der Manuskripterstellung typographisch beeindruckende Textverarbeitungssysteme zum Einsatz, was Klein vermutlich entzückt hätte.

Auf der Wiener Tagung der Naturforscher im Jahre 1894 faßte die DMV den Entschluß, ein umfassendes *Mathematisches Wörterbuch* herauszugeben, im Jahre darauf lag bereits ein erster Entwurf vor, der sich auch mit der Finanzierung des Unterfangens befaßte, so daß man sich im Herbst 1895 auf einer Konferenz der verantwortlichen Akademien aus Göttingen, Leipzig, München und Wien sowie der DMV und des Teubner-Verlages darauf einigte, den Gedanken eines Wörterbuches zugunsten einer mehrbändigen *Encyklopädie* (7 Hauptbände mit jeweils weiteren Teilbänden) aufzugeben. Der erste entscheidende Gedanke für eine solche Enzyklopädie war 1894 auf einer Harzwanderung mit Franz Meyer, der in Clausthal lehrte, entstanden und erfolgreich in das gerade gegründete Kartell der deutschen Akademien getragen worden.

F. Kleins Bemühen um Einheit der mathematischen Wissenschaften ließ ihn sofort lebhaften Anteil an dem geplanten Sammelwerk *Encyklopädie der mathematischen Wissenschaften mit Einschluß ihrer Anwendungen*[81] nehmen. Insbesondere wünschte er, die reine und angewandte Mathematik in gleicher Weise zur Geltung zu bringen. Um diese Ziele zu erreichen, brachte Klein sein Organisationsgeschick und sein mathematisches Gewicht in das gesamte Unternehmen ein. Seit 1899 reiste er nach Österreich, Italien, Frankreich, England, Holland und Dänemark, um dort geeignete Autoren für die Beiträge in den Bänden zur angewandten Mathematik zu gewinnen, wobei es darauf ankommen sollte, jeweils den mathematischen Kern herauszuschälen. Hier ist insbesondere von Mechanik, Physik, Geophysik und Astronomie die Rede. Schließlich übernahm es Klein selbst, mit seinem Schüler Conrad Heinrich Müller den Mechanik-Band der *Encyklopädie* zu redigieren (Band IV mit vier

Teilbänden). Die Unmöglichkeit erwähnend, alle Herausgeber und Autoren gebührend zu würdigen, schrieb Klein 1923 in seiner *Autobiographie* doch diese Zeilen des Dankes: „Wohl aber sei des besonderen Verdienstes gedacht, das sich die Teubnersche Verlagsbuchhandlung durch die Übernahme und glänzende Durchführung der Herausgabe dieses Werkes um unsere mathematische Wissenschaft bisher erworben hat.“[82]

Das Jahrhundertwerk der *Encyklopädie* fand sofort das Interesse der französischen Mathematiker, die eine erweiterte französische Ausgabe veranstalten wollten. Diese blieb jedoch aufgrund der Kriegsereignisse unvollendet. In ähnlicher Weise hat Klein übrigens auch an der Herausgabe der *Kultur der Gegenwart* (B. G. Teubner 1909) mitgewirkt, wobei er entsprechende Unterabteilung organisierte und redigierte.

Klein empfahl dem Teubner-Verlag zahlreiche Manuskripte seiner Schüler zur Veröffentlichung (z. B. von Pockels, Bôcher), und er regte Übersetzungen oder den Druck wichtiger Bücher an. Dazu gehörten u. a die folgenden Teubner-Werke, zu denen Klein jeweils ein Vorwort bzw. Geleitwort verfaßte:

E. J. Routh, *Dynamik der Systeme starrer Körper*, 1898,
F. Enriques, *Vorlesungen über projective Geometrie*, 1903,
P. Tannery, *Elemente der Mathematik*, 1909,
J. Schouten, *Vektoren- und Affinorenanalysis*, 1914,
A. Clebsch, *Vorlesungen über Geometrie*, 1891

und

K. Rohn, *Stereometrie*, 1922 (bei Noske in Borna publiziert).

Noch 1923, zwei Jahre vor seinem Tod, ließ Felix Klein in seiner *Autobiographie* den Teubner-Verlag wissen, daß er sich der Verdienste der Teubnerschen Verlagsbuchhandlung wohl erinnere und daß er als Aufgabe für die verbleibenden Jahre die Bearbeitung seiner früheren Vorlesungen zur Veröffentlichung nannte, „solange meine Kraft ausreicht“. Richard Courant hat berechtigterweise in seiner schönen Gedächtnisrede auf Felix Klein betont: „Jede Minute war der systematischen Arbeit gewidmet. ... Die Freuden des gewöhnlichen Menschen gönnte Klein sich nicht. ... Sein Leben war erfüllt von der Kraft des Denkens und dem Willen zur Tat, beide beflügelt durch eine geniale Phantasie“.[83]

Firmengebäude B. G. Teubner, Leipzig, Poststraße 3-5. Eingeweiht zum Teubner-Jubiläum 1911.

„Das Verlagsgebäude war nach dem Luftangriff vom 4. Dezember 1943 ausgebrannt, die technischen Betriebe einschließlich der Maschinen zerstört.“

Heinrich Krämer / Jürgen Weiß: *„Wissenschaft und geistige Bildung kräftig fördern“*. Zweihundert Jahre B. G. Teubner 1811-2011. EAGLE 050. Edition am Gutenbergplatz Leipzig 2011

Alfred Ackermann-Teubner (Enkel von B. G. Teubner)

„Gemeinsam mit seinem Vetter Alfred Giesecke führte er die Teubnersche Firma und verantwortete im Zeitraum dreier Jahrzehnte den mathematisch-naturwissenschaftlichen und den ingenieurwissenschaftlichen Verlag. Als Mitglied zahlreicher wissenschaftlicher Gesellschaften des In- und Auslandes unterhielt er zu den Gelehrten, namentlich den Göttinger Mathematikern, vor allem Felix Klein, freundschaftliche Beziehungen.“

Heinrich Krämer: *In der sächsischen Kutsche*. Der Firmengründer B. G. Teubner und seine Nachfolger A. Ackermann-Teubner und A. Giesecke-Teubner. EAGLE 056. Erscheint in Leipzig 2012

Felix Kleins Abschied von Leipzig

In seinem letzten Leipziger Semester (WS 1885/86) erhielt Klein Besuch von zwei Mathematikern: aus Göttingen von dem bedeutenden Kollegen Hermann Amandus Schwarz (42 Jahre) und aus dem fernen Königsberg von dem frisch promovierten David Hilbert (23 Jahre). D. Hilbert besuchte Kleins Vorlesung über *Hyperelliptische Funktionen* und das zugehörige Seminar, in dem er zweimal vortrug. Er fiel Klein sofort auf und wurde zur privaten Silvesterfeier 1885/86 der Familie Klein eingeladen, „ein gewisser Dr. Hilbert" notierte sich Klein. Eine Kopie des alten Seminarvortrags „Die allgemeinste periodische Function zweier Variablen", den Hilbert am 15. Februar 1886, wenige Tage nach seinem 24. Geburtstag, gehalten hatte, überreichte Klein später (1912) Hilbert, seinem nunmehrigen Göttinger Kollegen, zum 60. Geburtstages, genauer: Klein ließ ihn überreichen, da er aus gesundheitlichen Gründen der Feier fernbleiben mußte. Hilbert war in Leipzig gleich in den engeren mathematischen Kreis um Klein vorgedrungen, und Klein riet Hilbert, nach Frankreich zu gehen, so wie er und vordem auch sein Lehrer Plücker es getan hatten.

Als Klein nach Göttingen wechselte, war daher Hilbert unterwegs nach Paris. Aber in Paris war es dem jungen Deutschen nicht so schnell gelungen, engere Beziehungen zu den führenden mathematischen Kreisen zu knüpfen. Sehr bald mahnte daher Klein: „Es mag ja schwer sein, in Paris vielfachen und dabei ergiebigen mathematischen Verkehr zu finden, aber ich meine, bei immer wiederholten Anläufen muß man schließlich doch Vieles erreichen. Halten Sie [sich] immer vor Augen, dass die Gelegenheit ... niemals wiederkehrt." Neben solchen Einschärfung gab es auch kollegiale Fragen Kleins, etwa: „Wer ist eigentlich Stieltjes? Ich habe für den Mann Interesse." [84] Hilbert ließ sich mit der Antwort etwas Zeit und berichtete am 21. Mai 1886 nach Göttingen in die Weender Str. 16: „Ich blicke jetzt nämlich auf eine voll vierwöchentliche Periode äussersten physischen Uebelbefindens und gänzlicher Thatenlosigkeit zurück. ... Der Arzt behauptet, es sei die Acclimatationskrankheit" – jedoch Hilbert stellte seine eigene Diagnose: „während ich es für hochgradige Vergiftung des Magens mittelst Schwefelsäure halte, welche man hier genötigt ist, in verdünntem und gefärbtem Zustande unter dem Namen Wein zu sich zu nehmen." [85] (Siehe S. 115.) Hier fügen sich unsere Vorurteile zu einer verkehrten Welt: der Rheinländer predigt preußische Pflichterfüllung, und der Ostpreuße praktiziert rheinländische Lebensart. Der deutsch-französische Krieg hatte zu keinem politischen Ausgleich zwischen Frankreich und dem neuen deutschen Kaiserreich geführt, so daß Reisen nach Frankreich für deutsche Mathematiker im allgemeinen nicht einfach waren. Die herausragenden französischen Mathematiker zogen jedoch vornehmlich ihre jüngeren deutschen Kollegen an und brachten sie doch auf den Weg nach Paris. Auch Klein entzog sich nicht; nach der nur kurzen gemeinsamen Reise mit Sophus Lie, die der Krieg vorzeitig beendet hatte, gab es – obwohl Lie auf weitere Reisen drängte (z.B. 1882) – zunächst eine längere Pause. Der gesundheitliche Zusammenbruch von 1883 beflügelte Klein zudem nicht, seinen erfolgreichen Konkurrenten Poincaré sofort aufzusuchen. Wohl hatte er mitten im Wettstreit seinen Assistenten Dyck ermutigt, nach Paris zu gehen. Ein Jahr nach D. Hilberts Paris-Aufenthalt, zu Ostern 1887, reiste dann auch Klein wieder nach Paris (23. März bis 14. April). Schließlich wurde Poincaré nach Göttingen zu sechs mathematischen Vorträgen eingeladen, die er in einer Aprilwoche 1909 auch hielt.

Der andere Besucher bei Felix Klein in Leipzig, Hermann Amandus Schwarz aus Göttingen, war der bedeutendste Schüler von Weierstraß. Da Schwarz vorerst keine Aussicht hatte, in Berlin Nachfolger seines verehrten Lehrers zu werden, interessierte er sich sehr für die frei werdende Leipziger Stelle. Klein hatte den künftigen Kollegen sogar eingeladen, sich in Leipzig die neu geschaffenen Einrichtungen selbst anzusehen. Das war jedoch ein Signal in die falsche

Richtung. H. A. Schwarz, der in Finnland geweilt hatte, eilte auf dem Rückweg nach Göttingen hoffnungsvoll nach Leipzig.

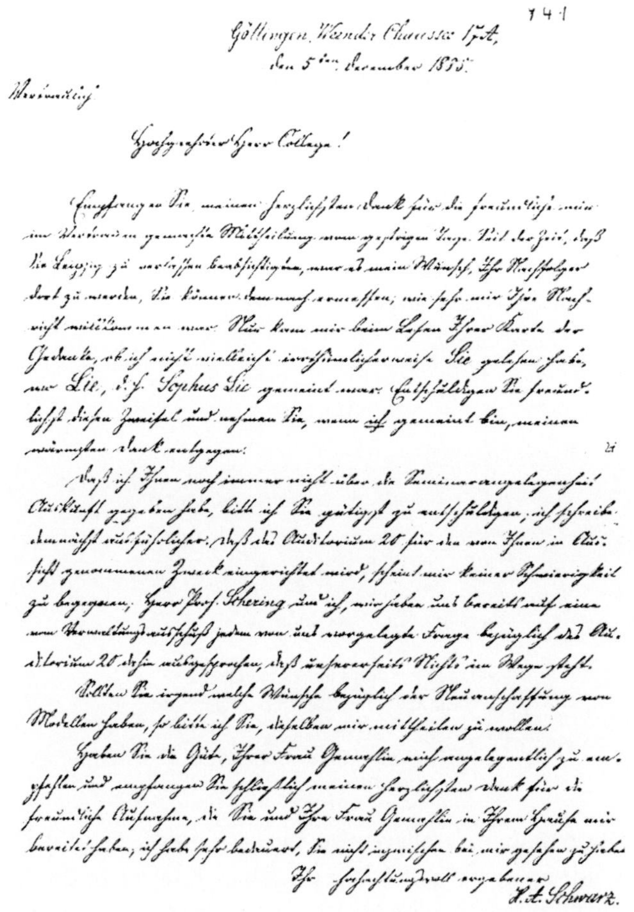
141

Göttingen, Weender Chaussee 17A,
den 5ten December 1885.

Vertraulich!

Hochgeehrter Herr College!

Empfangen Sie meinen herzlichsten Dank für die freundliche mir im Vertrauen gemachte Mittheilung vom gestrigen Tage. Seit der Zeit, daß Sie Leipzig zu verlassen beabsichtigen, war es mein Wunsch, Ihr Nachfolger dort zu werden, Sie können daraus ermessen, wie sehr mir Ihre Nachricht willkommen war. Nur kam mir beim Lesen Ihrer Karte der Gedanke, ob ich nicht vielleicht irrthümlicherweise Sie gelesen habe, wo Lie, d.h. Sophus Lie gemeint war. Entschuldigen Sie freundlichst diesen Zweifel und nehmen Sie, wenn ich gemeint bin, meinen wärmsten Dank entgegen.

Daß ich Ihnen noch immer nicht über die Seminarangelegenheit Auskunft gegeben habe, bitte ich Sie gütigst zu entschuldigen, ich schreibe demnächst ausführlicher; daß das Auditorium 20 für den von Ihnen in Aussicht genommenen Zweck eingerichtet wird, scheint mir keiner Schwierigkeit zu begegnen; Herr Prof. Schering und ich, wir haben uns bereits auf eine vom Verwaltungsausschuß jedem von uns vorgelegte Frage bezüglich des Auditorium 20 dahin ausgesprochen, daß unsererseits Nichts im Wege steht.

Sollten Sie irgend welche Wünsche bezüglich der Neuanschaffung von Modellen haben, so bitte ich Sie, dieselben mir mittheilen zu wollen.

Haben Sie die Güte, Ihrer Frau Gemahlin mich angelegentlichst zu empfehlen und empfangen Sie schließlich meinen herzlichsten Dank für die freundliche Aufnahme, die Sie und Ihre Frau Gemahlin in Ihrem Hause mir bereitet haben, ich habe sehr bedauert, Sie nicht inzwischen bei mir gesehen zu haben.

Ihr hochachtungsvoll ergebener
H. A. Schwarz.

Wieder in Göttingen zurück erhielt Schwarz Anfang Dezember von Klein ein Schreiben mit vertraulicher Nachricht: die Leipziger Berufungsliste! Auf die Plätze 2 und 3 waren Ferdinand Lindemann und Aurel Voss gesetzt worden, und ein Separatvotum von Neumann nannte Sophus Lie, da dieser in Lie keinen funktionentheoretischen Konkurrenten sah.[86]

Wer aber hatte den entscheidenden Platz 1, *primo loco*, erhalten? Der Wunsch war der Vater der Wahrnehmung: Schwarz erwartete *Sie*, aber Klein hatte *Lie* geschrieben. Sicherheitshalber bat Schwarz jedoch um Bestätigung der erhofften Lesart.[87] Kleins Briefentwurf zeigt, dass er Schwarz eigentlich über etwas Anderes hatte schreiben wollen. Aber nach dem Eintreffen der prekären Schwarzschen Frage lies Klein diese Absicht fallen und strich in seinem neu aufgesetzten Brief auch die Anrede „Lieber Freund". Klein antwortete (zitiert nach Kleins Briefentwurf vom 7. Dezember 1885):

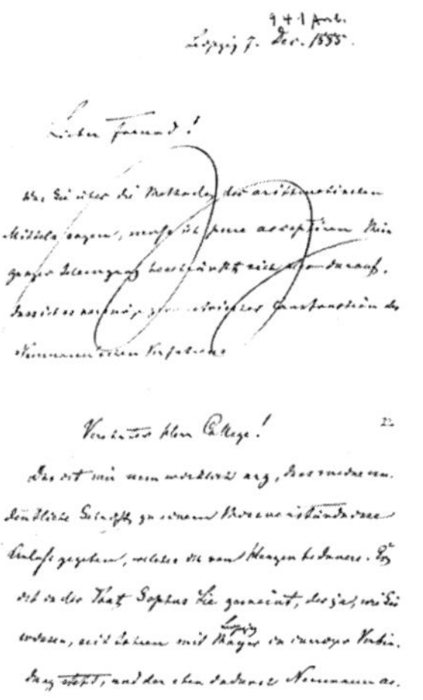

F. Klein an H. A. Schwarz (Entwurf):

„Verehrter Herr College!
Das ist mir nun wirklich arg,
dass meine undeutliche Schrift
zu einem Missverständnisse
Anlass gegeben,
welches ich von Herzen bedauere.
Es ist in der That Sophus Lie gemeint,
der ja, wie Sie wissen,
seit Jahren mit Mayer / Leipzig /
in inniger Verbindung steht ..." [88]

Adolph Mayer ist hier natürlich nur vorgeschoben, denn es gibt Belege, von denen gleich einer folgen wird, in denen Klein seinen Anteil an der Berufung Lies unmißverständlich darlegt, die er übrigens schon bei dem möglichen Wechsel nach Baltimore ins Auge gefaßt hatte. Auch Weierstraß lagen inzwischen zuverlässige Nachrichten über die Leipziger Berufungsliste vor, und er klärte Schwarz auf, fügte aber seinem Schreiben vom 20. Dezember noch eine Philippika bzgl. Sophus Lie an: „Wäre Leipzig eine preußische Universität, so würde ich mich verpflichtet halten, über ein so unerhörtes Verfahren, wie es der Leipziger Facultät beliebt hat, das eine Beleidigung ist für alle jetzt im kräftigen Mannesalter stehenden deutschen Mathematiker, an zuständiger Stelle ein offenes Wort zu reden. ... Ein schöner Anfang der neuen Aera."[89]

Schließlich griff Weierstraß noch genüßlich den von Paul du Bois-Reymond geprägten Ausdruck vom Kleeblatt Klein-Lie-Mayer als *société thuriféraire*[90] auf. Die unerwartete Tatsache, daß Klein seinen Leipziger Lehrstuhl Sophus Lie verschaffte, verschärfte nicht nur den Gegensatz zu Weierstraß, der bereits im fachlichen Widerstreit der Riemannschen und der Weierstraßschen Schulen angelegt war, sondern sie erregte die Berliner Mathematiker schlechthin. Überflüssig zu erwähnen, daß insbesondere das Verhältnis Kleins zu Schwarz nicht ungetrübt war; bis 1892 sollten noch sechs gemeinsame Jahre in Göttingen vor beiden liegen.

Sechs Jahre nach dem Weggang Kleins aus Leipzig stand durch Kroneckers Tod 1891 nicht nur dessen Professur zur Verfügung, sondern auch Weierstraß war nun bereit, da er seine Auffassungen nicht mehr gegen Kronecker zu verteidigen hatte, seinen Lehrstuhl aufzugeben (z. B. für seinen Meisterschüler H. A. Schwarz). Klein wäre an sich auch für eine der zu besetzenden Stellen ein möglicher Kandidat gewesen, aber man erinnerte sich noch zu genau an den Coup mit Lie, der aus Berliner Sicht Kleins organisatorisches Talent zeigte, mit dem er skrupellos fehlende wissenschaftliche Leistungen überdecken wollte. Folgerichtig fanden sich keine Fürsprecher, und in der Berufungskommission, in der u. a. Foerster, Fuchs, Schwarz und Weierstraß saßen, wurden Kübel voll Schmutz über Klein ausgegossen. Um auf die Gesundheit von Weierstraß Rücksicht zu nehmen, der eine entscheidende Person in dem Verfahren war, hatte man die Sitzung der Berufungskommission am 22. Januar 1892 in dessen Wohnung stattfinden lassen. In dieser Besprechung, die der Prodekan Hermann Diels protokollierte, wurde Klein als „Blender, Faiseur [Schwindler, Aufschneider] und Kompilator" bezeichnet,

„dessen verderbliches Vorgehen auf wissenschaftlichem Gebiet" nur zu „Compilationen von Schwarz und Fuchs im Feuilletonstil [= Ikosaederbuch]" führe; „Klein nascht mehr", wandte Weierstraß ein.[91]

Die Spannungen zwischen Felix Klein und Berlin waren nicht neu. Sophus Lie hatte im Zusammenhang mit der Berufung Kleins nach Baltimore im Dezember 1883 dem Freund geschrieben: „Zwischen Dir und Berlin, wie früher zwischen Clebsch und Berlin besteht ein Rivalisieren. Du deinerseits ist [bist] gerecht gegen die Berliner, die Du verstehst und würdigst. Die Berliner Schule dagegen hat im längsten versucht, Deine Thätigkeit wenn nicht eben [zu] ignorieren, so doch möglichst herunterzuziehen." In der Tat hatte Klein z.B. in seinem Seminar (27. Februar und 6. März 1882) Weierstraßsche Vorlesungshefte oder die Kroneckersche Festschrift (20. Juli bis 3. August 1885) vorgestellt. Das eben erwähnte Protokoll vom 22. Januar 1892 einer Sitzung der Philosophischen Fakultät der Berliner Universität ist andererseits beschämend (siehe für weitere Details K.-R. Biermann: *Die Mathematik und ihre Dozenten an der Berliner Universität*. Berlin: Akademie-Verlag 1973, S. 205f.).

Die Doppelberufung von H. A. Schwarz und G. Frobenius im Jahre 1892 brachte zudem keine Freunde Kleins nach Berlin. Das Verhältnis Kleins zu Schwarz war schon in Göttingen gespannt gewesen, aber Frobenius war ein weiterer streitbarer Gegner, der bisweilen maßlos wurde. Felix Klein hatte offenbar sehr schlechte Karten in Berlin.

Jede Medaille hat jedoch zwei Seiten. In seinem Beitrag für die *Lebensbilder Göttinger Professoren* sah Klein 1923 die Angelegenheit so: „Denn mit dem Fortgange H. A. Schwarz's, der 1892 einem Ruf nach Berlin Folge leistete, begann für mich eine neue Periode meiner Tätigkeit" (S. 23). Ein glänzender Erfolg Felix Kleins in dieser Periode war die Berufung des 33jährigen David Hilbert 1895 nach Göttingen.

Wir müssen jetzt einige Schritte zurücktreten, um die Dinge mit etwas Abstand betrachten zu können. Dann fällt auf, wie sehr Klein *letztlich* im Sinn der Entwicklung der Mathematik tätig war: Er förderte den Nachwuchs, auch wenn dieser wie Hilbert unbequem war; er übergab sein Amt nicht nur in geordneten Verhältnissen, sondern sorgte auch für angemessene Weiterführung in seinem Sinn. „Ich betrachte die hiesigen mathematischen Institute wie meine Kinder, die ich wohl fremden Händen anvertrauen darf, die ich aber nicht einfach verlassen und dem sicheren Untergang überweisen kann. ... In der That ist mir kein Zweifel, dass die Entwicklung des mathematischen Unterrichts für die nächsten Decennien mit der Entwicklung der Institute und der systematischen Organisation der Vorlesungen zusammenfällt“, schrieb Klein in Sachen der eigenen Nachfolgeschaft in Leipzig am 13. November 1885 an das sächsische Kultusministerium, damit „das, was im Laufe der verflossenen fünf Jahre mit Mühe geschaffen wurde, auch weiterbestehe“.[92] Seiner *Autobiographie* vertraute F. Klein – wir haben das eingangs schon erwähnt – 1923 etwas wehmütig an, daß es merkwürdig sei, wie „[ich] durch die Notwendigkeit, mich wissenschaftlich zu behaupten, doch einigermassen von den Zielen, die ich in meiner Antrittsrede bezeichnete, abgelenkt bin“. An anderer Stelle vermerkte er: „Wie ich dann ... durchgesetzt habe, daß Lie als mein Nachfolger nach Leipzig berufen wurde und dadurch die Möglichkeit erhielt, jüngere Forscher in größerer Zahl in seine Ideen einzuführen.“ Kleins *Autobiographischen Notizen* enthalten schließlich die Feststellung: „31. X. [1885] Berufung von Lie eingeleitet.“ Kleins Personalakte im Leipziger Universitätsarchiv enthält in der Tat einen sechsseitigen Entwurf vom 4. Dezember 1885 für ein Gutachten zur Berufung von Sophus Lie (PA 583, Bl. 25-27); dieser Entwurf ist im 1987 erschienenen Band *Leipziger mathematische Antrittsvorlesungen* (Hrsg.: H. Beckert / W. Purkert, *TEUBNER-ARCHIV zur Mathematik*, Bd. 8, S. 220-225) faksimiliert. Gegenüber Hilbert hat sich Klein noch über den „unvermeidlichen Ärger, der mit jeder Berufung unausbleiblich verbunden scheint" geäußert, nämlich als dieser Ärger 1893 wieder einmal eintrat, da Lindemann partout der Nachfolger von Schwarz in Göttingen zu werden wünschte, während Klein andere Kandidaten für geeigneter als seinen eigenen Schüler hielt: „Wird man übergangen, so kann man sich in philosophischer Ruhe fassen, hat man aber einen ausserordentlichen Erfolg, so rächen sich die guten Freunde durch allerlei Empfindlichkeiten, was viel schwerer zu ertragen ist." Ist das ein Widerschein der Sottisen im Berliner Berufungsvorgang von 1892? Von „old boy's network" hielt Klein offenbar nichts, etwas gewagt übersetzt könnte man vielleicht sagen: Der Düsseldorfer mochte den Kölschen Klüngel nicht. Seriöse Leser bitte ich hier um Nachsicht, und ich beeile mich ernsthafter, Kleins Lebensmotto anzufügen: *Sincere et constanter*, etwa „aufrichtig und beständig".

Kleins Beziehungen zu Leipzig waren mit seinem Weggang natürlich nicht erloschen; im Gegenteil, durch das Erscheinen der *Mathematischen Annalen* (bis zum Jahre 1920) und anderer Periodika sowie der *Encyklopädie* im Teubner-Verlag[93] war er – wie schon erwähnt – eng an die Stadt gebunden. Und es war Leipzig gewesen, wo Klein die entscheidende Herausgebersitzung für das *Encyklopädie*-Projekt 1895 veranstaltet hatte, um den im Herbst des Jahres 1894 auf einer Harzwanderung entstandenen Plan einer Enzyklopädie zu verwirklichen. Schon 1889 hatte Klein eine Vorbesprechung für die Gründung des Deutschen Vereins zur Förderung des mathematischen und naturwissenschaftlichen Unterrichts nach Leipzig einberufen. Kleins Aufnahme in die *Royal Society*, London, und in die ehrwürdige Gelehrtengesellschaft *Leopoldina*, Halle, 1886, sind beredete Anerkennungen seines Leipziger Wirkens. Klein hatte die Berufung von Lie eingeleitet; dieser nahm an und kam am 15. Februar 1886 aus Norwegen zu Besuch. Während Klein ihn im Dresdner Ministerium vorstellte, richtete Kleins Frau ihre neue Wohnung in Göttingen ein, in der Weender Landstraße 16, bei den Erben des Maurermeisters Eduard Freise. Am 1. April 1886 übersiedelte Klein dorthin.[94]

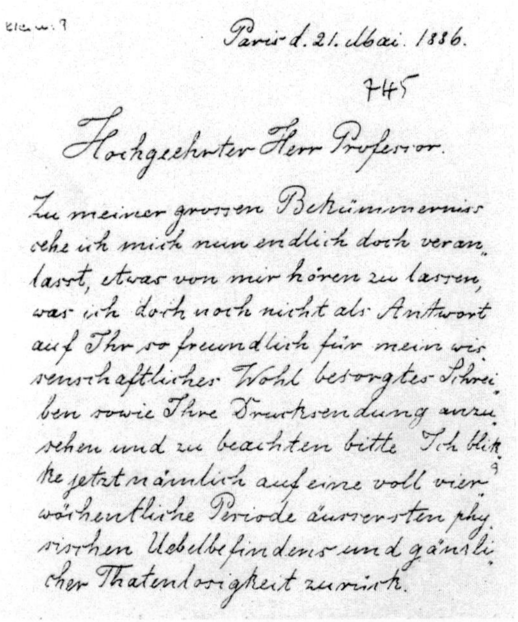

Paris d. 21. Mai. 1886.

745

Hochgeehrter Herr Professor.

Zu meiner grossen Bekümmerniss
sehe ich mich nun endlich doch veran-
lasst, etwas von mir hören zu lassen,
was ich doch noch nicht als Antwort
auf Ihr so freundlich für mein wis-
senschaftliches Wohl besorgtes Schrei-
ben sowie Ihre Drucksendung anzu-
sehen und zu beachten bitte. Ich blik-
ke jetzt nämlich auf eine voll vier-
wöchentliche Periode äusserstem phy-
sischen Uebelbefindens und gänzli-
cher Thatenlosigkeit zurück.

…

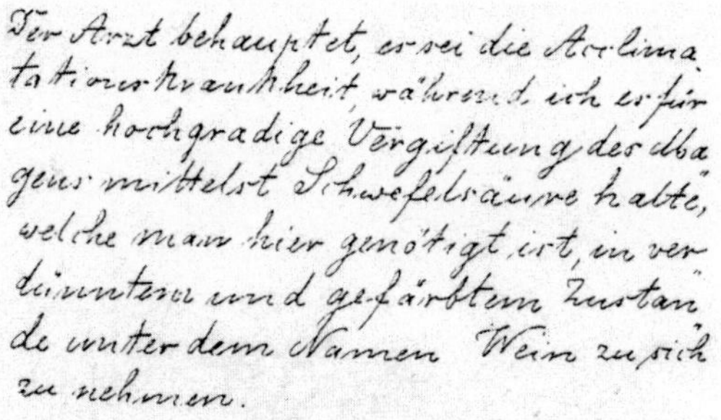

Der Arzt behauptet, es sei die Acclima-
tationskrankheit, während ich es für
eine hochgradige Vergiftung des Ma-
gens mittelst Schwefelsäure halte,
welche man hier genötigt ist, in ver-
dünntem und gefärbtem Zustan-
de unter dem Namen Wein zu sich
zu nehmen.

Brief von D. Hilbert aus Paris an F. Klein in Göttingen vom 21. Mai 1886 mit einem Bericht über seinen Aufenthalt in der französischen Hauptstadt; erste Seite und ein Ausschnitt aus der zweiten Seite

Ausklang

Damit sind wir ersichtlich am Ende unseres Themas „Klein in Leipzig“. Besinnen wir uns aber abschließend noch, was die angebotenen historischen Betrachtungen sollen und wollen.

Bei einem ähnlichen Anlaß fragte schon 1907 Adolf Kneser: „Wühlen wir nur im alten Schutt, weil es uns Vergnügen macht, allerhand Antiquitäten einer wohlverdienten Vergangenheit zu entreißen? Und was sind überhaupt die Zwecke einer historischen Betrachtung für die Mathematik?“[95] Kneser berief sich u. a. auf den Leipziger Gottfried Wilhelm Leibniz, der meinte, die Geschichte gebe jedem sein Recht.

Es war Felix Klein, der entgegen allen seinen geäußerten Zweifeln – genau wie er es in seiner Antrittsrede ausgeführt hatte – der Universität Leipzig ein modernes Mathematisches Institut einrichtete und somit in Leipzig die Grundlagen für eine zeitgemäße Forschung und Lehre geschaffen hatte. Und ohne die auch außerhalb Deutschlands beachteten Leistungen von A. Mayer und C. Neumann zu schmälern, so war es doch erst der „Geometrieprofessor“ Klein, welcher der Leipziger Analysistradition zu ihrem weltweiten Ansehen verhalf, denken wir nur an Leon Lichtenstein sowie Ernst Hölder oder in neuerer Zeit an Herbert Beckert und seine Schüler.

Aber wir dürfen mit dem Historiker Johann Gustav Droysen auch über diesen lokalen Zweck hinausgehen, denn: „Das, was war, interessiert uns nicht darum, weil es war, sondern weil es in gewisser Weise noch ist, indem es wirkt.“ Felix Klein schrieb noch 1918 beschwörend an den Kollegen Albert Wangerin in Halle: „Möge das, was wir hoffnungsreich gebaut, von der neuzeitlichen Entwicklung nicht einfach hinweggefegt werden.“[96] Doch schon wenige Jahre danach konnte Hermann Weyl feststellen: „Die von Klein entfachte Flamme brauchte nicht in ängstlicher Tradition priesterlich gehütet werden; sie brennt ... und tut die kleine und große Arbeit des Tages. Sein Werk wirkt fort, sein Name wird nicht vergessen sein.“[97]

Für Vorhaben wie dieses gilt nach wie vor Jonathan Swifts alte Feststellung, daß die Elephanten stets kleiner als in der Natur gezeichnet werden, „Elephants are always drawn smaller than life“.

Anmerkungen

1 Richard Wagner, geb. 1813 in Leipzig, gest. 1883 in Venedig, Text der Nornen (Schicksalsgöttinnen) im *Ring des Nibelungen* (Uraufführung 1876).

2 Die Fakultät für Mathematik und Informatik der Universität Leipzig veranstaltete anläßlich des 150. Geburtstages von Felix Klein am 4. November 1999 ein Festkolloquium, auf dem von mir ein Vortrag über Klein in Leipzig gehalten wurde. Dieser Vortrag und seine Publikation im *Jahresbericht der Deutschen Mathematiker-Vereinigung* 102 (2000) wurden als Grundlage für dieses Buch benutzt, und sie wurden im Hinblick auf das 200jährige Jubiläum der Firmengründung B. G. Teubner 2011 entsprechend ergänzt.

3 In der Regel hörte sich auch der sächsische König Albert, der den Titel Rector magnificius der Leipziger Universität trug, die Antrittsvorlesungen der Professoren an, wie etwa bei S. Lie (1886) und O. Hölder (1899). Bei Klein war das nicht der Fall gewesen, jedoch hatte König Albert Felix Klein bei dessen Dienstantritt in Dresden empfangen und später eine Vorlesung von Klein besucht. Der sächsische König war jedoch per se Rector magnificius oder feierlicher Rector perpetuus magnificentissimus der Leipziger Universität, der einzigen Universität im Königreich Sachsen.

4 Studentenzahlen für die Universität Leipzig (in Klammern Studenten der Mathematik) im Wintersemester

1870: 1726 (36); 1875: 2925 (150); 1880: 3326 (197);
1885: 3288 (100); 1890: 3458 (26).

Die Studentenzahlen wuchsen im Jahrzehnt von 1870 bis 1880 stark an, entsprechend auch die Anzahl der für Mathematik eingeschriebenen Studenten. Um 1890 war diese Anzahl wieder auf das Niveau von 1870 gefallen, um dann abermals stetig anzuwachsen. Zitiert nach der Leipziger Dissertation *Die Entstehung des Mathematischen Seminars an der Universität Leipzig* (1982, S. 93) von Fritz König.

5 Alle folgenden und nicht gesondert nachgewiesenen Zitate dieses Abschnitts sind der Personalakte Klein (PA 635 Klein) des Universitätsarchivs Leipzig entnommen.

6 Rüdiger Thiele, *Adolph Mayer*. In: *Sächsische Lebensbilder*, Bd. 4. Hrsg.: R. Groß / G. Wiemers. Leipzig / Stuttgart: Sächsische Akademie der Wissenschaften / Franz Steiner 1999, S. 211-227. H. Liebmann, *A. Mayer*. In: *Jahresbericht der Deutschen Mathematiker-Vereinigung* 17 (1908), 355-362.

7 1870 war in Paris von Camille Jordan der *Traité des substitutions et des équations algébriques* erschienen, der für den Rest des 19. Jahrhunderts die „Bibel der Gruppentheoretiker" (J. Dieudonné) gewesen war.

8 *Vorlesungen über die Entwicklung der Mathematik*, Teil 1, S. 335f.

9 Es ist erwähnenswert, daß Klein im Nachhinein bemerkte, daß er im *Erlanger Programm* den Möbiusschen Ordnungsbegriff der „geometrischen Verwandtschaft von Figuren" aus dessen Buch *Der barycentrische Calcul: ein neues Hilfsmittel zur analytischen Behandlung der Geometrie* (1827) verallgemeinert hatte. D. Laugwitz' Biographie *Bernhard Riemann, 1826-1866* (Basel: Birkhäuser 1996) enthält einen Abschnitt „Der Einfluß von Felix Klein" (S. 244-249), der auch auf die Zusammenführung der seinerzeit aktuellen geometrischen Strömungen (die Cayleysche Auffassung und die gruppentheoretische Methode) im *Erlanger Programm* eingeht und dabei einige kritische Einwände zusammenfaßt (S. 245f.), auch im Hinblick auf Einsteins Relativitätstheorie. Siehe auch Anm. 33.

10 F. Klein, *Gesammelte mathematische Abhandlungen*, Bd. 1. Berlin: Springer 1921, S. 460-497, Zitat S. 463. Die Transformationsgruppen sind bei Klein stets solche, die heute als Liesche Gruppen bezeichnet werden.

11 Bericht von Arnold Sommerfeld, *Zum 100. Geburtstag von Klein*, S. 3. Schoenflies selbst war skeptisch und war erst überzeugt, als 1912 die Entdeckung von M. v. Laue die Übereinstimmung der Kristallstruktur mit den 230 Raumgruppen bestätigte.

12 *Vorlesungen über die Entwicklung der Mathematik im 19. Jahrhundert*, Bd. 1, S. 270.

13 *Über Riemanns Theorie der algebraischen Funktionen und ihrer Integrale*. Leipzig: Teubner-Verlag 1882 = *Gesammelte mathematische Abhandlungen*, Bd. 3, S. 555.

14 Niedersächsische Staats- und Universitätsbibliothek Göttingen, Handschriftenabteilung, Cod. Ms. Klein 22 L:4.

15 Wir heben hierzu aus Kleins *Antrittsrede*, Leipzig 1880, folgendes heraus: „Wir halten uns nicht für zu vornehm, um beim Unterrichte und auch bei der eigenen Forschung Zeichnungen und Modelle in ausgiebiger Zahl zu verwerten. Wir thun dies in dem Umfange, daß wir eigene Sammlungen organisieren. ... Ist es nicht eine ebenso würdige Aufgabe der Mathematik, richtig zu zeichnen, wie die, richtig zu rechnen?" (Antrittsrede 1880 in Leipzig, siehe S. 219ff.) Konsequenterweise hatte Klein bei seiner Berufung im Ministerium in Dresden durchgesetzt, daß Mittel hierfür und für Modelle bereitgestellt wurden.

16 Ich beziehe mich auf Arbeiten von F. König und danke für seine freundlichen Auskünfte; ich verweise weiter auf Königs Beiträge in der Festschrift *100 Jahre Mathematisches Seminar der Karl-Marx-Universität Leipzig* (Berlin: Deutscher Verlag der Wissenschaften 1981), auf die von ihm herausgegebene Kleinsche Vorlesung *Funktionentheorie in geometrischer Behandlungsweise*. Leipzig: Teubner-Verlag 1987, mit einem Geleitwort von F. Hirzebruch, und auf seinen Beitrag in Felix Kleins Vorlesung *Einleitung in die analytische Mechanik*. Leipzig: Teubner-Verlag 1991, mit einem Geleitwort von H. Triebel (diese beiden bis dahin unveröffentlichten Vorlesungen F. Kleins erschienen als Bd. 7 und Bd. 15 in Leipzig im *TEUBNER-ARCHIV zur Mathematik*) und schließlich auf F. Königs Leipziger Dissertation *Die Entstehung des Mathematischen Seminars an der Universität Leipzig*. Universität Leipzig 1982.

17 I. Runge, *Carl Runge*. Göttingen: Vandenhoeck & Ruprecht 1949, S. 148f.

18 Modellsammlungen sind heute z. B. in Leipzig, Halle, Dresden, München und Tübingen vorhanden; die Sammlung in Göttingen ist öffentlich zugänglich und sehr gut im Obergeschoß des Mathematischen Instituts in der Bunsenstraße aufgestellt. Die ältesten Göttinger Modelle sind aus dem 18. Jahrhundert und gehen auf Abraham Gotthelf Kästner zurück; H. A. Schwarz hat die Sammlung systematisch erweitert, bevor sie in die Hände von Felix Klein kam. Der Mathematisch-physikalische Salon in Dresden wurde 1724 aus der sächsischen Rüstkammer ausgegliedert und ist damit eine der ältesten,

aber auch reichhaltigsten Modellsammlungen. Die Sammlung in Halle umfaßt ca. 400 Modelle. Siehe auch Anm. 15 und 74.

19 Ordinariate: Dyck in München, Harnack in Dresden, Lindemann in Königsberg, Wedekind in Karlsruhe / Extraordinate: Hurwitz in Königsberg, Franz Meyer in Tübingen, Rohn in Dresden / Privatdozenturen: Engel und Study in Leipzig, Krazer in Würzburg, Staude in Breslau, Wiener in Halle, O. Hölder vorübergehend in Göttingen. Eine weitere beeindruckende Zahl: bis 1911 (1920) hatte Klein 56 (57) Dissertationen betreut. Das *genealogy project* weist zur Zeit 38 013 weitere Dissertationen nach, die von Schülern Kleins bzw. deren Schülern betreut wurden. F. König hat in seiner Arbeit über die Gründung des Mathematischen Seminars in Leipzig eine vergleichende Tabelle der erfolgten Promotionen angegeben (S. 49f.):

	Leipzig	Berlin	Göttingen	Bonn	Halle	Jena	Marburg
1870-79	9	29	60	12	49	17	17
1880-89	53	33	42	15	56	35	54

20 Redemanuskript des im Mai 1949 vor der Göttinger Akademie gehaltenen Vortrags *Zum 100. Geburtstag Felix Kleins*, S. 3.

21 *Über eine neue Art der Riemannschen Flächen*, 1. Mitteilung. In: *Mathematische Annalen* 7 (1874) = *Gesammelte mathematische Abhandlungen*, Bd. 2, S. 136-155.

22 H. Kneser, *Felix Klein als Mathematiker*. In: *Mitteilungen des Universitätsbundes Göttingen* 26 (1949), S. 1-6, Zitat S. 3.

23 *Über Arithmetisierung der Mathematik*. Vortrag 1895. In: *Nachrichten der königl. Gesellschaft der Wissenschaften zu Göttingen* 1895, Heft 2, geschäftliche Mitteilungen, S. 1-10 = *Gesammelte mathematische Abhandlungen*, Bd. 2, S. 233-240, Zitat S. 234; englische, französische und italienische Übersetzungen. – Eine interessante Bemerkung hierzu hat J. Hadamard gemacht: „Such visual pictures are more naturally vague ... in order to lead me without misleading me." (*The psychology of invention*. Princeton 1945, p. 79.)

24 Arbeiten Zöllners hierzu sind im Band 3 seiner *Wissenschaftlichen Abhandlungen*, Leipzig: Staackmann 1879, zu finden. In den 70er Jahren des 19. Jahrhunderts gab es starkes Interesse sowohl an der vierten Dimension des

Raumes als auch an einschlägigen spiritistischen „Theorien“, man denke etwa an Abbots *Flatland.* Weitere Details bei R. Thiele, *Fechner und Zöllner*. In: *Fechner und die Folgen* (Hrsg.: U. Fix). Stuttgart: Niemeyer 2003, S. 67-111; dort auch Erklärungen über verschiedene Koordinatenarten.

Die Zöllnerschen Séancen wurden von hochkarätigen Leipziger Wissenschaftlern wie etwa W. Wundt besucht, aber die Betrügereien des Mediums Slade konnten nicht nachgewiesen werden. Jedoch wurden die Ergebnisse von den Teilnehmern – bis auf Zöllner – sehr zurückhaltend aufgenommen.

Nachstehend ist eine geschlossene Kurve K des R^4 (x, y, z, w) von R. Hoppe in der von H. Durège korrigierten Form angegeben:

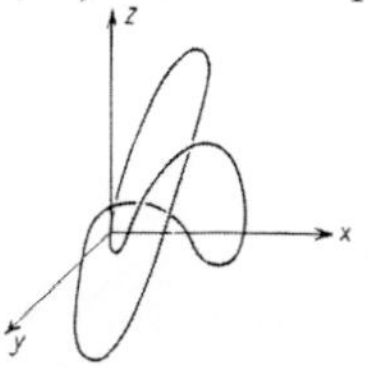

$x = \cos u\,[3 \cos u\,(1 + \cos t) + 3 + \cos t]\; f(t) / 2,$
$y = \sin u\,[5 \cos (1 + \cos t) + 1 - \cos t]\; f(t) / 2,$
$z = \sin u\,[25 \cos 2u - 1][1 + \cos t]\; f(t) / 2,$
$w = h \sin u \sin t\; f(t) / 2, \quad (h \neq 0).$

(u ist ein Parameter mit $0 \leq u \leq \pi$; t ist ebenfalls ein Parameter und läßt sich als Zeit interpretieren, wodurch die Kurve K_t als bewegt angesehen werden kann; $f(t)$ ist beliebig und kann so gewählt werden, daß die Kurve K_t ihre Länge bei der Bewegung nicht verändert.)

Für $t = 0$ ist $w = 0$; die Kurve K_0 liegt damit im $R^3(x, y, z) = R^4(x, y, z, 0)$, sie ist geschlossen und verknotet; für $t = \pi$ verschwinden w und z $(w = z = 0)$, damit liegt die Kurve K_π in der x, y-Ebene $= R^4(x, y, 0, 0)$ des R^4 und stellt einen Kreis dar (geschlossen und unverknotet).

H. Durège, *Über die Hoppe'sche Knotenkurve*. In: *Sitzungsberichte der Österreichischen Akademie der Wissenschaften* 82 (1880), S. 135-145; Hoppes Arbeit findet sich in Grunerts *Archiv für Mathematik und Physik* 64 (1879), S. 224.

25 Siehe auch die neuere Darstellung von E. Neuenschwander, *Documenting Riemann's impact on the theory of complex functions*. In: *The Mathematical Intelligencer* 20, 3 (1998), p. 19-25.

26 R. Courant, *Felix Klein*. In: *Jahresbericht der Deutschen Mathematiker-Vereinigung* 34 (1926), S. 197-213, Zitat S. 204; Klein, *Gesammelte mathematische Abhandlungen*, Bd. 3, S. 478, 502. – Seine Stellung zu Riemann hat Klein ausführlich dargestellt in dem Wiener Vortrag *Riemann und seine*

Bedeutung für die Entwicklung der modernen Mathematik. In: *Jahresbericht der Deutschen Mathematiker-Vereinigung* 4 (1897), S. 71-87 = *Gesammelte mathematische Abhandlungen*, Bd. 3, S. 482-498; englische und italienische Übersetzungen.

27 L. C. Young, *Mathematicians and their times*. Amsterdam: North Holland 1981, Zitat p. 215; ähnlich schon S. Lie im Bd. 3 seiner *Theorie der Transformationsgruppen*. Leipzig: Teubner-Verlag 1893, Vorrede, S. XVII.

28 *Vorlesungen über die Entwicklung der Mathematik im 19. Jahrhundert*, Teil 1, S. 271f.

29 a.a.O., S. 271.

30 *Acta mathematica* 22 (1899), p. 7.

31 *Naturwissenschaften* 36, S. 301.

32 M. Born, *Mein Leben*. Aus dem Englischen. München: Nymphenburger Verlagshandlung 1975, S. 131f.

33 Felix Klein betont, gleichfalls von Anfang an die Vorstellungen der nichteuklidischen Geometrie benutzt zu haben (*Gesammelte mathematische Abhandlungen*, Bd. 3, S. 581). Er gibt übrigens auch folgenden Bericht über seinen Berliner Aufenthalt und ein Seminar bei Weierstraß: „Bei Weierstraß habe ich in dem Schlußseminar, Mitte März 1870, über Cayleysche Maßbestimmung vorgetragen und geradezu mit der Frage geschlossen, ob hier nicht eine Beziehung zur Nicht-Euklidischen Geometrie vorliege. Weierstraß lehnte dies ab, indem er die Entfernung zweier Punkte als notwendigen Ausgangspunkt für die Grundlegung der Geometrie und dementsprechend die Gerade als kürzeste Verbindungslinie definiert wissen wollte“ (*Gesammelte mathematische Abhandlungen*, Bd. 1, S. 51). Hier zeigen sich die Wurzeln der späteren fachlichen Differenzen zwischen Klein und Weierstraß, zu denen weitere kamen. – In seiner *Presidential Address to the British Association for the Advancement of Science* sprach Cayley 1883 von „that tract of beautiful country, seen at first in the distance, but which will bear to be rambled through and studied in every detail of hillside and valley, stream, rock, wood, and flower“ (*Collected papers*, vol. xi, Cambridge 1896). Für Cayley galt: „All geometry

is projective geometry." Kleins späterer Göttinger Kollege Hilbert richtete aus seinem Ostseeurlaub in Ostpreußen am 14. August 1884 nach Göttingen an Klein einen Brief, der auch als Auszug unter dem Titel *Über die gerade Linie als kürzeste Verbindung zweier Punkte* in den *Mathematischen Annalen* 46 (1895), S. 91-96, erschien. Hier wird mit der Klein-Cayleyschen Maßbestimmung Kleins Modell der hyperbolischen Geometrie verallgemeinert. Klein bemerkte erstaunt, daß in dem allgemeinen Fall gar „keine Gruppe vorliegt". Hilbert hat das Problem auch in seinen Pariser Vortrag (1900) aufgenommen und seinen Schüler Georg Hamel darüber in Göttingen promovieren lassen (1901).

34 *Entwicklung der Mathematik* (1926), Bd. 1, S. 381.

35 F. Klein, *Gesammelte mathematische Abhandlungen*, Bd. 3, S. 584; auch in: *Vorlesungen über die Entwicklung der Mathematik*, Bd. 1, S. 379. Dieser Bericht ist ein bewußtes Gegenstück zu Poincarés Schilderungen, die jener in der *Societé de Psychologie* in Paris vorgetragen hat (*Oeuvres*, t. 2, Paris: Gauthier-Villars 1916, p. LVII-LVIII) und die J. Hadamard in *The psychology of invention in the mathematical field* (Princeton 1945) popularisiert hat, daß nämlich Poincaré den entscheidenden Gedanken beim Betreten eines Busses hatte.

36 *Über eindeutige Functionen mit linearen Substitutionen in sich.* 2. Mitteilung [Grenzkreistheorem]. In: *Mathematische Annalen* 20 (1882), S. 49-51, auch in *Gesammelte mathematische Abhandlungen*, Bd. 3, S. 627-629. Die Riemannsche Fläche ist dabei vom Geschlecht $p > 1$, denn die Fälle $p = 0$ (Ebene bzw. Kugel) und $p = 1$ hatte schon Clebsch behandelt.

37 H. Weyl, *Kleins Stellung in der mathematischen Gegenwart.* In: *Naturwissenschaften* 18 (1930), S. 4-11.

38 Bei Klein in den beiden Mitteilungen *Über eindeutige Functionen mit linearen Abbildungen in sich, I und II* [Rückkehrschnitttheorem und Grenzkreistheorem]. In: *Mathematische Annalen* 19 (1882), S. 565-568 und 20 (1882), S. 49-51 = *Gesammelte mathematische Abhandlungen*, Bd. 3, 622-629.

39 Der Briefwechsel zwischen Klein und Poincaré 1880/82 ist in Kleins *Gesammelten mathematischen Abhandlungen*, Bd. 3, S. 587-621, abgedruckt.

40 Poincaré, *Œuvres,* vol. 2, pp. 41-42.

41 Klein hatte als Herausgeber der *Mathematischen Annalen* an die von Poincaré in den Annalen veröffentlichte Arbeit *Sur les fonctions uniformes qui se reproduisent par des substitutions linéaires* 19 (1882), S. 553-564, datiert vom 17. Dezember 1881, eine Bemerkung angefügt (S. 564), in der er betonte, daß die Bezeichnung „Fuchssche Funktion" unzutreffend sei, da Schwarz und er selbst über solche Funktionen publiziert hätten, aber niemals Fuchs. Dieser schrieb daraufhin gereizt am 4. März 1882 an H. Poincaré: „M. F. Klein a ajouté ... une note, ... dans laquelle il ose de vous donner une leçon à la manière de maître à cause que vous avez donné mon nome aux fonctions ... ". In: *Le livre du centenaire de la naissance de Poincaré*. Paris: Gauthier-Villars 1955, p. 276.

42 Poincaré benutzte die Bezeichnungen „Fuchssche Funktionen" für automorphe Funktionen mit Grenzkreis und „Kleinsche Funktionen" für solche ohne Grenzkreis. Kleins Schüler A. Hurwitz witzelte vor dem Hintergrund eines bekannten Kinderliedes, daß L. Fuchs verärgert über Kleins Intonation sei: „Fuchs, du hast die Function gestohlen, gieb sie wieder her!" – Poincaré hatte in der Tat seine ursprünglichen Anregungen aus einer Fuchsschen Arbeit von 1880 bezogen. Die Benennung der Funktionen bei Poincaré spiegelt dessen subjektiven Entwicklungsgang wider. Fuchs hatte schon 1877 in der Arbeit *Über eine Classe von Functionen* im *Crelle-Journal* 83 (1877), S. 13-37, die Uniformisierung thematisiert, so daß er mit Berechtigung gegen Klein einwandte, daß er sehr wohl über (Fuchssche) Funktionen publiziert habe, was allerdings sowohl Poincaré als auch Klein (1875) erwähnten! Vgl. auch O. Biermann, *Zur Theorie Fuchs'scher Functionen*. In: *Sitzungsberichte der Wiener Akademie* 92 (1885); J. J. Gray, *Fuchs and the theory of differential equations"*. In: *Bulletin of the AMS* 10, 1 (1984), S. 1-26.

43 Siehe Kleins Darstellung in den *Gesammelten mathematischen Abhandlungen*, Bd. 3, S. 577-586, insbesondere S. 585f. Dort finden sich Angaben zum Rückkehrschnitt-Theorem und zum allgemeinen Fundamentaltheorem (S. 699). Auch in den *Vorlesungen über die Entwicklung der Mathematik im 19. Jahrhundert*, Bd. 1, S. 374-381, gibt Klein eine Darstellung des „Wettlaufes", der diese Bezeichnung insofern nicht ganz verdient, da Klein ihn mit einem deutlichen Vorsprung beginnen konnte. Poincaré eröffnete Mittag-Lefflers neu begründete *Acta mathematica* (Bd. 1, 1882) mit der Arbeit *Théorie*

des fuchsiens (S. 1-62), einem eindrucksvollen Trompetensignal für das Fundamentaltheorem der automorphen Funktionen.

44 Die Publikationszahlen beider Mathematiker sind interessant:

	Klein	Poincaré		Klein	Poincaré
1878	6	1	1881	6	21
1879	6	3	1882	3	14
1880	4	4	1883	1	11
			1884	1	12

Diese Statistik sagt natürlich weder etwas über die Länge der Artikel noch über deren Bedeutung aus. Beispielsweise veröffentlichte Poincaré vom 14. Februar 1881 bis zum 17. Oktober 1881 insgesamt 11 Arbeiten zu automorphen Funktionen, die in den *Oeuvres* (t. 2) 31 Seiten einnehmen, während die Arbeit von 1878 allein 74 Seiten umfaßt.

45 S. Patterson, *Uniformisierung und diskontinuierliche Gruppen.* In: H. Weyl, *Die Idee der Riemannschen Fläche.* Hrsg.: R. Remmert. *TEUBNER-ARCHIV zur Mathematik*, Supplement 5. Stuttgart und Leipzig: Teubner-Verlag 1997, S. 232-240.

46 *Vorlesungen über die Entwicklung der Mathematik im 19. Jahrhundert*, Bd. 1, S. 380.

47 P. Slodowy hat es 1993 in kommentierter Form neu herausgegeben: F. Klein, *Vorlesungen über das Ikosaeder und die Auflösung der Gleichungen vom fünften Grade.* Hrsg.: P. Slodowy. *TEUBNER-ARCHIV zur Mathematik*, Supplement 4. Basel/Stuttgart und Leipzig: Birkhäuser/Teubner-Verlag 1993.

48 *Göttinger Professoren. Lebensbilder von eigener Hand.* In: *Mitteilungen des Universitätsbundes Göttingen* (1923), S. 11-36, Zitat S. 21.

49 I. Runge, *Carl Runge und sein wissenschaftliches Werk.* Göttingen: Vandenhoeck & Ruprecht 1949, S. 67.

50 Kleins Studentin Grace Chisholm, verheiratete G. Chisholm-Young, die 1895 in Göttingen als erste Frau regulär promoviert wurde (Sophia Kowalewskaja zwar schon 1874, jedoch in absentia), berichtete von folgender, ihr gegenüber von Klein auf seiner Geburtstagsfeier 1899 in Turin gemachten

Bemerkung: „I envy you. You are in the happy age of productivity. When everyone begins to speak well of you, you are on the downward road." Klein war 50 Jahre alt und Young 31 Jahre, also genau in dem Alter wie Klein bei Antritt seiner Leipziger Professur. (L. C. Young, *Mathematicians in their times*. Amsterdam: North Holland 1981, p. 211.)

51 *Autobiographische Notizen*. Blätter über Leipzig. Handschriftenabteilung der Niedersächsischen Staats- und Universitätsbibliothek Göttingen.

52 Die Versuchung, die euch getroffen hat, ist nur eine menschliche. Gott aber ist getreu, der euch nicht stärker versucht werden läßt, als ihr ertragen könnt. (I. Kor. 10.13) – Wir wollen uns nicht ohne Maß rühmen, sondern nach dem Maß der Richtschnur, die uns Gott als Maß zugeteilt hat. (II. Kor. 10, 13), Übersetzungen von Fritz Tillmann – Es gibt ein Exemplar von August Föppls *Lebenserinnerungen* (Oldenbourg 1925), in das ein Enkel Föppls handschriftliche Eintragungen machte, und Klein hätte eine dieser Eintragungen zu seiner Maxime erheben können: „Wem der Flug eines hohen Geistes gegeben ist, der sehe zu, dass er eines von Gottes Kindern bleibe" (S. 155).

53 Niedersächsische Staats- und Universitätsbibliothek Göttingen, Handschriftenabteilung, Cod. Ms. Hilbert 600/2, S. 92.

54 Ostwalds Klassiker Nr. 253. *Das Erlanger Programm*, Biographische Notiz, S. 11. Leipzig: Akademische Verlagsgesellschaft Geest & Portig 1974.

55 J. Sylvester gab im Dezember 1883 seine Stelle an der Hopkins University zugunsten einer Savillian-Professur in Oxford auf. Die amerikanischen Bemühungen um Klein als Nachfolger hatten eine Langzeitwirkung, da Klein von nun an Mathematiker auch in die USA schickte (Dyck, Lindemann, Wedekind (1884); von allen Empfehlungen Kleins hatte wohl die für Bolza (1888) die nachhaltigsten Folgen für die amerikanische Mathematik), und schließlich kam Klein zweimal auch selbst (1893, 1896), wobei Bolza die Einladung zur Weltausstellung 1893 vermittelt hatte.

Der Widerhall von Bolzas Bemühungen um Kleins Anwesenheit in den Vereinigten Staaten im Briefwechsel des Direktors des Mathematischen Instituts der Universität Chicago mit dem Präsidenten der Universität zeigt die hohe Wertschätzung Kleins in den USA. Eliakim Moore schrieb am 23. Dezember 1893 an den Präsidenten William Harper: „Will it be at all possible for us to have Klein here during the fall quarter of 1893. You know best, I do not even know what salary was offered him for the summer quarter. But as to deserability: The stay of Klein at Chicago would make us for the time being the focus of mathematical activity for the whole country (doing for us what Cayley's short visit at Johns Hopkins [in Baltimore] did for them, and in a measure what Sylvester's years of inspiration did for them)" (University Library Chicago, Special collections, President's Papers, Box 17, folder 2; dort auch das Tagungsprogramm). Das akademische Jahr war in Chicago zeitweilig in vier Abschnitte gegliedert, in quarters. Klein kam zwar nicht für ein volles quarter, aber doch zur Welt-Ausstellung und für zwei Wochen zum *Evanston Colloquium*.

Die Reisedaten der ersten USA-Reise von 1893 sind interessant. 8. August: Bremen, 17. August: New York und gleich weiter, 18. August mittags: Chicago, 19. September: nach der Weltausstellung und dem *Evanston Colloquium* gab es eine Rundreise an der Ostküste: Cornell in Ithaca (NY), MIT in Cambridge (Mass.), Harvard ebenfalls in Cambridge (Mass.), Clark in Worcester (Mass.), Columbia in New York, Hopkins in Baltimore, Princeton; 7. Oktober: New York, 17. Oktober: Bremen. (Niedersächsische Staats- und Universitätsbibliothek Göttingen, Handschriftenabteilung, Nachlaß Klein, Cod. Ms. Klein 1C:1.)

C. Reid, *The road not taken*. In: *The Mathematical Intelligencer* 1(1) (1978), p. 21-23; K. H. Parshall / D. Rowe, *The emergence of the American Mathematical Community*. Providence/London: AMS/LMS 1994. Die Internationalen Mathematiker-Kongresse sind kurz in *International Mathematical Congresses*, ed. Donald Albers et al., New York: Springer 1987, dargestellt; hier insbesondere S. 2-11.

56 G. Cantor hat übrigens diese Berufungsverhandlungen aus dem nahe gelegenen Halle verfolgt, aber er war trotzdem schlecht informiert. An Mittag-Leffler schrieb er: „Klein hat einen Ruf nach Baltimore an Sylvesters Stelle erhalten, er scheint, da der sächsische Minister ihm keine weiteren Concessionen bewilligt haben soll, die Absicht zu haben, hinzugehen; wenigstens hat er nach Amerika seine Bedingungen geschrieben, unter denen er hingehen würde" (31. Januar 1884). „Klein hat den Ruf nach America schliesslich abgelehnt, da er Forderungen stellte, die dort nicht erfüllt werden, wie lebenslange Anstellung, Witwenpension etc. In Leipzig hat er jedoch von diesem Rufe nichts profitiert, wie er gewünscht hatte; er ist in Folge dessen auf

den sächsischen Minister [Karl von Geber] recht böse, der auf eine Concurrenz mit America nicht eingehen wollte. Ich vermute daher, dass Klein jetzt darnach trachten wird, sobald als möglich Sachsen, welches seinen Werth so wenig versteht, zu verlassen" (7. März 1884). Alle Briefe in: G. Cantor, *Briefe*. Hrsg.: H. Meschkowski / W. Nilson. Berlin: Springer 1991.

Die Sylvester-Medaille sah Klein als weiteren Versuch an, mit ihm im Gespräch zu bleiben, und er sagte einen Besuch in Baltimore zu. Jedoch brachten die Verschiedenheit der amerikanischen und deutschen Semesterabläufe die Sache erneut zu Fall. Klein kam erstmals 1893 in die USA. In seiner *Autobiographie* 1923 wird Klein schreiben, daß er einen großen Wunsch gehabt habe, nach Baltimore zu gehen, was wenigstens ein neuer Start gewesen wäre. Freund Sophus Lie hatte Felix Klein im Hinblick auf dessen verfahrene Situation bezüglich der Berliner Mathematik zugeraten. Genaueres siehe C. Reid, *The road not taken.* In: *The Mathematical Intelligencer* 1,1 (1978), p. 21-23.

57 „In Borny [unsichere Lesart; Borny ist heute ein Stadtteil von Metz] trafen wir 2 ältere Herrn aus Bonn, die uns am 19ten [August 1870] über die Schlachtfelder des 14ten [August 1870, Colombey-Nouilly] hinüber nach Coincy geleiteten ... Der eine war derselbe Mann, der später für mich die größte Bedeutung erlangen sollte: Althoff." Niedersächsische Staats- und Universitätsbibliothek Göttingen, Handschriftenabteilung, Cod. Ms. Klein 22L.

Althoff war eine bemerkenswerte Persönlichkeit, der mit seiner Eigenwilligkeit immer wieder Reibung im Beamtenapparat erzeugte, aber letztlich doch durch seinen uneigennützigen Einsatz respektiert wurde. In der Berliner Charité wurde dem Manne noch zu seinen Lebzeiten von den Medizinern ein Denkmal errichtet. Althoff war Jurist und an der Gründung der Straßburger Universität (1872) beteiligt, wo man ihm (der weder promoviert noch habilitiert war!) eine Professur anbot, die er anfänglich aus Bescheidenheit ablehnte. 1882 ging er an das Ministerium für Unterricht in Berlin, in dem er sehr einflußreich war. Da Preußen wiederum im deutschen Reich große Bedeutung hatte, war Althoffs Wirksamkeit weitreichend.

Klein war übrigens hier auch in der Nähe einer weiteren Person, die in seinem Leben eine Rolle spielen sollte, nämlich des sächsischen Königs Albert, der hier noch als Kronprinz an der Belagerung von Metz teilnahm. Wir können noch einen weiteren Sanitäter erwähnen, den Klein bei Metz hätte treffen können, aber über eine seinerzeitige Begegnung wissen wir nichts. Der Jude Max Liebermann hatte sich – wie viele andere – in preußisch-deutschem Patriotismus an die Front gemeldet und war nach Metz gekommen. Erst am Vorabend des ersten Weltkriegs sollten sich beide Männer treffen. Klein, kurz vor seiner Emeritierung, hielt sich ein Jahr zur Kur in Hahnenklee im Harz auf, und Liebermann traf ihn dort auf einer Rückreise nach Berlin zu Sitzungen für ein Porträt. Zu Liebermann: Es ist unsäglich, wie das Vaterland seine jüdischen Patrioten behandeln sollte. Weder respektierte man den Patriotismus Liebermanns noch dankte ihm das braune Gesindel überhaupt seinen Einsatz, sondern nötigte dem alten Maler die sarkastischen Worten ab: Ick kan jar nich so ville fressen wie ick kotzen möchte (30. Januar 1933). Sein Tod im Februar 1935 ersparte dem greisen Mann Schlimmeres.

58 Niedersächsische Staats- und Universitätsbibliothek Göttingen, Handschriftenabteilung, Cod. Ms. Klein, 1B.

59 Niedersächsische Staats- und Universitätsbibliothek Göttingen, Handschriftenabteilung, Cod. Ms. Klein, 22L:1-4.

60 Born hatte als Koreferent (d. h. als Reservekandidat) kurzfristig einen Seminarvortrag bei Klein über Elastizitätsprobleme übernehmen müssen, da der eigentliche Vortragende sich krank gemeldet hatte. Born hatte wenig Interesse an dem Thema, aber mit Hilfe einer gerade gehörten Vorlesung über Variationsrechnung bei Hilbert (1905) konnte Born das Thema beeindruckend bewältigen, da er verstanden hatte, daß die Frage nach den Verformungslinien von Drähten oder Bändern auf eine Minimalaufgabe führte.

Froh, die Aufgabe glücklich hinter sich gebracht zu haben, fuhr Born in die Osterferien, in denen ihn ein Brief Kleins erreichte, der Born Kleins volle Zufriedenheit über die Leistung mitteilte und ihn informierte, daß Klein der Philosophischen Fakultät vorgeschlagen habe, für den diesjährigen akademischen Preis die Frage „Die Stabilität der elastischen Linie“ zu wählen und Klein erwarte, daß sich Born bewerbe. Born, den das Thema immer noch nicht sonderlich interessierte, antwortete unbefangen Klein, daß er kein Interesse habe, sich um den (angesehenen) Preis zu bewerben.

Durch diese Dummheit verscherzte sich Born fast seine Karriere, denn Klein war zutiefst verärgert und nicht gewillt, eine Entschuldigung von Born zu akzeptieren, im Gegenteil, er demonstrierte Born sofort, daß er nicht durch eine Prüfung bei Klein käme. Später, als Born einen Vortrag im Mathematischen Seminar über den starren Körper in der Relativitätstheorie hielt, war Klein gegenüber Born immer noch voreingenommen und lehnte Borns Darlegungen ab. Es spricht jedoch letztlich für Klein, daß er sich durch seine Kollegen umstimmen ließ, einen Rückzug antrat und Born eine Wiederholung des Vortrags zugestand (was großes Aufsehen in Göttinger mathematischen Kreisen erregte und Born viel Publikum bescherte) und schließlich Borns Ausführungen billigte. Noch später hat Klein Born gebeten, den letzten Band der Gaußschen Werke (Bd. XII) herauszugeben. Siehe hierzu M. Born, *Mein Leben.* München: Nymphenburger Verlagshandlung 1975, S. 131f., 149ff., 190.

61 O. Bolza, *Aus meinem Leben.* München: Reinhardt 1936, Abschnitt IV, S. 17-19, Zitat S. 18.

62 Es ist heute schwer vorstellbar, daß am Ende des 19. Jahrhunderts Hilbert im Sommer im Garten wissenschaftlich arbeitete, um dort das Sonnenlicht möglichst lange ausnutzen zu können.

63 Läuft man die Fortsetzung der Sophien- bzw. die heutige Shakespearestraße weiter westwärts, d.h. durch die Braustraße, dann ist man bald an deren Ende und nahe dem südlichen Ende der leicht verschoben einmündenden Ferdinand-Rhode-Straße, eine ruhige und von schönen Platanen gesäumte Allee. Am „Treffpunkt" dieser beider Straßen, in der Ferdinand-Rhode-Straße, bezog übrigens ein halbes Jahrhundert später, genauer im Frühjahr 1931, Bartel Leendert van der Waerden seine erste Leipziger Wohnung. Das Wohnhaus ist im Kriege zerstört worden.

64 A. Föppl, *Lebenserinnerungen.* München: Oldenbourg 1925, S. 111. Im Rosental traf bekanntlich schon Leibniz seine Entscheidung, sich der Mathematik zuzuwenden. Heute befindet sich an dieser Stelle der Leipziger Zoo.

65 Alfred Ackermann-Teubner war Mitinhaber des Verlages und besonders für die mathematisch-naturwissenschaftliche Literatur zuständig. Der von ihm 1912 gestiftete Preis wurde 1914 erstmals an F. Klein verliehen, der nächste Preisträger war E. Zermelo (1916).

66 F. Schulze (Hrsg.): *B. G. Teubner 1811-1911.* Geschichte der Firma. Leipzig: Teubner-Verlag 1911, S. 297.

67 Leopoldinaarchiv, Matrikel Klein 2581, 19. Dezember 1918.

68 Im Grunde genommen handelt es sich bei dem üblicherweise als *Tagebuch* benannten Notizbuch nur um das erste der etwa 12 Notizbücher von Gauß. Kleins Publikation erschien in der Festschrift zur Feier des 150jährigen Bestehens der königl. Gesellschaft der Wissenschaften zu Göttingen, Berlin 1901, S. 1-44, und in *Gauß' Werken*, Bd. X/1. Leipzig 1917, S. 483-574; eine neuere Ausgabe ist die von H. Wußing in der Akademischen Verlagsgesellschaft Geest & Portig in Leipzig als Band 256 von *Ostwalds Klassikern*, mehrere Auflagen seit 1976.

69 Handschriftenabteilung der Niedersächsischen Staats- und Universitätsbibliothek Göttingen, Cod. Ms. F. Klein 22L:8.

70 Die ersten 80 Bände (1868-1920) erschienen bei Teubner. Durch den sogenannten Annalen-Streit und eine veränderte Einstellung des Teubner-Verlages nach dem ersten Weltkrieg kamen die *Mathematischen Annalen* zu J. Springer.

71 F. Schulze (Hrsg.): *B. G. Teubner 1811-1911*. Geschichte der Firma. Leipzig: Teubner-Verlag 1911, S. 305f., Zitat S. 306.

72 L. R. Ford sen. war von 1942-45 Herausgeber des *American Mathematical Monthly* und von 1947-48 Präsident der *Mathematical Association of America* (MAA). Auf ihn geht das Bonmot zurück, daß π, e und 4 die wichtigsten mathematischen Konstanten seien; zum Verständnis: der von 1921 bis 1957 geltende Beitrag für die MAA-Mitgliedschaft betrug $ 4 (K. O. May, *The MAA. Its first 50 years*. Washington, DC, MAA 1972, ch. VI).

73 Eine Kleinsche Flasche (1882) ist eine zweidimensionale differenzierbare Fläche, die nicht orientierbar ist. Im Gegensatz zum Möbiusband kann diese Fläche in den dreidimensionalen euklidischen Raum nur mit einer Selbstdurchdringung einbettet werden, was bei einer materiellen Realisierung auf eine „irreale" Situation führt. Schneidet man übrigens die Kleinsche Flasche längs einer Kurve auf, so ergeben sich zwei Möbiusbänder; durch spiralförmige Kurven lassen sich Bänder mit beliebiger ungerader Windungszahl erzeugen. Siehe *Gesammelte mathematische Abhandlungen*, Bd. 3, S. 571. – Die Bezeichnung Kleinsche Flasche ist vermutlich einem Übersetzungsfehler geschuldet, der bei der Übertragung ins Englische entstand, indem „Fläche" und „Flasche" verwechselt wurden, was auf „Klein's bottle" führte. Durch die

Rückübersetzung von „bottle“ hat sich die deutsche Bezeichnung „Kleinsche Flasche“ eingebürgert.

74 Bekannt für seine Modelle war beispielsweise H. A. Schwarz, der in der Pariser Akademie stolz nicht nur seine Gipsmodelle vorführte, sondern auch Modelle von Minimalflächen durch Seifenhäute erzeugte (siehe hierüber etwa R. Thiele, *The Weierstrass-Schwarz Letters*. In: *Kosmos und Zahl*. Hrsg.: H. Hecht u. a. Stuttgart: Steiner 2008, S. 395-409). Der von der DMV 1892 bei Teubner edierte *Katalog mathematischer und mathematisch-physikalischer Modelle* umfaßte nicht weniger als 430 Seiten, und ihm folgte im Jahr darauf ein 135seitiger Nachtrag. Siehe über H. A. Schwarz zum Beispiel R. Thiele, *Von der Bernoullischen Brachistochrone zum Kalibratorkonzept*. Turnhout: Brepols 2007, S. 250f. (Briefe an Weierstraß), vgl. auch Anm. 18.

75 Siehe zum Beispiel: R. Thiele, *Von der Bernoullischen Brachistochrone zum Kalibratorkonzept*. Turnhout: Brepols 2007, Abschnitte über Vorlesungsmitschriften, z. B. S. 158, 210.

76 Diese Methode erinnert an die spätere Vervielfältigung mit hektographischen Methoden (Hektographie, griech. sinngemäß: Verhundertfachung) oder an Abzüge mit Wachsmatrizen usw. – Verfahren, die inzwischen auch nicht mehr in Gebrauch sind.

77 Gegenüber dem Hoch- und Tiefdruckverfahren ist der Steindruck ein „chemisches“ Verfahren, das auf der Annahme bzw. Abweisung der Druckfarbe beruht. Diese Eigenschaft wurde bei Mitschriften durch Verwendung einer speziellen fetthaltigen Tinte erreicht.

78 *Autographierte Vorlesungshefte*, I-III. In: *Mathematische Annalen* 45 (1894), 46 (1895), 48 (1897) = *Gesammelte mathematische Abhandlungen*, Bd. 1, S. 498-502, Bd. 2, S. 578-597.

79 R. Courant, *Felix Klein*. In: *Naturwissenschaften* 13 (1926), S. 765-772, Zitat 772.

80 M. Born, *Mein Leben*. München: Nymphenburger Verlagshandlung 1975, S. 105.

81 Teubner-Verlag 1898-1935. Das Schlußwort zur Encyklopädie wurde von Kleins Nachfolger Carathédory für den Registerband zum Band IV verfaßt; auch in C. Carathéodory, *Gesammelte mathematische Schriften*, Band V. München: Beck 1957, S. 78-83. „In allen Encyklopädieartikeln, namentlich in denen, die vor 1920 erschienen sind, ist die Beeinflussung durch Klein zu verspüren; diese vollzog sich in zahlreichen Konferenzen mit Redaktoren und Referenten ... , wozu noch ein riesiger Briefwechsel kam. ... Wenn die Encyklopädie jetzt nicht aus einem losen Nebeneinander von Artikeln besteht, sondern einen Organismus darstellt, so ist dies einzig und allein der aufopfernden Tätigkeit Kleins zu verdanken, einer Tätigkeit, die sich ununterbrochen über ein Vierteljahrhundert und mehr erstreckt hat" (S. 80).

82 *Göttinger Professoren. Lebensbilder von eigener Hand, Felix Klein.* In: *Mitteilungen des Universitätsbundes Göttingen* 5 (1923), S. 11-36.

83 R. Courant, *Felix Klein.* In: *Naturwissenschaften* 13 (1926), S. 765-772, Zitat 772.

84 Niedersächsische Staats- und Universitätsbibliothek Göttingen, Handschriftenabteilung, Cod. Ms. D. Hilbert 179:1.

85 Niedersächsische Staats- und Universitätsbibliothek Göttingen, Handschriftenabteilung, Cod. Ms. F. Klein 9:745.

86 Eine ausführlichere Darstellung der Schwarzschen Sicht gibt z. B. P. Ullrich, *Über die Wichtigkeit einer lesbaren Handschrift.* In: *Mitteilungen der Deutschen Mathematiker-Vereinigung* 1999, Heft 4, S. 39-42.

87 Niedersächsische Staats- und Universitätsbibliothek Göttingen, Handschriftenabteilung, Brief von Schwarz an Klein vom 5. Dezember 1885, Cod. Ms. Klein 11:941, siehe S. 109.

88 Niedersächsische Staats- und Universitätsbibliothek Göttingen, Handschriftenabteilung, Cod. Ms. Klein 11: 941 / Anlage. Die Karte selbst findet sich nicht im Nachlaß Schwarz, der in der Berlin-Brandenburgischen Akadmie der Wissenschaften aufbewahrt wird, aber es gibt eine Abschrift durch den gewissenhaften Schwarz im Brief an Weierstraß vom 7. Dezember 1885.

89 Archiv der Berlin-Brandenburgischen Akademie, Nl. Schwarz 1175 (Briefe Weierstraß).

90 Das französische Wort „thuriféraire“ hat eine interessante Wortgeschichte: es ist griechischen Ursprungs, „θυος“(thyos) ist der Weihrauch, in kultischen Zusammenhängen erscheint es lateinisch als „turifer“ und meint dann „Weihrauch hervorbringend / tragend“, im modernen Französisch hat es jedoch die pejorative Bedeutung „Beweihräucherer“, sogar „Speichellecker“.

91 K.-R. Biermann, *Die Mathematik und ihre Dozenten an der Berliner Universität.* Berlin: Akademie-Verlag 1988, S. 151f., 305f. Die Haltung der Berliner Mathematiker gegenüber Klein hatte sich auch bei Berufungen, die 1902 und 1917 anstanden, nicht geändert.

92 Brief Klein zitiert nach F. König, *Die Gründung des ‚Mathematischen Seminars‘*, S. 71.

93 Das im Kriege zerstörte Verlagshaus nebst Druckerei befand sich in der Poststraße, die auf den Augustusplatz mündete, ungefähr in Höhe der heutigen Oper. Teubners repräsentatives Verlagsgebäude in der Poststraße war 1911 zum 100jährigen Firmenjubiläum errichtet worden, zuvor befand sich das Verlagsgebäude am Augustusplatz gegenüber der Paulinerkirche (heute wäre das gegenüber dem nördlichen Ende des Neubaus des Augusteums bzw. der Universitätskirche), siehe Abbildungen auf S. 36, 38, 106, 176.

94 Eduard Heinrich Freise war ein Göttinger Handwerksmeister, der sein Baugeschäft nach dem Tod 1885 an seine beiden Söhne weitergab. Diese vermieteten an Klein bis 1889. In jenem Jahr zog Klein in sein eigenes Haus in der Wilhelm-Weber-Straße 3, das sich etwa an dem Knick dieser Straße beim Botanischen Garten befindet. Hier hat Klein bis zu seinem Tode gewohnt. Klein, der sich anfänglich auch für Biologie interessiert hatte, liebte es, im Botanischen Garten spazieren zu gehen. Auch Hilbert wohnte später in dieser Straße in seinem eigenen Haus, das etwas weiter stadtauswärts gebaut worden war. Courant wählte sich 1920 eine Wohnung in Göttingen, gleichfalls in der Wilhelm-Weber-Straße, zwischen den beiden erwähnten.

95 A. Kneser, *Euler und die Variationsrechnung*. In: *Euler-Gedenkband der Berliner Mathematischen Gesellschaft*. Leipzig: Teubner-Verlag 1907, S. 23-60, Zitat S. 34.

96 Leopoldinaarchiv, Matrikel 268.

97 *Naturwissenschaften* 18 (1930), S. 11.

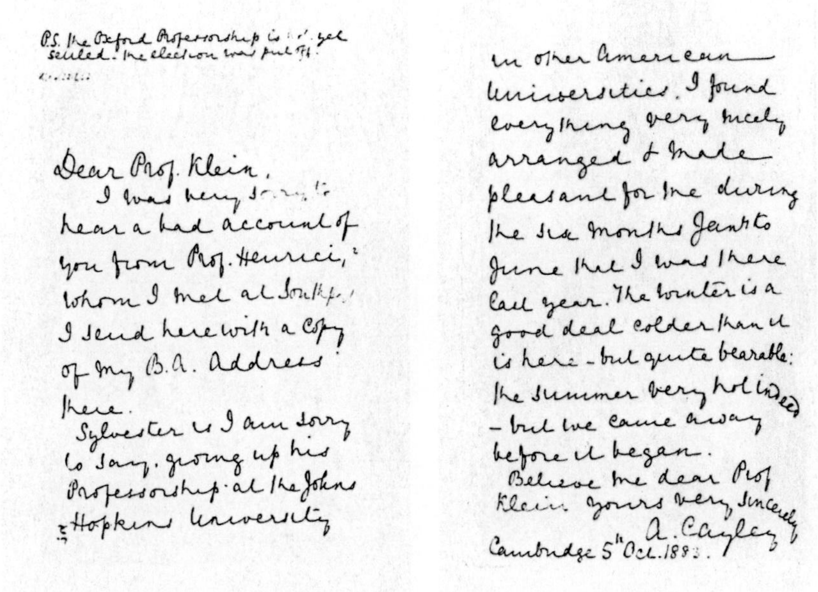
P.S. The Oxford Professorship is not yet settled: the election was put off.

Dear Prof. Klein,
I was very sorry to
hear a bad account of
you from Prof. Henrici,
whom I met at Southport.
I send herewith a Copy
of my B.A. Address
there.
Sylvester is I am sorry
to say, giving up his
Professorship at the Johns
Hopkins University

in other American
Universities. I found
everything very nicely
arranged & made
pleasant for me during
the six months Jan to
June that I was there
last year. The winter is a
good deal colder than it
is here – but quite bearable:
the summer very hot indeed
– but we came away
before it began.
Believe me dear Prof
Klein, yours very sincerely
A. Cayley
Cambridge 5th Oct. 1883.

Brief von Arthur Cayley aus Cambridge an Felix Klein in Leipzig vom 5. Oktober 1883 mit der Anfrage, ob Klein die frei werdende Professur von James Joseph Sylvester übernehmen wolle; erste und letzte Seite.

Die entscheidende Briefstelle lautet:
„Sylvester as I am sorry to say giving up his Professorship at the Johns Hopkins University Baltimore. I am requested to ask you unofficially whether you would be inclined to entertain the proposal of succeeding him [Sylvester].“
(Sylvester, wie ich zu sagen bedauere, gibt gerade seine Professur an der Johns Hopkins Universität auf. Ich bin gebeten worden, Sie inoffiziell zu fragen, ob Sie geneigt wären, den Vorschlag in Betracht zu ziehen, ihm nachzufolgen.)

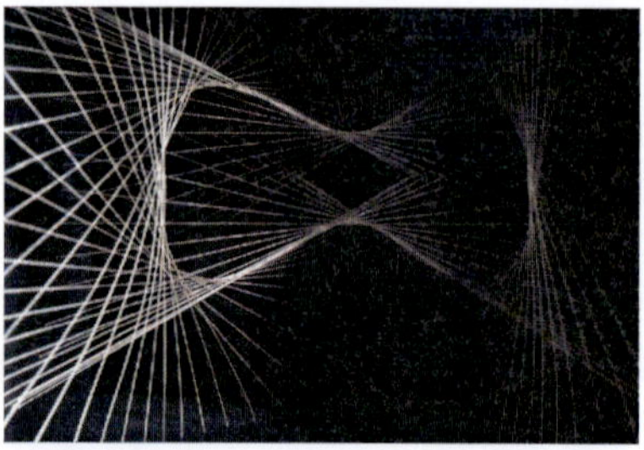

Regelfläche

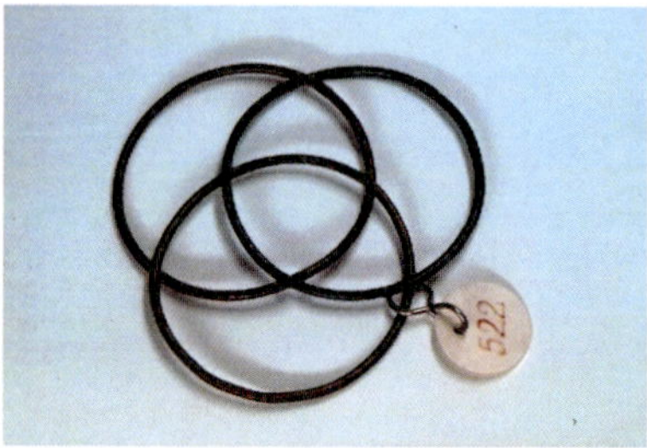

Drei verschlungene Ringe

Regelfläche dritter Ordnung

Zerlegter Kreiskegel

Raumkurve

Gedrehte Parabel

Literatur

Biographische Literatur

Klein, Felix: *Felix Klein.* [zitiert als *Autobiographie* 1923]
Göttinger Professoren. Lebensbilder von eigener Hand.
In: *Mitteilungen des Universitätsbundes Göttingen* 5 (1923), S. 11-36.

Felix Klein zur Feier seines 70. Geburtstages.
In: *Die Naturwissenschaften* 7, 17 (1919), S. 275-317.
(Mit Artikeln von Robert Fricke, Aurel Voss, Arthur Schoenflies, Constantin Carathéodory, Arnold Sommerfeld, Ludwig Prandtl.)

Behnke, Heinrich: *Felix Klein und die heutige Mathematik.*
In: *Mathematisch-physikalische Semesterberichte* 7 (1961), S. 129-144.

Brocke, Bernhard vom: *Friedrich Althoff.*
In: *Berlinische Lebensbilder*, Bd. 3. Hrsg.: Wolfgang Ribbe.
Berlin: Colloquium-Verlag 1983, S. 195-214
(Dort weitere Literatur zum „System Althoff".)

Bureau, Walter / Schoeneberg, Bruno: *Felix Klein.*
In: *Biographical Dictionary of Mathematics*, vol. 3.
New York: Sribner 1991, S. 1256-1259.
(Früher bereits in: *Dictionary of Scientific Biography*, 1970.)

Carathéodory, Constantin: *Felix Klein †.*
Münchner Abendzeitung Nr. 181, Ausgabe B, S. 2-3.
= *Ges. math. Schriften*, Bd. V. München: Beck 1957, S. 53-56.

Courant, Richard: *Felix Klein.*
In: *Die Naturwissenschaften* 13, 37 (1925), S. 765-772.
= *Jahresbericht der Deutschen Mathematiker-Vereinigung* 34 (1925), S. 197-213.

Courant, Richard: *Felix Klein als wissenschaftlicher Führer.*
In: *Göttinger Nachrichten* 1925/26, S. 29-45.

Dyck, Walther von: *Felix Klein.*
In: *Jahresberichte der Bayerischen Akademie der Wissenschaften* 1925, S. 23-26.

Dyck, Walther von: *Felix Klein.*
In: *Mitteilungen der Gesellschaft Deutscher Naturforscher und Ärzte,* Nr. 6/7 (Juli) 1925, S. 21-22.

Frei, Günther: *Felix Klein.*
In: *Jahrbuch Überblicke Mathematik* 1984.
Mannheim: Bibliographisches Institut 1984, S. 229-254.

Hamel, Georg: *Felix Klein als Mathematiker.*
In: *Sitzungsberichte der Berliner math. Gesellschaft* 25 (1926), S. 69-80.

Kneser, Hellmuth: *Felix Klein zum 100. Geburtstag.*
In: *Naturwissenschaftliche Rundschau* 5 (1949), S. 225-228.

Kneser, Hellmuth: *Felix Klein als Mathematker.*
In: *Mitteilungen des Universitätsbundes Göttingen* 26 (1949), S. 1-6.

Knobloch, Eberhard: *Bindeglieder zur Technik geschaffen.*
Zum 150. Geburtstag des Mathematikers Felix Klein.
In: *Tagesspiegel* vom 25. April 2004, S. 29.

König, Fritz: *Die Gründung des „Mathematischen Seminars" der Universität Leipzig.*
In: *100 Jahre Mathematisches Seminar der Karl-Marx-Universität Leipzig.*
Berlin: Deutscher Verlag der Wissenschaften 1981, S. 41-71.

König, Fritz: *Felix Klein.*
In: *100 Jahre Mathematisches Seminar der Karl-Marx-Universität Leipzig.*
Berlin: Deutscher Verlag der Wissenschaften 1981, S. 82-91.

Krämer, Heinrich: *In der sächsischen Kutsche.*
Der Firmengründer B. G. Teubner und seine Nachfolger
A. Ackermann-Teubner und A. Giesecke-Teubner. EAGLE 056.
Leipzig: Edition am Gutenbergplatz Leipzig (erscheint 2012).

Krämer, Heinrich / Weiß, Jürgen: *„Wissenschaft und geistige Bildung kräftig fördern“*. Zweihundert Jahre B. G. Teubner 1811-2011. EAGLE 050. Leipzig: Edition am Gutenbergplatz Leipzig 2011.

Lorey, Wilhelm: *Felix Klein.*
In: *Acta Leopoldina. Berichte der Deutschen Akademie der Naturforscher in Halle* 1 (1926), S. 136-151.

Lorey, Wilhelm: *Kleins Persönlichkeit und seine Verdienste um die höhere Schule.*
In: *Sitzungsberichte der Berliner mathematischen Gesellschaft* 25 (1926), S. 54-68.

Manegold, Karl-Heinz: *Klein als Wissenschaftsorganisator.*
In: *Technikgeschichte* 35, 3 (1968), S. 177-204.

Pfeiffer, F.: *Felix Klein.*
In: *Schwäbischer Merkur* vom 18. Juli 1925 (Abendblatt).

Poske, Friedrich: *Die Verdienste von Felix Klein um die Förderung des naturwissenschaftlichen Unterrichts.*
In: *Mitteilungen der Gesellschaft Deutscher Naturforscher und Ärzte*, Nr. 6/7 (Juli) 1925, S. 22-23.

Prandtl, Ludwig: *Kleins Verdienste um die angewandte Mathematik.*
In: *Sitzungsberichte der Berliner mathematischen Gesellschaft* 25 (1926), S. 81-87.

Prandtl, Ludwig: *Felix Klein und die Anwendungen der Mathematik.*
In: *Mitteilungen des Universitätsbundes Göttingen* 26 (1949), S. 7-10.

Reid, Constance: *The Road Not Taken. A Footnote in the History of Mathematics.*
In: *The Mathematical Intelligencer* 1, 1 (1978), p. 21-23.

Remmert, Reinhold: *Felix Klein und das Riemannsche Erbe.*
In: *Mitteilungen der Deutschen Mathematiker-Vereinigung* 1 (2001), S. 22-30.

Schulze, Friedrich (Hrsg.): *B. G. Teubner 1811-1911.*
Geschichte der Firma. Leipzig: Teubner-Verlag 1911.
(Die mathematischen Teile, Kapitel VIII, sind von Conrad Müller unter Mitarbeit von Alfred Ackermann verfaßt worden.)

Sommerfeld, Arnold: *Zum hundertsten Geburtstag von Felix Klein.*
Rede vor der Akademie der Wissenschaften in Göttingen am 7. Mai 1949.
(Maschinenschriftliches Manuskript aus dem Besitz von Martin Kneser.)

Thiele, Rüdiger: *Felix Klein in Leipzig.*
In: *Jahresbericht der Deutschen Mathematiker-Vereinigung*
102 (2000), S. 59-93.

Thiele, Rüdiger: *Felix Klein.*
In: *The Princeton Companion to Mathematics.* VI.57.
Hrsg.: Timothy Gowers (Ed.) / June Barrow-Green / Imre Leader (ass. Eds.).
Princeton and Oxford: Princeton University Press 2008, S. 782-783.

Ulferts, Gert-Dieter: *Bildnis Felix Klein.* Zu einem Werk von
Max Liebermann aus dem Besitz der Universität Göttingen.
In: *Niederdeutsche Beiträge zur Kunstgeschichte*, Bd. 26.
München: Deutscher Kunstverlag 1987.

Weiß, Jürgen: *Benedictus Gotthelf Teubner zum 225. Geburtstag.*
Adam Ries – Völkerschlacht – F. A. Brockhaus – Augustusplatz –
Leipziger Zeitung – Börsenblatt. EAGLE 035.
Leipzig: Edition am Gutenbergplatz Leipzig 2009.

Weyl, Hermann: *Felix Kleins Stellung in der mathematischen Gegenwart.*
In: *Die Naturwissenschaften* 18 (1930), S. 4-11
= Gesammelte Abhandlungen (von H. Weyl), Bd. III.
Berlin: J. Springer 1968, S. 292-299.

Wirtinger, Wilhelm: *Felix Klein.* In: *Almanach.* Herausgegeben von der Österreichische Akademie der Wissenschaften in Wien 76 (1926), S. 193-198.

Young, Grace Chisholm: *„Obituary" für Felix Klein. The Times*, 8. 7. 1925.
http://www-groups.dcs.st.and.ac.uk/~history/Obits/Klein.html

Verzeichnis der Veröffentlichungen von Felix Klein

In: *Mitteilungen der Gesellschaft Deutscher Naturforscher und Ärzte*, Nr. 6/7 (Juli) 1925 = *Die Naturwissenschaften* vom 25. April 1919 (dort auch die pädagogischen Schriften); *Gesammelte mathematische Abhandlungen*, Bd. 3. Berlin: J. Springer 1923, Reprint 1973.

Bei Wikisource gibt es folgende Übersicht über die online verfügbaren Werke von Felix Klein:
http://de.wikisource.org/wiki/Felix_Klein

Nachrufe

Felix Klein, Todesanzeige.
In: *Jahresbericht der Deutschen Mathematiker-Vereinigung* 34 (1926), S. 89.

Felix Klein, Todesanzeige [verfaßt von Constantin Carathéodory].
In: *Mathematische Annalen* 95 (1925), S. 1.

Weitere Nachrufe: siehe Anhang 10.

Im Buch erwähnte mathematische Arbeiten Felix Kleins

Gesammelte mathematische Abhandlungen, 3 Bde.
Hrsg.: Robert Fricke / Alexander Ostrowski / Hermann Vermeil / Erich Bessel-Hagen.
Berlin: J. Springer 1921-1923, Reprint 1973.
http://gdz.sub.uni-goettingen.de/dms/load/toc/?PPN=PPN237839962

Vergleichende Betrachtungen über neuere geometrische Forschungen (Erlanger Programm). Erlangen: Andreas Deichert 1872. Wieder abgedruckt mit Bemerkungen in: *Mathematische Annalen* 43(1893) = *Gesammelte mathematische Abhandlungen*, Bd. 1, S. 460-497; auch in: *Das Erlanger Programm*, eingeleitet und mit Anmerkungen versehen von Hans Wußing. *Ostwalds Klassiker der exakten Wissenschaften*, Bd. 253. Leipzig: Akademische Verlagsgesellschaft Geest & Portig 1974. Siehe auch Garrett Birkhoff / M. K. Benett: *Felix Klein and his 'Erlanger Programm'*. In: *History and philosophy of modern mathematics*. Minneapolis 1988, pp. 145-176. http://gdz.sub.uni-goettingen.de/dms/load/img/

Über die Beziehungen der neueren Mathematik zu den Anwendungen. Leipziger Antrittsvorlesung, 25. Oktober 1880.
In: *Zeitschrift für mathematischen und naturwissenschaftlichen Unterricht* 26 (1895), S. 535-540; auch in: C. Neumann / F. Klein / S. Lie / F. Engel / F. Hausdorff / H. Liebmann / W. Blaschke / L. Lichtenstein: *Leipziger mathematische Antrittsvorlesungen*. Auswahl aus den Jahren 1869-1922. Herausgegeben und mit einem Anhang versehen von Herbert Beckert / Walter Purkert. *TEUBNER-ARCHIV zur Mathematik*, Bd. 8.
Leipzig: Teubner-Verlag 1987.

Über Riemanns Theorie der algebraischen Funktionen und ihrer Integrale. Leipzig: Teubner-Verlag 1882. Engl. Übersetzung von F. Hardcastle. Cambridge: Macmillan and Bowes 1893.

Vorlesungen über das Ikosaeder und die Auflösung der Gleichungen vom fünften Grade.
Leipzig: Teubner-Verlag 1884.
Reprint, herausgegeben mit einer Einführung und mit Kommentaren von Peter Slodowy. *TEUBNER-ARCHIV zur Mathematik*, Supplement 4.
Basel, Boston, Berlin / Stuttgart, Leipzig: Birkhäuser / Teubner-Verlag 1993.
Engl. Übersetzung von George Gavin Morrice. London: Trübner, 1888, 1913; Reprint New York: Dover 1956, 2003.
http://gdz.sub.uni-goettingen.de/dms/load/img/?PPN=PPN516762672

Vorlesungen über die Theorie der elliptischen Modulfunktionen, 2 Bde.
Mit Robert Fricke. Leipzig: Teubner-Verlag 1890-1892.
http://gdz.sub.uni-goettingen.de/dms/load/img/?IDDOC=59406

Einleitung in die höhere Geometrie. Vorlesungsausarbeitung 1893.
http://gdz.sub.uni-goettingen.de/dms/load/img/?PPN=PPN592921905

The Evanston Colloquium. Lectures on Mathematics.
New York: Macmillan 1894, [2]1911; franz. Übersetzung von Léonce Laugel, Paris: Hermann 1898; poln. Übers. von Samuel Dickstein, Warschau 1899.

Vorträge über ausgewählte Fragen der Elementargeometrie.
Leipzig: Teubner-Verlag 1895; italienische Übersetzung G. Giudice, Torino: Rosenberg 1896; englische Übersetzung Berman u. Percy Franklin Smith, Boston: Ginn 1897; französische Übersetzung Grieß, Paris: Nony 1896.

Über die Theorie des Kreisels, 4 Bde. Mit Arnold Sommerfeld.
Leipzig: Teubner-Verlag 1897-1910, Nachdruck 1923.

Vorlesungen über die Theorie der automorphen Funktionen, 4 Bde.
Mit Robert Fricke. Leipzig: Teubner-Verlag 1897-1912.
http://gdz.sub.uni-goettingen.de/dms/load/img/?PPN=PPN593047990

The mathematical theory of the top.
Princeton lectures, reported by Henry Fine. New York: Scribner 1897.

Vorlesungen über die Mechanik der deformierbaren Körper.
Vorlesungsausarbeitung, WS 1899.
http://gdz.sub.uni-goettingen.de/dms/load/img/

Elementarmathematik vom höheren Standpunkte aus, 3 Bde. Autographierte Vorlesungshefte. Teubner-Verlag 1902; Buchausgabe Berlin: J. Springer 1924-28 (*Grundlehren der mathematischen Wissenschaften*, Bd. 14-16), Nachdruck 1968. http://gdz.sub.uni-goettingen.de/dms/load/img/

Vorlesungen über die Entwicklung der Mathematik im 19. Jahrhundert, 2 Bde. Für den Druck bearbeitete Vorlesungsmitschriften von Richard Courant, Otto Neugebauer und Stefan Cohn-Vossen. Berlin: J. Springer 1926-27 (*Grundlehren der mathematischen Wissenschaften*, Bd. 24-25); Nachdruck in einem Band: J. Springer 1979; englische Übersetzung von M. Ackermann 1979; russische Übersetzung von Nikolai Makarevich Nagornyj 1989.
http://gdz.sub.uni-goettingen.de/dms/load/img/?PPN=PPN375425993

Vorlesungen über höhere Geometrie.
Bearbeitet und herausgegeben von Wilhelm Blaschke.
Berlin: J. Springer 1926 (*Grundlehren der mathematischen Wissenschaften*, Bd. 22). Chelsea Reprint 1949, Nachdruck 1968.
http://gdz.sub.uni-goettingen.de/dms/load/img/?PPN=PPN592921905

Vorlesungen über Nicht-Euklidische Geometrie, I und II.
Zunächst autographierte Vorlesungsmitschrift,
ausgearbeitet von Friedrich Schilling, WS 1889 und SS 1890,
dann als Buchausgabe. Berlin: J. Springer 1928, Nachdruck 1968.
http://gdz.sub.uni-goettingen.de/dms/load/img/?PPN=PPN51697307X

Vorlesungen über die hypergeometrischen Funktionen.
Zunächst autographierte Vorlesungsmitschrift WS 1893/94 und SS 1906, dann als Buchausgabe von Otto Haupt. Berlin: J. Springer 1933, Nachdruck 1981.
http://gdz.sub.uni-goettingen.de/dms/load/img/?PPN=PPN375394591

Autographierte Vorlesungshefte, I-III.
Referate Kleins zu einigen autographierten Vorlesungen:

- Teil I und II in:
Mathematische Annalen 45 (1894)
= *Gesammelte mathematische Abhandlungen*, Bd. 1 und 2,
Nr. XXVIII und LXVIII über *Höhere Geometrie* WS 1892, SS 1893,
Die hypergeometrischen Functionen, WS 1893,
ausgearbeitet von Ernst Ritter 1894, ^{2}1906.

- Teil III in: *Mathematische Annalen* 48 (1896/97)
= *Gesammelte mathematische Abhandlungen*, Bd. 3,
Nr. XCIV über *Ausgewählte Kapitel der Zahlentheorie*, WS 1895, SS 1896,
ausgearbeitet von Arnold Sommerfeld und Philipp Furtwängler 1896, ^{2}1907.

Frei, Günther (Hrsg.): *Der Briefwechsel Felix Klein – David Hilbert (1886-1918)*. Mit Anmerkungen von Günther Frei.
Göttingen: Vandenhoeck und Ruprecht 1985.

Vorlesungsausarbeitungen im TEUBNER-ARCHIV zur Mathematik

Funktionentheorie in geometrischer Behandlungsweise.
Vorlesung, gehalten in Leipzig 1880/81.
Herausgegeben, bearbeitet und kommentiert von Fritz König.
Mit einem Geleitwort von Friedrich Hirzebruch.
TEUBNER-ARCHIV zur Mathematik, Bd. 7.
Leipzig: Teubner-Verlag 1987.
(Ausgearbeitet von Ernst Lange, nach einer Abschrift von Adolph Mayer. Der zweite Teil wurde nicht autographiert, da er weitgehend mit Kleins Arbeit *Über Riemanns Theorie der algebraischen Funktionen* sowie mit der Autographie *Riemannsche Flächen* 1891/92 übereinstimmt; siehe unten.)

Einleitung in die analytische Mechanik.
Vorlesung, gehalten in Göttingen 1886/87.
Herausgegeben und bearbeitet von Ernst Dietzel und Michael Geisler.
Mit einem Beitrag von Fritz König.
Mit einem Geleitwort von Hans Triebel.
TEUBNER-ARCHIV zur Mathematik, Bd. 15.
Leipzig: Teubner-Verlag 1991.
(Nach einer Vorlesungsausarbeitung von Friedrich Pockels.)

Riemannsche Flächen.
Vorlesungen, gehalten in Göttingen 1891/92.
Herausgegeben und kommentiert von Günther Eisenreich und Walter Purkert.
TEUBNER-ARCHIV zur Mathematik, Bd. 5.
Mit dem Beitrag zum 175. Teubner-Firmenjubiläum 1986:
Felix Klein und der Verlag B. G. Teubner.
Leipzig: Teubner-Verlag 1986.
(Nach der Autographie *Riemannsche Flächen.*
In Kommission bei B. G. Teubner 1906.
Diese Vorlesungen von F. Klein wurden ab 1892 in Kommission von B. G. Teubner in Leipzig vertrieben;
Neudruck 1906 auf der Basis einer neuen Abschrift.)
http://gdz.sub.uni-goettingen.de

Mathematische Sekundärliteratur

Hurwitz, Adolf / Courant, Richard: *Vorlesungen über allgemeine Funktionentheorie und elliptische Funktionen.*
Berlin: J. Springer [4]1964.

Hurwitz, Adolf: *Über die Entwicklung der allgemeinen Theorie der analytischen Funktionen in neuerer Zeit.*
In: *Verhandlungen des ersten internationalen Mathematiker-Kongresses in Zürich 1897*. Hrsg.: Ferdinand Rudio.
Leipzig: Teubner-Verlag 1898, S. 91-112.

Poincaré, Henri: *Sur les rapports de l'analyse pure et de la physique mathématique.*
In: *Verhandlungen des ersten internationalen Mathematiker-Kongresses in Zürich 1897*. Hrsg.: Ferdinand Rudio.
Leipzig: Teubner-Verlag 1898, S. 81-90.

Yaglom, Isaac M.: *Felix Klein and Sophus Lie.*
Evolution of the Idea of Symmetry in the 19th Century.
Übersetzung aus dem Russischen von Sergei Sossinsky.
Boston: Birkhäuser 1990.

Ihmig, Karl-Nobert: *Ernst Cassirer and the Structural Conception of Objects in Modern Science: The Importance of the 'Erlanger Programm'.*
In: *Science in Context* 21, 4 (1999), pp. 513-529.

Mathematische Modelle

Die Modellsammlungen in Göttingen und Halle sind im Internet einsehbar:

http://www.uni-math.gwdg.de/modellsammlung

http://did.mathematik.uni-halle.de

Archivalien

Handschriftlicher Nachlaß. 60 Blätter. Hrsg.: Konrad Jacobs. Mathematisches Institut der Universität Erlangen 1977.

Nachlaß Felix Klein (Cod. Ms. Felix Klein),
Nachlaß David Hilbert (Cod. Ms. D. Hilbert),
beide in: Niedersächsische Staats- und Universitätsbibliothek Göttingen, Handschriftenabteilung.

Personalakte Felix Klein. Universitätsarchiv Leipzig, PA 635, 27 Seiten.

Personalakte Klein. Archiv der Leopoldina, Halle. Matrikel 2581.

Protokolle der Kleinschen Seminare, 1872-1912.
Bibliothek des Mathematischen Instituts der Universität Göttingen, 29 Bde. mit ca. 8 500 Seiten; digitalisiert vom Clay Mathematics Institute.
www.uni-math.gwdg.de/aufzeichnungen/klein-scans
www.librarieswithout walls.org/klein.html

Autobiographische Notizen [1913]
Cod. Ms. F. Klein. Niedersächsische Staats- und Universitätsbibliothek Göttingen, Handschriftenabteilung.
(Maschinschriftliche Fassung durch Konrad Jacobs in dieser Bibliothek und in der Universitätsbibliothek Erlangen.)

Über Lies und meine Arbeiten (1870-72).
Maschinenschriftliche Abschrift aus dem Nachlaß von Sophus Lie.
Mathematisches Institut der Universität Göttingen.
http://resolver.sub.uni-goettingen.de/pure? PPN 617070016

Anwendung der Differential- und Integralrechnung auf Geometrie

eine Revision der Principien.

Vorlesung,

gehalten während des Sommersemesters 1901

von

F. Klein.

Ausgearbeitet von Conrad Müller.

LEIPZIG 1902.

In Commission bei B. G. Teubner.

Titelseite der autographierten Vorlesung „Anwendung der Differential- und Integralrechnung auf Geometrie“ (SS 1901). Diese Vorlesung wurde von Conrad Müller ausgearbeitet und 1902 vom Teubner-Verlag in Kommission vertrieben

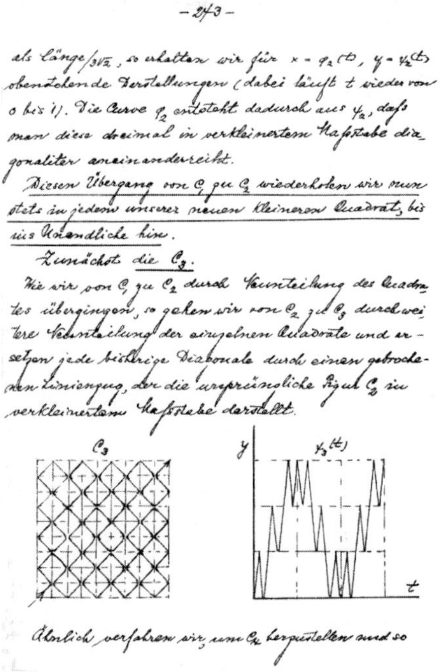

– 243 –

als Länge/$3\sqrt{2}$, so erhalten wir für $x = \varphi_2(t)$, $y = \psi_2(t)$ obenstehende Darstellungen (dabei läuft t wieder von 0 bis 1). Die Curve φ_2 entsteht dadurch aus ψ_2, dass man diese dreimal in verkleinertem Maßstabe diagonaliter aneinanderreiht.

Diesen Übergang von C_1 zu C_2 wiederholen wir nun stets in jedem unserer neuen kleineren Quadrate, bis ins Unendliche hin.

Zunächst die C_3.

Wie wir von C_1 zu C_2 durch Neunteilung des Quadrates übergingen, so gehen wir von C_2 zu C_3 durch weitere Neunteilung der einzelnen Quadrate und ersetzen jede bisherige Diagonale durch einen gebrochenen Linienzug, der die ursprüngliche Figur C_2 in verkleinertem Maßstabe darstellt.

Ähnlich verfahren wir, um C_4 herzustellen und so

Die autographierte Vorlesung „Anwendung der Differential- und Integralrechnung auf Geometrie“ (hier S. 243) wurde 1907 unverändert wieder aufgelegt, aber durch ein Gutachten zu einer Preisaufgabe ergänzt, auf das sich Klein in der Vorlesung mehrfach bezogen hatte.

Nach Felix Kleins Tod gab Friedrich Seyfarth 1928 die dritte Auflage dieser Vorlesungsmitschrift überarbeitet als Buchausgabe heraus, als Band 3 von Felix Kleins „Elementarmathematik vom höheren Standpunkte aus“; das in die zweite Auflage eingefügte Gutachten entfiel

Anhänge

1. Curriculum Vitae Christian Felix Klein
2. Wichtige mathematische Ergebnisse (1859-1932)
3. Kleins Vorlesungen in Leipzig, WS 1880/81-SS 1886
4. Veröffentlichungen Kleins aus der Leipziger Zeit
5. Professoren zu Kleins Zeit in Leipzig, Assistenten und Famuli
6. Dissertationen, Habilitationen bei Klein in Leipzig
7. Mathematische Seminare
8. Kollegen über Felix Klein
9. Streiflichter
10. Wissenschaftliche Ehrungen für Felix Klein

Felix Klein, Leipzig 1885

Augusteum der Universität Leipzig nach dem Umbau (1892-1897) durch Arwed Roßbach mit dem 1886 eingeweihten Mendebrunnen

Anhänge

1. Curriculum Vitae Christian Felix Klein

* 25. April 1849 in Düsseldorf (früh ½8 Uhr).

1857-1865	humanistisches Gymnasium Düsseldorf
1865	Herbst Reifezeugnis, WS 1865 Studium der Physik Universität Bonn
1866-1868	Vorlesungsassistent bei J. Plücker, Hinwendung zur Mathematik
1868	Tod Plückers, Klein gibt dessen *Neue Geometrie des Raumes*, Teil 2 (1869), bei B. G. Teubner in Leipzig heraus
1868	physikalische Preisaufgabe der Universität Bonn über Schwingungen im polarisierten Licht bearbeitet und Preis errungen, Promotion (12. Dezember) in Bonn bei R. Lipschitz
1869	Studium in Göttingen bei A. Clebsch (Januar bis August)
1869-1870	Studium in Berlin, u. a. bei K. Weierstraß und E. Kummer (August 1869 bis März 1870), zum Abschluß Preis für rege Tätigkeit im Seminar (Kummer), Bekanntschaft mit S. Lie und gemeinsamer Studienaufenthalt (April bis Juli 1870) mit S. Lie in Paris bei C. Jordan und G. Darboux
1870-1871	Deutsch-Französischer Krieg (Kriegserklärung 19. Juni 1870, Friedensvertrag 10. Mai 1871), Proklamation Wilhelms I. von Preußen in Versailles am 18. Januar 1871 zum deutschen Kaiser
1870	Abbruch des Parisaufenthaltes und Aufgabe des Plans einer Englandreise
1870	Kriegsfreiwilliger, aber nicht zum Militärdienst tauglich, Angehöriger des Nothelferkorps (freiwilliger Krankenhelfer) 16. August bis 2. Oktober, wegen eigener Krankheit entlassen
1871	Habilitation in Göttingen (7. Januar)
1871-1872	Privatdozent in Göttingen, physikalische Vorlesungen
1872	WS 1872 ordentlicher Professor in Erlangen, Oktober 1872: *Erlanger Programm*; Antrittsrede im Dezember

1873	ab Bd. 6 (1873) Mitglied der Redaktion der *Mathematischen Annalen* bei B. G. Teubner
1875	Heirat mit Anna Hegel (Enkelin von G. W. F. Hegel)
1875	SS 1875 ordentlicher Professor TH München
1876	Hauptredakteur der *Mathematischen Annalen*

Leipzig: 1. Oktober 1880 bis 31. März 1886

1880	WS 1880 ordentlicher Professor für Geometrie in Leipzig
1881	Gründung des Mathematischen Seminars in Leipzig (Schlüsselübergabe 8. April 1881), Modellsammlung und Bibliothek im sogenannten Czermakaion (zum Semesterbeginn 20. April 1881)
1881-1882	Arbeiten über automorphe Funktionen, Wettstreit mit H. Poincaré
1882	*Riemanns Theorie der algebraischen Funktionen und ihrer Integrale* bei B. G. Teubner
1882	ab Pfingsten Erkrankung, Erholung auf Norderney, *Grenzkreistheorem*, zeitgleich mit H. Poincaré, gesundheitlicher Zusammenbruch
1883	Ruf an die Johns Hopkins University in Baltimore als Nachfolger von J. Sylvester, abgelehnt
1883	Studienbetrieb in den neuen Räumen im „Kleinen Fürstenkolleg“ in der Ritterstraße 14 (später die Nr. 24) (15. Oktober 1883)
1884	*Vorlesungen über das Ikosaeder und die Auflösung der Gleichungen vom fünften Grade* bei B. G. Teubner
1885	Klein verhandelt mit dem Preußischen Kultusministerium über die Nachfolge von M. Stern in Göttingen
1885	Geburt der Tocher Sophie Eugenie (11. Juli)
1885-1886	Studienaufenthalt von David Hilbert bei Klein in Leipzig (WS 1885)
1886	Ostern, Klein verläßt Leipzig, S. Lie folgt Klein in Leipzig nach (bis 1898)

1886	SS 1886 Klein Professor in Göttingen
1890, 1892	*Vorlesungen über die Theorie der elliptischen Modulfunktionen*, 2 Bde. bei B. G. Teubner (Mitarbeit von R. Fricke)
1891	Mitglied der Deutschen Mathematiker-Vereinigung (DMV)
1892	Gründung der Göttinger Mathematischen Gesellschaft
1893	Chicago World's Columbian Exposition (400 Jahre Entdeckung Amerikas), in Verbindung damit ein „Weltkongress" der Mathematiker und Astronomen, Teilnahme und opening address von Klein, anschließend zweiwöchiges *Evanston Colloquium* (28. August bis 9. September) (erstes mathematische Kolloquium in den USA), Buchpublikation *The Evanston Colloquium.* Lectures on Mathematics 1894, Einladung von drei Teilnehmerinnen zum Mathematik-Studium nach Göttingen
1894	Mitglied im Verein zur Förderung des mathematischen und naturwissenschaftlichen Unterrichts
1895	Beitritt zum Verein Deutscher Ingenieure
1896	weitere Vortragsreise in die USA, Interesse an Beziehungen zur Industrie, Ruf nach Yale (abgelehnt)
1896	Geheimer Regierungsrat
1897	Vorsitzender der DMV, Mitglied des Vorbereitungskomitees des 1. Internationalen Mathematikerkongresses in Zürich
1897, 1911	*Vorlesungen über die Theorie der automorphen Funktionen*, 2 Bde. bei B. G. Teubner (gemeinsam mit R. Fricke)
1897-1910	*Über die Theorie des Kreisels*, 4 Hefte, bei B. G. Teubner, (mit A. Sommerfeld, Ergänzungen von F. Noether)
1898	Göttinger Vereinigung zur Förderung der angewandten Mathematik und Physik, gemeinsam mit H. von Böttinger, Mitglied der National Academy der USA
1899	Redaktionsmitglied *L'enseignement mathématique*
1901	Mitglied der Royal Irish Academy
1903	erneut Vorsitzender der DMV
1905	Dr.-Ing. h.c. TH München
1908	erneut Vorsitzender der DMV, Vorsitz der Internationalen Mathematischen Unterrichtskommission (IMUK), *Elementarmathematik vom höheren Standpunkte aus* bei B. G. Teubner

1909	Vorstandsmitglied Deutsches Museum München
1911	Klein bricht im November aus gesundheitlichen Gründen die Vorlesungen ab
1912	Klein beurlaubt, Aufenthalt im Sanatorium Hahnenklee, Harz
1913	Klein läßt sich emeritieren (Ostern 1913), hält aber weiterhin im engen Kreis Vorlesungen, ebenfalls behält er bis 1921 die Leitung des mathematischen Lesezimmers und der Modellsammlung (danach R. Courant)
1913	*Autobiographische Notizen* Felix Kleins
1914-1918	Erster Weltkrieg
1914	Alfred Ackermann Teubner-Gedächtnispreis
ab 1916	Vorlesungen in Kleins Wohnhaus zur historischen Entwicklung der Mathematik (posthum zum Buch *Vorlesungen über die Entwicklung der Mathematik im 19. Jahrhundert* durch R. Courant u. a. ausgearbeitet, erschien bei J. Springer 1926)
1920	Gründung der Notgemeinschaft der Deutschen Wissenschaft, Klein ist Vorsitzender des mathematischen Fachausschusses (bis April 1922)
1921-1923	Herausgabe von F. Kleins Werken in 3 Bänden durch R. Fricke u. a. bei J. Springer
1924	Ehrenmitglied der DMV und der GAMM, Dr. rer. pol. h. c. Humboldt-Universität zu Berlin, Ernst-Abbe-Gedächtnispreis

† 22. Juni 1925 in Göttingen.

Grabstein Felix Klein
Stadtfriedhof Göttingen

Felix Klein war Ehrenmitglied der Londoner Mathematischen Gesellschaft (1875) und Inhaber ihrer de Morgan Medal (1893), Fellow der Royal Society in London (1885) und Inhaber ihrer Copley Medal (1912), Ehrenmitglied der Deutschen Mathematiker-Vereinigung (DMV) und der Gesellschaft für Angewandte Mathematik und Mechanik (GAMM) (1924), Mitglied der Deutschen Akademie der Naturforscher, Leopoldina, in Halle (1886), der Österreichischen Akademie der Wissenschaften, der Preußischen Akademie der Wissenschaften in Berlin (korr. Mitglied 1913), der Akademie der Wissenschaften in Göttingen, der Bayerischen Akademie der Wissenschaften in München (ao. Mitglied 1879, korr. Mitglied 1880), der Sächsischen Akademie der Wissenschaften in Leipzig, zahlreiche Ehrendoktorate und Preise (z.B. der Bayerische Maximiliansorden 1898), Geheimrat.

Weitere Ehrungen siehe Anhang 10.

Am 12. Oktober 1927 wurde am Geburtshaus von Felix Klein in Düsseldorf eine Gedenktafel eingeweiht.

Heute gibt es einen Klein-Preis der Europäischen Mathematischen Gesellschaft und eine Klein Medal für Mathematikpädagogik.

Schließlich wurde 2008 in Kaiserslautern ein Felix-Klein-Zentrum eingerichtet (TH Kaiserslautern und Fraunhofer Institut für Techno- und Wirtschaftsmathematik).

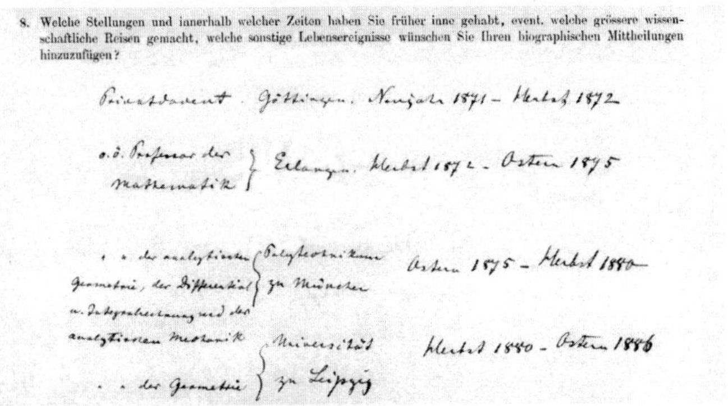

8. Welche Stellungen und innerhalb welcher Zeiten haben Sie früher inne gehabt, event. welche grössere wissenschaftliche Reisen gemacht, welche sonstige Lebensereignisse wünschen Sie Ihren biographischen Mittheilungen hinzuzufügen?

Privatdocent. Göttingen. Neujahr 1871 – Herbst 1872

o.ö. Professor der Mathematik } Erlangen. Herbst 1872 – Ostern 1875

" " der analytischen Geometrie, der Differential u. Integralrechnung und der analytischen Mechanik } Polytechnikum zu München Ostern 1875 – Herbst 1880

" " der Geometrie } Universität zu Leipzig Herbst 1880 – Ostern 1886

Felix Kleins Angaben über seine bisherigen Stellungen
in den biographischen Mitteilungen, um die er 1886 für seine Aufnahme in die Ksl. Leop.-Carol. Deutsche Akademie der Naturforscher (Leopoldina),
heute Nationale Akademie der Wissenschaften, in Halle gebeten worden war

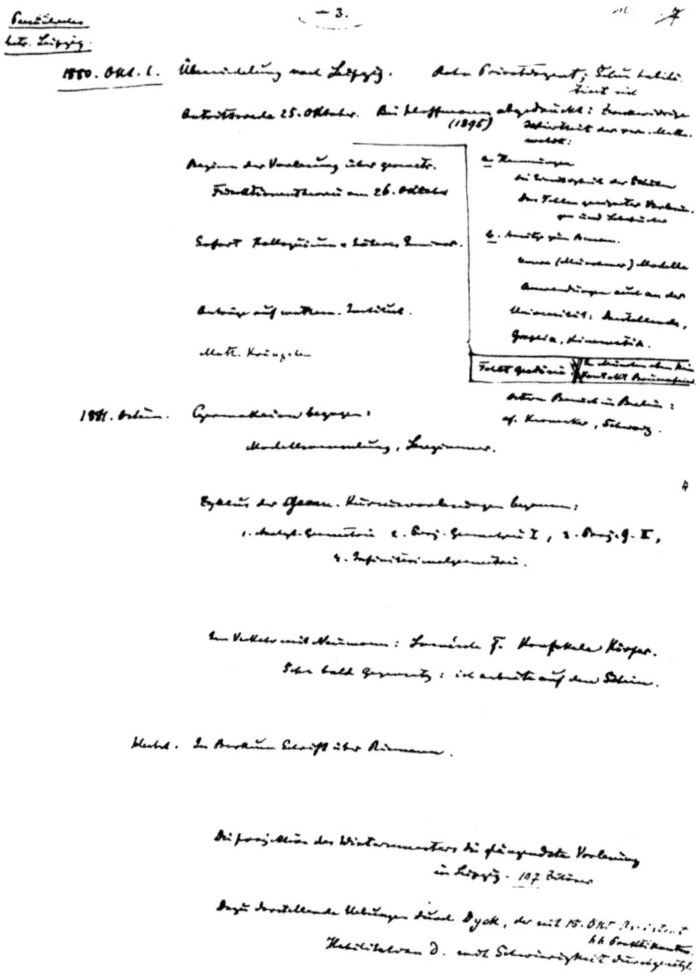

Blatt „Persönliches betr. Leipzig“ (Seite –3);
aus Felix Kleins *Autobiographischen Notizen* (1913):
Bemerkungen zu den Jahren 1880 und 1881

2. Wichtige mathematische Ergebnisse (1859-1932)

1859 B. Riemann untersucht die Zeta-Funktion und stellt in der Arbeit *Über die Anzahl der Primzahlen unter einer gegebenen Größe* die (sog. Riemannsche) Vermutung auf;
A. Cayleys 6. Arbeit über Quadriken führt eine Metrik in der projektiven Geometrie ein

1863 Cremona-Transformationen

1864 K. Weierstraß wird Professor an der Berliner Universität

1865 Möbiussches Band;
Weierstraß zeigt (Satz von Bolzano-Weierstraß) die Existenz eines Häufungspunktes in einer beschränkten unendlichen Menge (bereits von B. Bolzano bewiesen)

1867 Modell von E. Beltrami für nichteuklidische Geometrie

1868 J. Plücker, *Neue Geometrie des Raumes*, Band 2 von F. Klein herausgegeben;
Gründung der *Mathematischen Annalen* (A. Clebsch und C. Neumann), Verlag B. G. Teubner in Leipzig

1870 C. Jordan, *Traité des substitutions et des équations algébriques*

1871 F. Klein publiziert zwei Arbeiten über nichteuklidische Geometrie

1872 F. Klein, *Erlanger Programm*;
R. Dedekind, *Stetigkeit und irrationale Zahlen* (Dedekindscher Schnitt);
G. Cantor über die eindeutige Darstellung von Funktionen mittels trigonometrischer Reihen;
E. Heine gibt die ε-δ-Definition des Grenzwertes (angeregt von K. Weierstraß);
K. Weierstraß gibt eine stetige, aber nirgends differenzierbare Funktion an

1873 C. Hermite zeigt, daß e eine transzendente Zahl ist

1877 G. Cantor zeigt die Gleichmächtigkeit der Punktmengen eines Quadrates und eines Intervalls

1878 *American Journal of Mathematics* gegründet

1879 H. Schubert, *Kalkül der abzählenden Geometrie*;
R. Dedekind führt den Körperbegriff ein;
Begriffsschrift von G. Frege

1881 H. Poincarés erste Arbeit über automorphe Funktionen

1882 F. Lindemann zeigt die Transzendenz von π;
R. Dedekind, *Was sind und was sollen die Zahlen?*;
Definition einer unendlichen Menge über die Gleichmächtigkeit mit einer geeigneten Teilmenge;
C. Jordan beginnt mit seinem *Cours d'analyse* (Bd. 1);
M. Pasch, *Vorlesungen über neuere Geometrie* (formale Auffassung)

1883 G. Cantor, *Grundlagen einer allgemeinen Mannigfaltigkeitslehre*

1884 G. Frege, *Grundlagen der Arithmetik*;
F. Klein, *Vorlesungen über das Ikosaeder*

1887 G. Darboux, *Leçons sur la théorie générale des surfaces* (Bd. 1);
V. Volterra begründet die Funktionalanalysis

1888 S. Lie, *Theorie der Transformationsgruppen*;
New Yorker mathematische Gesellschaft, ab 1894 als American Mathematical Society (AMS)

1889 G. Peano, *Arithmetices principia*
(Peanosche Axiomensystem für natürliche Zahlen)

1890 Gründung der DMV;
Peanokurve (stetige Kurve, die ein Quadrat ausfüllt)

1892 Cantorsches Diagonalverfahren

1893 G. Frege, *Grundgesetze der Arithmetik* (Bd. 1)

1895 H. Poincaré, *Leçons de méchanique céleste*;
H. Poincaré begründet die kombinatorische Topologie (Analysis situs)

1896 Erster Internationaler Mathematiker-Kongreß (ICM) in Zürich, Vorläufer war die Weltausstellung in Chicago 1893 (mit Teilnahme von F. Klein);
J. Hadamard und C. de la Vallée-Poussin beweisen den Primzahlsatz (die Anzahl der Primzahlen kleiner als a bei sehr großem a ist kleiner als $a/\log a$)

1897 C. Burali-Forti publiziert die nach ihm benannte Antinomie der Mengenlehre (die aber bereits G. Cantor bekannt war);
D. Hilberts Arbeit über algebraische Zahlkörper

1899 D. Hilbert, *Grundlagen der Geometrie* (Gebrauch unerklärter Grundbegriffe)

1900 D. Hilberts Vortrag *Mathematische Probleme* auf dem 2. Internationalen Mathematiker-Kongreß in Paris;
The Transactions of the AMS erscheinen

1901 M. Planck Quantentheorie

1902 L. Bianchi, *Lezioni di geometria differenziale*;
H. Lebesgue führt einen neuen Integralbegriff ein

1903 I. Fredholm untersucht Integralgleichungen

1904 W. Burnsides Theorem über endlich auflösbare Gruppen;
E. Zermelo stellt das Auswahlaxiom auf (bereits G. Peano bekannt, 1890);
Lorentztransformation

1905 Spezielle Relativitätstheorie von A. Einstein

1907 E. Schmidt, *Zur Theorie der linearen und nicht linearen Integralgleichungen*

1908 H. Minkowski, *Raum und Zeit*;
Wolfskehl-Preis ausgelobt;
E. Zermelo gibt die heute übliche axiomatische Behandlung der Mengenlehre an

1909 D. Hilbert löst das Waringsche Problem;
M. Fréchet führt abstrakte Räume ein

1910 B. Russell und N. Whitehead, *Principia mathematica* (Bd. 2 erscheint 1913);
E. Steinitz gibt eine algebraische Theorie der Körper

1911 L. Brouwer zeigt die Invarianz der Dimension bei einer topologischen Abbildung, Abbildungen von einer Dimension in eine andere können nicht zugleich eineindeutig und stetig sein

1912 G. Birkhoff beweist H. Poincarés „letztes Theorem"

1913 H. Weyl, *Die Idee der Riemannschen Fläche*;
S. Ramanujan teilt G. H. Hardy bemerkenswerte Ergebnisse aus der Zahlentheorie mit

1914 F. Hausdorff, *Grundzüge der Mengenlehre*

1915 Allgemeine Relativitätstheorie von A. Einstein

1917 T. Levi-Civita führt in der Tensorrechnung die Parallelverschiebung ein

1918 H. Weyl, *Raum-Zeit-Materie*

1921 H. Hasse führt in die Algebra das lokale-globale Prinzip ein;
E. Noether über die Theorie von Idealen in Ringen (axiomatische Begründung der Algebra)

1922 E. Cartan, *Leçons sur les invariants intégraux*

1923 S. Banach führt den abstrakten Banachraum ein

1925 P. S. Alexandroff verbindet mengentheoretische und algebraische Topologie;
J. von Neumann schlägt einen axiomatischen Aufbau der Mengenlehre vor;
„Dreimännerarbeit" zur Heisenbergschen Matrizenmechanik (W. Heisenberg, M. Born, P. Jordan; publiziert 1926)

1928 J. von Neumanns Minimax-Theorie

1930 B.L. van der Waerden, *Moderne Algebra* (Bd. 2 erschien 1937)

1931 K. Gödels Arbeit über unentscheidbare Sätze

1932 Erste Verleihung der Fields Medal an L. Ahlfors (Funktionentheorie) und J. Douglas (Variationsrechnung);
kriegsbedingt gab es die nächste Fields-Medaille erst 1950

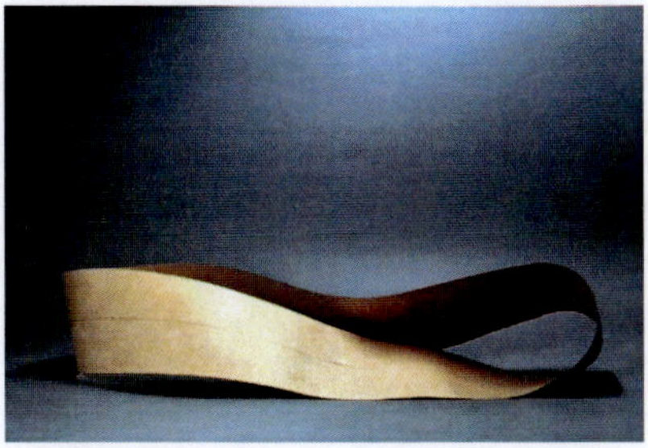

Möbiussches Band,
eine berandete, nicht orientierbare Fläche.
Nach August Ferdinand Möbius, 1816 ao. Professor an der Sternwarte in Leipzig (auf Empfehlung von C. F. Gauß), 1820 deren Direktor, 1844 o. Professor der Astronomie und Mechanik an der Universität Leipzig

Kleinsche Flasche,
eine geschlossene, nicht orientierbare Fläche vom Geschlecht 2
(nicht orientierbare Ringfläche);
zerschneidet man die Kleinsche Flasche längs, ergeben sich zwei Möbiussche Bänder

MATHEMATISCHE VORLESUNGEN AN DER UNIVERSITÄT GÖTTINGEN: V

DIE IDEE
DER RIEMANNSCHEN FLÄCHE

VON

DR. HERMANN WEYL
PRIVATDOZENT AN DER UNIVERSITÄT GÖTTINGEN

MIT 27 IN DEN TEXT GEDRUCKTEN FIGUREN

LEIPZIG UND BERLIN
DRUCK UND VERLAG VON B. G. TEUBNER
1913

Der 25jährige Hermann Weyl hielt im WS 1910 in Göttingen eine Vorlesung, die in die Funktionentheorie einführte. Aus dieser Vorlesung ging schließlich 1913 das berühmte Buch *Die Idee der Riemannschen Fläche* hervor. Weyl hatte den Stoff der Vorlesung und des Buches mit Klein „in öfteren mündlichen Unterhaltungen" ausgiebig durchgesprochen. Zwei Tage vor dem Vertragsabschluß mit Teubner, am 16. August 1912, schrieb Weyl aus Elmshorn, seinem bei Hamburg gelegenen Geburtsort, an F. Klein folgende Zeilen: „Es ist mir bei der Herausgabe dieser Schrift [*Die Idee der Riemannschen Fläche*] innigst empfundenes Bedürfnis, der großen Verehrung und Dankbarkeit, von der ich Ihnen gegenüber erfüllt bin, durch eine Widmung Ausdruck zu geben ... und Sie [würden] mir eine große Freude bereiten, wenn Sie diese Widmung annehmen wollten."

HERRN GEHEIMEN REGIERUNGSRAT PROFESSOR DR.

FELIX KLEIN

IN DANKBARKEIT UND VEREHRUNG GEWIDMET

„Niemand konnte 1913 ahnen", schrieb Reinhold Remmert, Herausgeber der um aktuelle Essays erweiterten Neu-Herausgabe 1997 dieses Buches, „welchen Einfluß Weyls ‚kleines Buch' auf das mathematische Denken des 20. Jahrhunderts ausüben sollte: Mit ihm beginnt die Neuzeit der Funktionentheorie"
(TEUBNER-ARCHIV zur Mathematik, Supplement 5, Leipzig 1997, S. xi)

3. Kleins Vorlesungen in Leipzig, WS 1880/81-SS 1886

Fast alle Vorlesungen von Felix Klein wurden handschriftlich (seltener maschinenschriftlich) ausgearbeitet und in der jeweiligen Bibliothek oder einem Lesezimmer ausgelegt. Da die seinerzeit vorhandene Vervielfältigungstechnik nur wenige Kopien ermöglichte, ließ Klein schließlich ein Dutzend ausgewählter Mitschriften autographieren, um über eine ausreichende Anzahl von Exemplaren zu verfügen. Diese ließ er dann durch den Buchhandel vertreiben, wobei B. G. Teubner der Kommissionsverlag war. In geringer Anzahl kursierten handschriftliche bzw. maschinenschriftliche Vorlesungsausarbeitungen in den Bibliotheken von Mathematischen Instituten und sind dort noch heute zu finden, insbesondere im Mathematischen Institut der Universität Göttingen und in der Handschriftenabteilung dieser Universität.

In der Handschriftenabteilung in Göttingen befinden sich auch F. Kleins Vorlesungskonzepte. Die Seminare Kleins sind in der Regel in Protokollbüchern erfaßt (trifft für alle Leipziger Seminare zu). Obwohl die Mitschriften der Vorlesungen individuelle Ausarbeitungen sind, wurden sie doch unter der Aufsicht von Klein verfertigt, so daß sie eine hohe Authentizität besitzen.

Klein hat zu seinen Vorlesungen stets Seminare gehalten. Dazu gibt es insgesamt 29 Protokollbücher (mit über 8 000 Seiten), die sich in der Bibliothek des Mathematischen Instituts in Göttingen befinden. Diese Bände sind auch digitalisiert worden (siehe Kapitel Literatur).

Die Vorlesungen wurden systematisch durch Veranstaltungen des (Königlichen) mathematischen Seminars, durch Übungsveranstaltungen und sogenannte Colloquien begleitet. Wie später in Göttingen besprach Klein bereits in Leipzig ausführlich die neuere Literatur und gab Studienanleitungen.

WS 1880/81

Funktionentheorie in geometrischer Darstellung, I (Teil I dieser Vorlesung ist autographiert worden)	4h
Seminar über Geometrie und Funktionentheorie	2h

SS 1881

Analytische Geometrie der Ebene und des Raumes	4h
Funktionentheorie in geometrischer Darstellung, II	4h
Seminar über Geometrie und Funktionentheorie	2h

WS 1881/82

Projektive Geometrie, I	4h
Darstellende Geometrie, I	2h
Vorlesung und Übungen (2h) hierzu durch den Assistenten Dyck	2h
Seminar über Funktionentheorie (Klein trägt selbst über seine Schrift *Über Riemanns Theorie der algebraischen Funktionen und ihrer Integrale* vor)	2h

SS 1882

Projektive Geometrie, II	4h
Darstellende Geometrie, II	2h
Vorlesung und Übungen (je 2h) hierzu durch den Assistenten Dyck	4h
Eindeutige Funktionen mit linearen Transformationen in sich (ab 6. Juni)	2h
Seminar über Funktionentheorie und Fouriersche Reihen	2h

WS 1882/83

Anwendung der Differential- und Integral-Rechnung auf Geometrie (bis Weihnachten von Dyck gelesen)	4h
Übungen hierzu (durch Dyck gehalten)	2h
Seminar über hyperelliptische, Abelsche und Thetafunktionen (nur bis Weihnachten)	2h

SS 1883

Theorie der Gleichungen, insbesondere des fünften Grades (bis Pfingsten); hieraus ist F. Kleins Ikosaeder-Buch entstanden	4h
Seminar über lineare Differentialgleichungen und die hypergeometrischen Funktionen (ab Pfingsten von Dyck gehalten)	2h

WS 1883/84

Elliptische Funktionen, I	4h
Seminar über elementare Funktionentheorie	2h

SS 1884
Elliptische Funktionen, II 4h
Seminar über elliptische Funktionen 2h

WS 1884/85
Höhere algebraische Kurven und Flächen 4h
Seminar über elliptische Funktionentheorie
(Klein trägt selbst mehrmals über elliptische Normalkurven vor) 2h

SS 1885
Analytische Geometrie der Ebene und des Raumes 4h
Hyperelliptische Funktionen, I 2h
Seminar über algebraische Funktionen und ihre Integrale 2h

WS 1885/86
Differential- und Integralrechnung 4h
Hyperelliptische Funktionen, II 2h
Seminar über hyperelliptische Funktionen und
die Kummersche Fläche 2h

Beim Vergleich von F. Kleins eigenen (obigen) Angaben mit den historischen Vorlesungsverzeichnissen der Universität Leipzig gibt es kleinere Differenzen; siehe hierzu: http://histvv.uni-leipzig.de

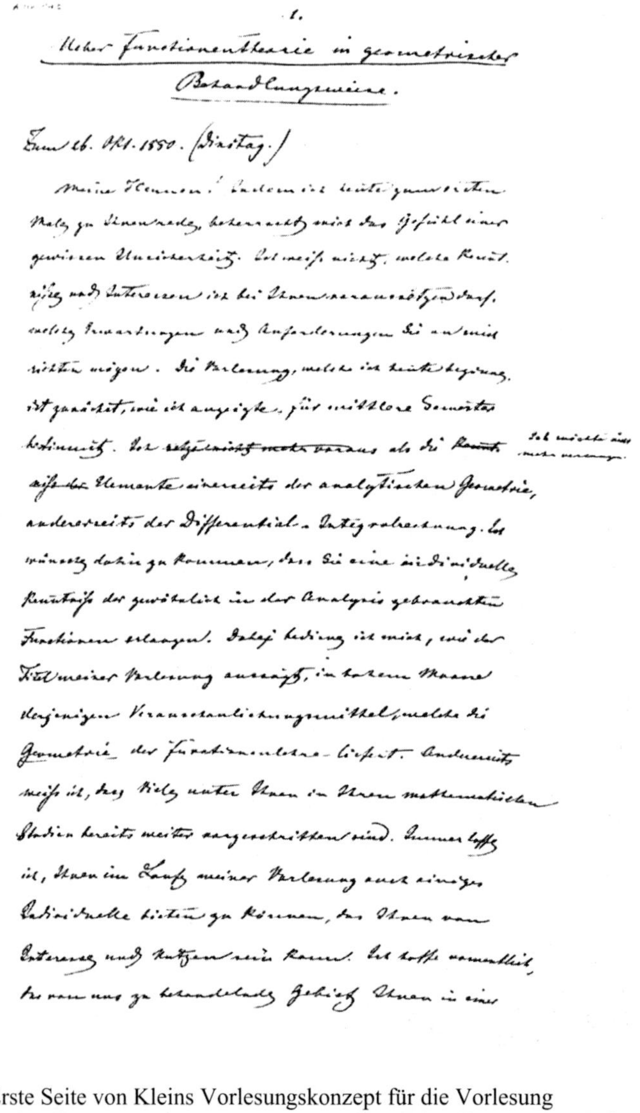

1.

Ueber Functionentheorie in geometrischer Behandlungsweise.

Zum 26. Okt. 1880. (Dienstag.)

Meine Herren! Indem ich heute zum ersten Male zu Ihnen rede, beherrscht mich das Gefühl einer gewissen Unsicherheit. Ich weiß nicht, welche Kenntnisse und Interessen ich bei Ihnen voraussetzen darf, welche Erwartungen und Anforderungen Sie an mich richten mögen. Die Vorlesung, welche ich heute beginne, ist zunächst, wie ich anzeigte, für mittlere Semester bestimmt. Sie ~~setzt nichts mehr voraus~~ als die ~~Kenntnisse der~~ Elemente einerseits der analytischen Geometrie, andererseits der Differential- u. Integralrechnung. Es wünscht dahin zu kommen, dass Sie eine individuelle Kenntniss der gewöhnlich in der Analysis gebrauchten Functionen erlangen. Dabei bediene ich mich, wie der Titel meiner Vorlesung anzeigt, in hohem Maasse derjenigen Veranschaulichungsmittel, welche die Geometrie der Functionenlehre liefert. Andererseits weiß ich, dass Viele unter Ihnen in Ihren mathematischen Studien bereits weiter vorgeschritten sind. Immer hoffe ich, Ihnen im Laufe meiner Vorlesung auch einiges Individuelle bieten zu können, das Ihnen von Interesse und Nutzen sein kann. Ich hoffe namentlich, das von uns zu behandelnde Gebiet Ihnen in einer

Ich möchte einen [illegible]

Erste Seite von Kleins Vorlesungskonzept für die Vorlesung
Ueber Functionentheorie in geometrischer Behandlungsweise, Teil I (WS 1880), mit der Felix Klein am 26. Oktober 1880 seine Vorlesungstätigkeit an der Universität Leipzig begann

4. Veröffentlichungen Kleins aus der Leipziger Zeit

Die genaue Anzahl der von Felix Klein verfaßten Arbeiten ist schwierig zu ermitteln, da neben seinen eigenen vorläufigen Mitteilungen und kurzen Notizen auch Übernahmen aus Kleins Vorlesungen in Werken anderer Autoren zu finden sind (z. B. gehen die meisten Teile in M. Bôchers *Über Reihenentwicklungen*, Teubner 1894, auf Kleins entsprechende Vorlesungen im WS 1888/89 in Göttingen zurück; auch F. Pockels *Über die partielle Differentialgleichung* $\Delta u + k^2 u = 0$, Teubner 1890, weist Abschnitte auf, die auf Kleinschen Vorlesungen des WS 1887/88 und SS 1889 in Göttingen basieren).

Weiter hat Klein zahlreiche Vorworte und Einleitungen für Werke anderer Autoren geschrieben, die er dem Teubner-Verlag zur Veröffentlichung empfohlen hatte.

Neben den mathematischen Arbeiten hat Klein auch zahlreiche Schriften über die Organisation des Unterrichts verfaßt und von 1908 bis 1918 Reden im Preußischen Herrenhaus gehalten, die ebenso wie die entsprechenden Referate in den stenographischen Berichten der Sitzungen des Hauses vorliegen.

Unter Berücksichtigung dieser Gesichtspunkte hat Felix Klein von 1868 bis 1918 etwa 158 mathematische Arbeiten publiziert (einschließlich Selbstreferate, Besprechungen und fünf Nachrufen) und von 1882 bis 1925 insgesamt 11 Bücher geschrieben (einschließlich der genannten Bücher von Pockels und Bôcher sowie die posthum ausgearbeiteten *Vorlesungen über die Entwicklung der Mathematik* durch R. Courant u. a.). Klein ließ fast jede Vorlesung handschriftlich ausarbeiten, zum autographischen Druck gelangten davon schließlich 10 Mitschriften.

Über die Organisation des Unterrichts und verwandte Fragen sowie entsprechende Berichte hat Klein von 1895 an wenigstens 33 Schriften publiziert. Dieser Bereich des Kleinschen Wirkens auf hohem Niveau dokumentiert nicht nur sein Verständnis für den naturwissenschaftlichen Unterricht, sondern auch seine Verantwortung hierfür, die sich aus diesen Einsichten ergab. Es war schließlich die Ausbildung der Lehrer, oder wie man seinerzeit gern sagte „der Schulmänner“, die zu den Anzahlen von Studenten führten, die an den Mathematischen Instituten überwogen, und aus denen sich mathematische Talente herausschälten.

Schließlich hat Klein entscheidend an der Herausgabe des Jahrhundertwerks *Encyklopädie der mathematischen Wissenschaften mit Einschluß ihrer An-*

wendungen mitgewirkt, insbesondere seit 1894 am Band IV, *Mechanik*, 1907-1914 (siehe Kapitel *Encyklopädie*). Auch an der Ausgabe der anspruchsvollen Edition *Kultur der Gegenwart* hat er an einschlägiger Stelle mitgewirkt.

Felix Klein hat die *Neue Geometrie des Raumes*, Bd. 2, seines ersten Lehrers Julius Plücker, Teubner 1869, die *Werke* von August Ferdinand Möbius, Bde. 2, 3 sowie den Nachtrag zu Bd. 4, Hirzel 1886/87, und die *Werke* von Carl Friedrich Gauß (Bde. VII bis XI, 1900-1927) herausgegeben. Unter diesen Mathematikern war Plücker mit seinen Wurzeln in der Industrie die weltläufigste Erscheinung, dem F. Klein bereits „durch Heimatsbeziehungen" nahe stand und der für Kleins Entwicklung entscheiden wurde. Klein sollte in dieser Hinsicht Plückers ausgedehnten wissenschaftlichen Beziehungen („lebhaften Beziehungen zu Frankreich und England", so Klein selbst) nacheifern, später folgte Klein wohl auch Plücker in seinen Beziehungen zur Industrie (Münchener Inspirationen und Göttinger Zeit). Letztlich blieb Klein aber auch nicht das unfreundliche Verhältnis der Berliner Mathematiker erspart, das diese bereits zu seinem Lehrer Plücker entwickelt hatten.

Man sollte nicht zögern, hier an Kleins Verdienste um die Lehrmittel zu erinnern. Sein an der Ingenieursausbildung in München geschultes Bestreben, abstrakte mathematische Sachverhalte durch materielle Modelle anschaulich zu machen, schlug sich konsequenterweise in der Förderung nieder, solche Modelle, die in Einzelanfertigungen für Münchener Vorlesungen verwendet wurden (und übrigens in speziellen Seminaren durch Brill und Klein angefertigt wurden), in größerem Umfang herstellen zu lassen. Klein und seine Mitarbeiter (Doktoranden) beschrieben die Modelle ausreichend, um eine handwerkliche Herstellung derselben zu ermöglichen. Klein setzte sich auch ein, den Verkauf der Modelle durch solide gestaltete Kataloge einschlägiger Firmen (Kataloge von W. Dyck, L. Brill und M. Schilling) zu unterstützen, und er förderte auch Ausstellungen solcher mathematischer Modelle, nicht nur in Deutschland, sondern auch in England und den USA (Weltausstellung 1893).

1880

On the transformation of elliptic functions. *London mathematical society proceedings*, vol. 11, 1879/80 (vorgelesen am 5. Oktober 1880), 2 S.

Über die Beziehungen der neueren Mathematik zu den Anwendungen. *Zeitschrift für mathematischen und naturwissenschaftlichen Unterricht*, Bd. 26, 1895. (*Antrittsrede*, gehalten am 25. Oktober 1880 in Leipzig, siehe S. 219ff.)

1881

Über gewisse Teilwerte der Θ-Funktion. *Mathematische Annalen*, Bd. 17, 1881 (dat. 3. Januar 1881), 3 S.

Über Lamésche Funktionen. *Mathematische Annalen*, Bd. 18, 1881 (dat. Mitte Januar 1881), 10 S.

Über Körper, welche von konfokalen Flächen zweiten Grades begrenzt sind. *Mathematische Annalen*, Bd. 18, 1881 (dat. 14. März 1881), 18 S.

Bemerkung über Flächen vierter Ordnung. *Mathematische Annalen*, Bd. 18, 1881 (dat. 5. April 1881), 1 S.

Über die konforme Abbildung von Flächen. *Mathematische Annalen*, Bd. 19, 1882 (dat. Oktober 1881), wird schließlich zu: *Über Riemanns Theorie der algebraischen Funktionen und ihrer Integrale,* siehe 1882.

1882

Über eindeutige Funktionen mit linearen Transformationen in sich, I. *Mathematische Annalen*, Bd. 19, 1882 (dat. 12. Januar 1882), 4 S.

Über eindeutige Funktionen mit linearen Substitutionen in sich, II. *Mathematische Annalen*, Bd. 20, 1882 (dat. 27. März 1882), 3 S.

Neue Beiträge zur Riemannschen Funktionentheorie. *Mathematische Annalen*, Bd. 21, 1883 (dat. 2. Oktober 1882), 78 S. und 2 Tafeln.

Über Riemanns Theorie der algebraischen Funktionen und ihrer Integrale, (VIII + 82 S.). Leipzig: Teubner-Verlag 1882. Englische Übersetzung von F. Hardcastle, Cambridge: Macmillan 1893.

Einleitung in die geometrische Funktionentheorie. Winter 1880/81, (IV + 280 S.). Vorlesungsausarbeitung von Ernst Lange; als autographierte Vorlesung herausgegeben 1892 von Paul Epstein: Neu herausgegeben von Fritz König im *TEUBNER-ARCHIV zur Mathematik* 1987.

1883 (Folgen der gesundheitlichen Krise)

Über gewisse Differentialgleichungen dritter Ordnung. *Leipziger Berichte*, Bd. 35, 1883 (vorgel. 29. Januar 1883). 6 S. Abgedruckt mit einem ausführlichen Anhang in *Mathematische Annalen*, Bd. 23, 1884, 10 S.

1884

Zur Theorie der elliptischen Funktionen *n*-ter Stufe. *Leipziger Berichte*, Bd. 36, 1884 (vorgel. 14. November 1884), 8 S.

Vorlesungen über das Ikosaeder und die Auflösung der Gleichungen vom fünften Grade (VIII + 260 S.). Leipzig: Teubner-Verlag 1884. Neu herausgegeben von Peter Slodowy im *TEUBNER-ARCHIV zur Mathematik* 1993. Englische Übersetzung von G. G. Morrice, London: Trübner 1888.

1885

Neue Untersuchungen über elliptische Modulfunktionen der niedersten Stufen. *Leipziger Berichte*, Bd. 37, 1885 (vorgel. 2. März 1885), 22 S.

Über die elliptischen Normalkurven der *N*-ten Ordnung und zugehörige Modulfunktionen *N*-ter Stufe. *Leipziger Abhandlungen*, Bd. 13, 1886 (dat. 10. April 1885), 66 S.

Neue Untersuchungen im Gebiete der elliptischen Funktionen. *Mathematische Annalen*, Bd. 26, 1886 (dat. 17. September 1885), 10 S.

Über Konfigurationen, welche der Kummerschen Fläche zugleich eingeschrieben und umgeschrieben sind. *Mathematische Annalen*, Bd. 26, 1886 (dat. 28. September 1885), 37 S. (Ein Modell der Kummerschen Fläche: siehe S. 47.)

1886

Über hyperelliptische Sigmafunktionen, I. *Mathematische Annalen*, Bd. 27, 1886 (dat. 10. April 1886), 34 S.

5. Professoren zu Kleins Zeit in Leipzig, Assistenten und Famuli

Die heute übliche Stelle eines bezahlten Assistenten an einem Mathematischen Institut gab es seinerzeit noch nicht, und es war vor allem Felix Klein, der zur Verbesserung der Vorlesungen und der Seminare Famuli- und Assistentenstellen schuf. In Leipzig wurde ab SS 1881 diese Assistentenstelle bezahlt.

(Famulus lat. = Diener, Amts- und Geschäftsgehilfe eines Arztes oder Hochschullehrers, Verb famulieren, noch heute in der Medizin üblich, z. B. Famulatur; Assistent lat. = ein Helfer, Beisteher.)

Assistenten

WS 1880	kein Assistent
SS 1881 bis WS 1883/84	Walther Dyck (war bereits im WS 1879/80 bis zum SS 1880 in München Kleins Assistent, dort Promotion bei Klein 1879, Habilitation in Leipzig 1881)
SS 1884 bis WS 1885/86	Friedrich Schur (Promotion in Berlin bei Kummer 1879)

Famuli

WS 1881/82 bis SS 1882	Ernst Lange (Promotion bei Klein 1882)
WS 1882/83	Bernhard Oscar Herrmann (Promotion bei Klein 1883)
SS 1883 bis SS 1884	Otto Fischer (Promotion bei Klein 1885)
WS 1884/85	Paul Biedermann (Promotion bei Klein 1887)
SS 1885 bis WS 1885/86	Wilibald Reichardt (Promotion bei Klein 1887)

Professoren der Mathematik an der Universität Leipzig von 1816 bis 1908

(o. und ao. Prof.: ordentlicher und außerordentlicher Professor;
Hon. Prof.: Honorarprofessor, etatm.: etatmäßig, netatm.: nicht etatmäßig;
PD: Privatdozent; Dir.: Direktor des Mathematischen Instituts; Stewa: Sternwarte)

1816	Möbius ao. Prof., Dir. Sternwarte		
1826		Drobisch o. Prof.	
1844	o. Prof.		
1853			Scheibner PD
1856			ao. Prof.
1867			
1868	<u>Möbius</u> †	zur Philo- sophie	o. Prof.
1871	Mayer ao. Prof.		
1872			
1879			

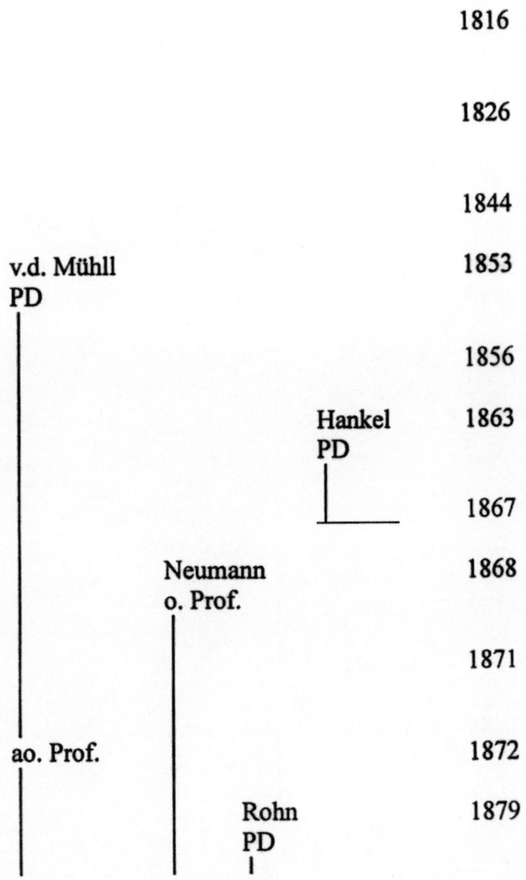
1816
1826
1844
v.d. Mühll
PD
1853
1856
Hankel
PD
1863
1867
Neumann
o. Prof.
1868
1871
ao. Prof.
1872
Rohn
PD
1879

1880	Mayer	**Klein** o. Prof.		Scheibner
1881	Dir. o. Hon.Prof.	Dir.		Dir.
1882		Bruns		
1884		o. Prof. Dir.		
1885		Sternw.		
1886			**Klein** Lie o. Prof.	
1888				
1889				
1890	Mayer o.Prof.			
1892				
			Lie	
1898			O. Hölder o. Prof.	
1899				
1900	beurlaubt			
1904				
				Scheibner
1908	Mayer †			em., †

v.d. Mühll		Neu-mann	Rohn		**1880**
Dir.	F. Schur PD.				1881
			ao. Prof.		1884
	netatm.ao. Prof.		Rohn Study PD	Engel PD	1885
					1886
	F. Schur		Study		1888
v.d. Mühll				ao. Prof.	1889
					1890
				etatm. Prof.	1892
					1898
				o. Hon. Prof.	1899
					1900
				Engel	1904

Weitere Informationen liefert der Leipziger Professorenkatalog, der u. a. für die Perioden 1538-1829, 1830-1869 und 1870-1918 online verfügbar ist: www.uni-leipzig.de/unigeschichte/professorenkatalog/

„Von den Assistenten Kleins, die im Prinzip jedes Jahr wechselten, sind die meisten angesehene und bedeutende Forscher geworden. Bewunderungswürdig war die Sicherheit, mit der Klein unter seinen Zuhörern die Auswahl zu diesem Vertrauensposten traf; merkwürdiger aber noch die Kunst, mit der er von jedem dieser jungen Männer, je nach der Art ihrer Begabung, die höchsten Leistungen erzielen konnte, und dies auf eine Weise, welche die Entwicklung der Persönlichkeit des betreffenden nicht beeinträchtigte, sondern förderte. Diese höchste Lebensweisheit, die in keinem der mir bekannten Fälle versagt hat, ist der Schlüssel für das Verständnis des einzigartigen Einflusses, den Klein auf den Unterricht, die Pflege und die Fortentwicklung der Mathematik in Deutschland ausgeübt hat."

Constantin Carathéodory
in seinem Nachruf in der *München-Augsburger Abendzeitung*, 1925.

Zum 100jährigen Firmenjubiläum 1911 eingeweihtes Teubner-Geschäftshaus in Leipzig, im zentralen innerstädtischen Areal Poststraße / Querstraße / Teubners Hof / Georgiring

6. Dissertationen, Habilitationen bei Klein in Leipzig

Felix Klein betreute insgesamt über 60 Dissertationen, darunter waren die von Ferdinand Lindemann (1873), Maxime Bôcher (1891), Philipp Furtwängler (1896), Ludwig Bieberbach (1910) und Alexander Ostrowski (1920) sowie die Arbeiten der beiden Frauen Grace Young (1895), Mary Winston (1897). Gegenwärtig gibt es etwa 40 000 Dissertationen, die auf Kleins Schüler, deren Schüler usw. zurückgehen.

In Leipzig hat Klein insgesamt an 31 Promotionen mitgewirkt. Als Erstgutachter war er 27mal tätig, aber Klein hat sich nicht bei allen Promotionen als Doktorvater angesehen. Das war beispielsweise dann der Fall, wenn Gymnasiallehrer „extern promovierten", d.h. ohne seine Vorlesungen oder Seminare besucht zu haben. Rudolf Besser hörte weder Vorlesungen noch besuchte er Seminare bei Klein, wobei Klein hier der Zweitgutachter war. Ähnlich ging es auch bei Verfahren zu, die außerhalb der Mathematik erfolgten, Oscar Berger promovierte bei Wilhelm Wundt. August Föppl erwähnt in seiner Biographie Klein nicht. Aus solchen Gründen führte Klein in dem Verzeichnis wohl nur 16 der bei ihm in Leipzig bearbeiteten Dissertationen an (*Gesammelte mathematische Abhandlungen*, Bd. 3, Anhang, S. 6, Nr. 10-25). In der folgenden Liste erhalten diese Promovenden einen Stern (*).

Von 1873 bis 1880 hatte es in Leipzig insgesamt nur acht mathematische Promotionen gegeben; von 1881 bis 1888 wuchs diese Zahl auf 39, und dieser Zuwachs ist vor allem dem Wirken von Felix Klein zu danken.

[1875]

William Story: On the Algebraic Relations Existing Between the Polars of a Binary Quantic.

Diese Promotion stellt einen besonderen Fall dar, denn sie wird zu Unrecht Klein zugeschrieben, der als zweiter Gutachter tätig gewesen sein soll. Story hatte in Berlin Mathematikvorlesungen gehört, war aber dann nach Leipzig gekommen, um dort – ohne an dieser Universität einen Betreuer zu haben – seine Dissertation einzureichen. Neben C. Neumann wurde W. Scheibner als zweiter Gutachter bestimmt. W. Story selbst erwähnt übrigens Klein selbst nicht. Das Thema, das sich Story offenbar selbst gestellt hatte, lehnt sich letztlich an Untersuchungen von A. Clebsch an. Scheibner, zwar Analytiker, aber ein gründlicher Mathematiker, hielt in seinem Gutachten vom 9. Juni 1875 fest: „Wichtige neue Ergebnisse wird man in der Arbeit gerade nicht finden. Jedoch zeigt dieselbe, daß es dem Verf. gelungen ist, die Methoden jener Disziplin sich anzueignen.“ Story wurde zur Prüfung am 31. Juli zugelassen, die er bestand. Das Diplom wurde am 29. Januar 1876 ausgestellt. Es ist bemerkenswert, daß die Universität Leipzig bereits 1875 eine englisch geschriebene Dissertation akzeptierte; im Hinblick auf die Gymnasialanforderungen war man konservativer, so daß A. Hurwitz (1882) und O. Hölder (1884) sich in Göttingen anstelle von Leipzig habilitieren mußten.

Dissertationen bei Felix Klein in Leipzig

1880

*Joseph Gierster: Die Untergruppen der Galoisschen Gruppe der Modulargleichungen für den Fall eines primzahligen Transformationsgrades.
Referenten: Scheibner, Klein.
(Gierster hatte die Arbeit bereits bei Klein in München begonnen.)
(*Mathematische Annalen*, Bd. 18)

1881

*Adolf Hurwitz: Grundlagen einer independenten Theorie der elliptischen Modulfunktionen und Theorie der Multiplikatorengleichungen 1. Stufe.
Referenten: Klein, Scheibner.
(*Mathematische Annalen*, Bd. 18)

*Otto Staude: Über lineare Gleichungen bei elliptischen Koordinaten.
Referenten: Scheibner, Klein.

Georg Ferdinand Helm (Oberlehrer aus Dresden): Beiträge zur geometrischen Behandlung der Mechanik.
Referenten: Klein, Neumann.

Victor Schlegel (Oberlehrer in Waren): Die Elemente der modernen Geometrie und Algebra.
Referenten: Klein, Neumann.

1882

*Ernst Lange: Die 16 Wendeberührungspunkte der Raumkurve 4. Ordnung 1. Spezies. Referenten: Klein, Scheibner. (*Zeitschrift für Mathematik und Physik*, Bd. 28)

1883

*Guido Weichhold: Über symmetrische Riemannsche Flächen und die Periodizitätsmoduln der zugehörigen Abelschen Normalintegrale 1. Gattung. Referenten: Klein, Neumann. (*Zeitschrift für Mathematik und Physik*, Bd. 28)

Erwin Papperitz: Über das Problem der kürzesten und weitesten Entfernung eines Punctes von einer Oberfläche II. Ordnung. Referenten: Klein, Scheibner.

Friedrich Engel: Zur Theorie der Berührungstransformationen. Referenten: Klein, Scheibner. (*Mathematische Annalen* 23 (1884) 1-44).

Bernhard Oscar Herrmann: Geometrisch (physikalische) Untersuchung über den Verlauf der elliptischen Transcendenten im complexen Gebiete. Referenten: Klein, Scheibner.

Reinhold Müller (Oberlehrer aus Dresden): Über ein-zweideutige Verwandtschaft. Referenten: Klein, Scheibner.

1884

Paul Ernst Pfitzner: Zwei bemerkenswerte Classen simultaner Differentialgleichungen. Referenten: Klein, Scheibner.

1885

*Friedrich Dingeldey: Über die Erzeugung von Kurven 4. Ordnung durch Bewegungsmechanismen. Referenten: Klein, Neumann.

*Ernst Fiedler: Über eine besondere Klasse irrationaler Modulargleichungen der elliptischen Funktionen.
Referenten: Klein, Scheibner.

*Otto Fischer (Candidat des höheren Schulamtes): Konforme Abbildungen sphärischer Dreiecke aufeinander mittels algebraischer Funktionen.
Referenten: Klein, Scheibner.

*Paul Domsch: Über die Darstellung der Fläche 4. Ordnung mit Doppelkegelschnitt durch hyperelliptische Funktionen.
Referenten: Klein, Scheibner.

Gustav Oscar Berger: Über den Einfluß der Reizstärke auf die Dauer einfacher psychischer Vorgänge mit besonderer Rücksicht auf Lichtreize.
Referenten: Wundt, Klein.

Rudolf Besser: Über die Vertheilung der auf einem unendlich langen elliptischen Cylinder durch eine punktförmige elektrische Masse inducirte Elektrizität.
Referenten: Neumann, Klein.

1886

(Die Arbeiten für die folgenden Promotionen sind noch in Kleins Leipziger Zeit geschrieben, betreut und eingereicht worden.)

*Burchard Henry Fine: On the singularities of curves of double curvature.
Referenten: Klein, Neumann.
(*American Journal of Mathematics*, vol. 8)

*Robert Fricke: Über Systeme elliptischer Modulfunktionen von niederer Stufenzahl.
Referenten: Klein, Neumann.

*Georg Friedrich: Die Modulargleichungen der Galoisschen Moduln der 2. bis 5. Stufe.
Referenten: Klein, Scheibner.

*Paul Nimsch: Über die Perioden der elliptischen Integrale 1. und 2. Gattung als Funktionen der rationalen Invarianten. Referenten: Klein, Scheibner.

Karl Ferdinand Böger: Über lineare Kegelschnittsysteme erster und zweiter Stufenzahl.
Referenten: Klein, Neumann.

Johann Max Brückner: Über eine besondere Art der konformen Abbildungen einer Ebene auf eine andere.
Referenten: Klein, Scheibner.

August Föppl (Lehrer an der Kunstgewerbeschule): Mathematische Theorie der Bau-Construction.
Referenten: Bruns, Klein.

1887

*Paul Biedermann: Über die Multiplikatorengleichungen höherer Stufe der elliptischen Funktionen.
Referenten: Klein, Scheibner.

*Richard Olbricht: Studien über die Kugel- und Zylinderfunktionen.
Referenten: Klein, Scheibner.
(*Nova Acta der Carolingisch-Leopoldinischen Akademie* in Halle, Bd. 52)

*Wilibald Reichardt: Über die Darstellung der Kummerschen Fläche durch hyperelliptische Funktionen.
Referent: Klein.
(*Nova Acta der Carolingisch-Leopoldinischen Akademie* in Halle, Bd. 50, Heft 5, 376-483)

* * *

Oskar Bolza: Über die Reduction hyperelliptischer Integrale erster Ordnung und erster Gattung auf elliptische, insbesondere über die Reduction durch eine Transformation vierten Grades. 1886.
Referent: Klein für Universität Göttingen.

Frank Cole: A Contribution to the Theory of the General Equation of the Sixth Degree. 1886.
Referent: Klein für Harvard University.

Habilitationen bei Felix Klein in Leipzig

1882

Walther Dyck: Gruppentheoretische Studien.
(*Mathematische Annalen* 20 (1882) 1-44, 22 (1883) 70-108)

1885

Friedrich Engel, Über die Definitionsgleichung der continuierlichen Transformationsgruppen.
(*Mathematische Annalen* 27 (1886) 1-57)

Eduard Study, Über die Geometrie der Kegelschnitte.
(*Mathematische Annalen* 27 (1886) 58-101)

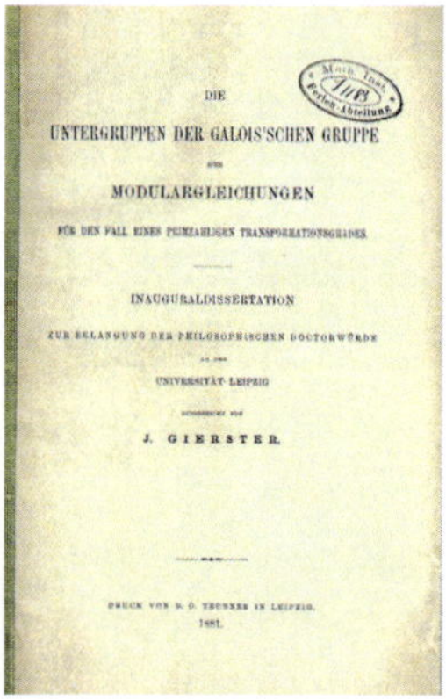

DIE

UNTERGRUPPEN DER GALOIS'SCHEN GRUPPE

MODULARGLEICHUNGEN

INAUGURALDISSERTATION

UNIVERSITÄT LEIPZIG

J. GIERSTER.

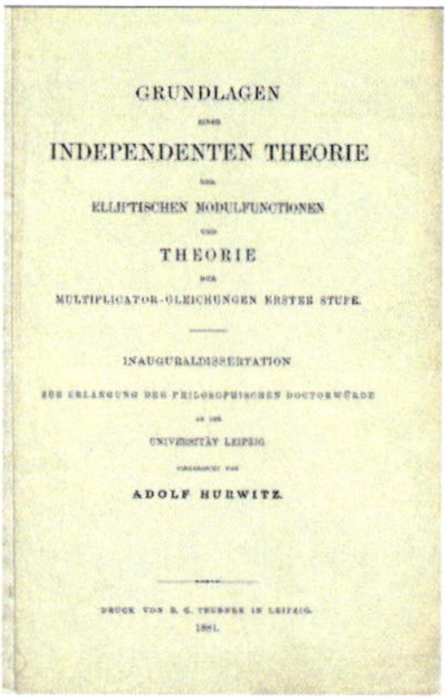

GRUNDLAGEN

INDEPENDENTEN THEORIE

ELLIPTISCHEN MODULFUNCTIONEN

THEORIE

MULTIPLICATOR-GLEICHUNGEN ERSTER STUFE.

INAUGURALDISSERTATION

UNIVERSITÄT LEIPZIG

ADOLF HURWITZ.

1881.

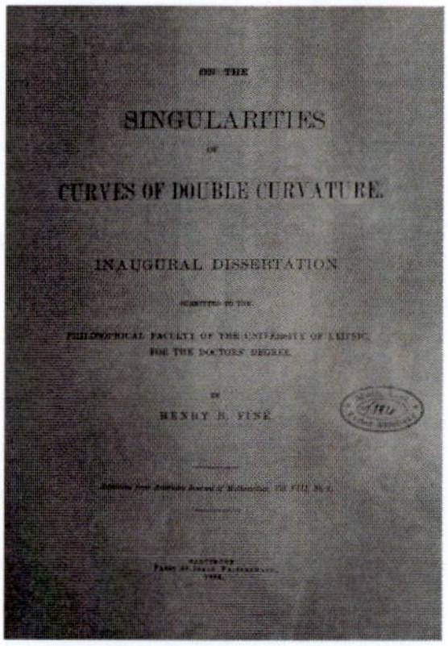

SINGULARITIES

CURVES OF DOUBLE CURVATURE.

INAUGURAL DISSERTATION

HENRY B. FINE

Titelseiten von Leipziger Dissertationen bei Felix Klein:
Joseph Gierster (Leipzig: B. G. Teubner 1881),
Adolf Hurwitz (Leipzig: B. G. Teubner 1881),
Henry B. Fine (Baltimore: Isaac Friedenwald 1886)

7. Mathematische Seminare

Das Wort *Seminar* wurde im 17. Jahrhundert aus dem lateinischen seminarium entlehnt und für Anstalten mit geistiger Ausbildung benutzt, so von Lehrer- und Priesterseminaren. Auch Universitäten wiesen Seminare auf, die der methodisch-wissenschaftlichen Ausbildung von Studenten dienten. In der hier bestehenden Arbeitsgemeinschaft zwischen Lehrenden und Studenten war ein persönlicher Verkehr mit Professoren ungezwungen möglich.

Diese Art des Unterrichts reicht bis in das Mittelalter und seine Domschulen zurück und hat zunächst besonders die klassische Philologie beeinflußt, praktische Übungen abzuhalten. Solche Übungen, Seminarübungen, kurz Seminare genannt, wurden auch in der Mathematikausbildung zum Vorbild (z. B. für Carl Gustav Jacob Jacobi in Königsberg). Seminar wird in diesem Sinn, und das ist heute üblich, als Bezeichnung für eine Lehrveranstaltung benutzt. Ein Seminar im Sinn einer Institution hingegen war in der Regel mit einer Fachbibliothek ausgestattet, welche die Mitglieder des Seminars, die Seminaristen, benutzen konnten.

Die Ziele eines mathematischen Seminars sind exemplarisch im Statut des mathematisch-physikalischen Seminars der Universität Göttingen niedergelegt worden, das in der *Zeitschrift für mathematischen und naturwissenschaftlichen Unterricht* 1873 abgedruckt wurde: „Das Seminar bezweckt zunächst die Ausbildung von Lehrern für den mathematischen und naturwissenschaftlichen Unterricht an höheren Lehranstalten. Zugleich soll es den Studierenden Gelegenheit bieten, sich mit solchen Theilen der Mathematik und Physik bekannt zu machen, welche in den gewöhnlichen Vorträgen kurz oder gar nicht behandelt werden. Auch soll die Anstalt überhaupt zur Hebung des Studiums der mathematisch-physikalischen Wissenschaft beitragen" (S. 373).

Über die von Felix Klein abgehaltenen Seminare sind wir bestens informiert, denn er ließ vom ersten Seminar im SS 1872 in Göttingen bis zum letzten Seminar 1912 protokollieren. Insgesamt füllen die Protokolle 29 Bände (alle ungefähr gleich umfangreich und etwa vom Format A5) mit insgesamt ca. 8 000 beschriebenen Seiten. Der Band 1 enthält die Protokolle aus Göttingen (SS 1872), Erlangen (SS 1873-WS 1874), München (SS 1875-WS 1879). Im Band 2 befinden sich das letzte Münchener Seminar (SS 1880) und das erste Leipziger Semester (WS 1880). Der Band 3 dokumentiert die Leipziger Seminare von Ostern 1881 bis Ostern 1882 (also das SS 1881 und das WS

1882); Band 4 spiegelt das SS 1882 und das WS 1882 wider; Band 5 protokolliert das SS 1883 und das WS 1884, Band 6 schließlich SS 1884 bis WS 1885. Die weiteren Bände enthalten die restlichen Göttinger Seminare.

Diese kleine Statistik zeigt bereits, daß sich die Länge der Einträge von anfänglich nur ein bis zwei Seiten erweiterte und seit der Leipziger Zeit etwa unverändert blieb. Unabhängig von der Zahl der Teilnehmer lag die Zahl der Vorträge pro Seminar zwischen einem und zwei Dutzend; manche Vorträge waren mehrteilig, und auch Klein selbst trug vor. In den Leipziger Jahren hat Klein häufig am Anfang das Konzept des geplanten Seminars erläutert. Während die frühen Seminare noch keiner festen thematischen Linie folgten (es gab z. B. physikalische Vorträge über das Nordlicht, SS 1872, oder über die Rotation von Körpern, SS 1877 Max Planck, sowie zur Theorie des Kondensators, WS 1880), konzentrierten sich in der Leipziger Zeit die Vorträge auf ein Thema, indem Klein mehr und mehr seine eigene Forschung einbezog, also vornehmlich funktionen- und gruppentheoretische Themen behandeln ließ (Riemannsche Theorie der algebraischen Funktionen, WS 1881; Hyperelliptische, Abelsche und Thetafunktionen, WS 1882, was die Kenntnisse der Funktionentheorie-Vorlesung von 1880 voraussetzte; abermals algebraische Funktionen im SS 1885).

Die Vortragenden (Studenten, Doktoranden und Assistenten) schrieben ihr Thema nebst einer Zusammenfassung in das Protokollbuch, und Klein machte gelegentlich Anmerkungen dazu.

Seine eigenen Vorträge gab Klein meist nur mit dem Titel an, so z.B. über die Weierstraßschen Vorlesungsausarbeitungen oder die Kritik am Dirichletschen Prinzip (beides im WS 1882 bzw. im Band 3):

Vorträge des Unterzeichneten über die Weierstraßschen Hefte der analytischen und elliptischen Functionen. (27. 2., 6. 3. 1882)
Kritik des Dirichletschen Princips durch den Unterzeichneten. (15. 2. 1882)

Aber es gab auch längere Eintragungen Kleins wie zu den
drei Vorträgen über Kinematik im WS 1884 (Band 6, S. 223-246).

Im Wintersemester 1881 gab es vier „Riemann-Abende“,
die der Besprechung Riemannscher Arbeiten durch Klein dienten
(18. 1. bis 8. 2. 1882).

Die Leipziger Seminare sind zu folgenden Themen abgehalten worden:

WS 1880	Geometrie und Funktionentheorie (2h)
SS 1881	Fortsetzung (2h)
WS 1881	Funktionentheorie (2h)
SS 1882	Fouriersche Reihen und Funktionentheorie (2)
WS 1882	Hyperelliptische, Abelsche und Thetafunktionen (2h, nur bis Weihnachten)
SS 1883	Lineare Differentialgleichungen und hypergeometrische Funktionen (2h, ab Pfingsten ist Klein beurlaubt, von Dyck gehalten)
WS 1883	Elementare Funktionentheorie (2h)
SS 1884	Elliptische Funktionen
WS 1884	Elliptische Funktionen (2h), mehrere Vorträge von Klein selbst
SS 1885	Algebraische Funktionen und ihre Integrale (2h)
WS 1885	Hyperelliptische Funktionen und Kummersche Fläche (2h)

Die Teilnehmerzahlen waren anfänglich niedrig:

	SS	WS
1878	4	9
1879	10	5
1883	8	12
1885		9

Allerdings hatte Klein von Anbeginn an stets ausländische Studenten im Seminar, insbesondere solche aus der Schweiz, Frankreich, Italien und Großbritannien, in Göttingen zunehmend auch aus den USA, und schließlich waren auch Studentinnen unter den Teilnehmern. Es wurde offenbar auch französisch parliert, denn einige Zusammenfassungen sind in dieser Sprache niedergeschrieben (in den Protokollen zum ersten Seminar von 1872 bereits zweimal).

Hier einige ausländische Seminarteilnehmer mit klangvollem Namen:

Gregorio Ricci-Curbastro	SS 1879
Luigi Bianchi	WS 1879
Georges Brunel	WS 1880
Giuseppe Veronese	SS 1881

Aber auch deutsche Seminarteilnehmer sollten bald bekannt werden:

Max Planck	SS 1877
Walther Dyck	WS 1880
Adolf Hurwitz	WS 1880
David Hilbert	WS 1885
Arnold Sommerfeld	WS 1894

In Kleins zweiter Göttinger Zeit erweiterten sich die Seminare inhaltlich, da er gemeinsam mit anderen Professoren wie Ludwig Prandtl, Woldemar Voigt, David Hilbert und Hermann Minkowski Seminare durchführte – es ging dabei oft um Themen der mathematischen Physik, aber auch um philosophische Fragen oder um die Psychologie der Mathematik.

Die Leipziger Seminare begannen im WS 1880 mit Vorträgen von:

E. Lange, Gestaltliche Erörterung über Raumkurven 4. Ordnung,
5 Seiten Zusammenfassung; 1. 11. 1880,
W. Dyck, Über eine reguläre Riemannsche Fläche vom Geschlecht 3 und die zugehörige Normalkurve 4. Ordnung,
5 Seiten Zusammenfassung; 8. 11. 1880.

Am 15. 11. 1880: eine freie Besprechung, dann drei geometrische Vorträge:

O. Baumgart, Über Äquipollenzen,
1 Seite Zusammenfassung; 22. 11. 1880,
F. Stöhr, Über Kartenprojektionen,
2 Seiten Zusammenfassung; 22. 11. 1880,
W.I. Stringham, Über reguläre Körper im vierdimensionalen Raum,
21 Seiten mit 21 Abbildungen (teilweise eingeklebt); 29. 11. 1880,
A. Hurwitz, Über die Bildung von Modulfunctionen,
24 Seiten Zusammenfassung; 6. 12. 1880,

F. Büttner, Über die Konvergenz des unendlichen Doppelprodukts,
6 Seiten Zusammenfassung; 13. 12. 1880,
G. Brunel, Über die Bestimmung des Geschlechts p,
3 Seiten Zusammenfassung; 20. 12. 1880.

Das neue Jahr brachte dem Seminar diese Vorträge:

G. Veronese, Über einige merkwürdige Konfigurationen,
2 Seiten Zusammenfassung; 3. 1. 1881,
G. Brunel, Über die Analysis situs,
7 Seiten Zusammenfassung; 31. 1. 1881,
F. Stöhr, Zur Theorie des Kondensators,
5 Seiten Zusammenfassung; 7. 2. 1881,
A. Hurwitz, Über eine Reihe neuer Functionen, welche die absoluten Invarianten gewisser ganzzahliger linearer Transformationen bilden,
15 Seiten Zusammenfassung; 21. 2. 1881.

Im WS 1882 folgte auf einen Vortrag von Otto Staude ein Referat des Studenten Büttner. Eine Zusammenfassung hierzu fehlt, aber es gibt eine Eintragung Kleins: „Da ich persönlich [vermutlich aus den bekannten gesundheitlichen Gründen] nicht anwesend war, kann ich nur angeben, daß Herr Büttner auf meinen Wunsch den Gedanken [nämlich eine Übersicht über verschiedene Reihenentwicklungen zu geben] behandelte." (Band 4, S. 105).

Im letzten Leipziger Seminar (WS 1885) wurden 15 Vorträge gehalten, zwei davon bestritt der soeben in Königsberg promovierte David Hilbert:
Über die Integrale erster Gattung auf algebraischen Flächen,
11. 1. 1886,
Die allgemeinste periodische Funktion zweier komplexer Variablen,
15. 2. 1886.

Der abschließende Vortrag dieses Seminars und damit der Leipziger Seminarveranstaltungen Kleins fand am 1. 3. 1886 statt. Er trug den Titel „Zusammensetzung der Complexfläche mit dem erweiterten Umkehrproblem" und wurde von dem Studenten Böttger vorgetragen. Felix Klein fügte im Protokollbuch am Ende der Seite ein kalligraphisch geschriebenes „Finis" hinzu (auf S. 300 des Bandes 6).

Es ist reizvoll, das Kleinsche Seminar mit dem von Jacques Hadamard in Paris zu vergleichen. Hier ein entsprechender Bericht von André Weil aus dessen Lebenserinnerungen *Souvenir d'apprentissage* (dt. Übersetzung: *Lehr- und Wanderjahre* bei Birkhäuser 1993, S. 38ff.):

„In diesem Jahr begann ich Hadamards Seminar am Collège de France [1530 gegründet, keine Abschlüsse möglich, Berufung zum Professor nur aufgrund von Leistungen] zu besuchen und sogar aktiv daran teilzunehmen. Das Seminar war wirklich einzig in seiner Art und wäre es auch heute noch.

Das Wort Seminar wird heute ziemlich oft mißbraucht. Wer hat nicht alles sein Seminar? Eine Geschichte des [mathematischen] Seminars müßte mindestens bis [Carl Gustav Jakob] Jacobi zurückgehen. Als ich Normalien [d. h. Student der Ecole Normale] war und noch lange Zeit später gab es in Paris nur ein Seminar: das von Hadamard. Am Jahresanfang traf man sich in der Bibliothek seiner Wohnung, Rue Jean-Dolent, und er verteilte wissenschaftliche Abhandlungen, über die referiert werden sollte. Das waren vor allem Sonderdrucke, die ihm aus allen Teilen der Welt zugesandt worden waren, zumindest jene, die ihm eines Referats würdig erschienen.

Dazu kamen noch die unterschiedlichsten anderen Titel; auch übernahm er gern Titel, die man ihm vorschlug. Meist handelte es sich um Arbeiten, die in den letzten zwei oder drei Jahren erschienen waren, aber er setzte in dieser Hinsicht keinerlei Bedingungen. Was die Themen betrifft, so war es sein Bestreben, ein möglichst breites Panorama der Gegenwartsmathematik anzubieten. Und wenn dies auch nicht immer gelang, so war es zumindest das Ziel, das er zu erreichen suchte. Für jeden Titel, den er nannte, suchte er einen Freiwilligen und erläuterte oft kurz, wieso diese Abhandlung seine Neugier geweckt hatte. Nach Beendigung der Themenverteilung wurden die Termine festgesetzt. Schließlich unterhielt man sich noch ein wenig, bis man ging.

Das Seminar fand einmal wöchentlich statt, später traf man sich zweimal pro Woche. Unter den Teilnehmern befanden sich routinierte Mathematiker ebenso wie Anfänger. Paul Lévy, der Hadamards Schüler gewesen war, zählte zu den eifrigsten. Hadamard erweckte den Eindruck, es sei das Hauptziel des Referates, ihn, Hadamard, zu informieren. An ihn richtete man seine Worte, und vor allem für ihn sprach man. Er verstand alles, vorausgesetzt, es wurde gut erklärt. Wenn das Referat nicht klar war, bat er um Klarstellungen oder gab sie oft selbst. Er behielt sich vor, am Schluß einen Kommentar abzugeben, manchmal in wenigen Worten, manchmal ausführlicher. Niemals hatte man den Eindruck, daß er sich seiner Überlegenheit bewußt war. Wer auch immer das Referat hielt (ich verwende absichtlich nicht das Wort Vortrag, weil es bei Hadamard unmöglich war, daß ein Referat zu einem Vortrag wurde), wurde als ihm ebenbürtig behandelt. Das traf auch auf mich als ganz jungen Studenten zu, als ich, kaum daß ich in die Ecole eingetreten war, als Teilnehmer aufgenommen wurde – was keine geringe Gunstbezeugung war. Auf dem Gebiet der Konvergenz der Potenzreihen mit mehreren Variablen hatte ich (Hadamards klassischen Lehrsatz über Reihen mit einer Veränderlichen verallgemeinernd) einige Anmerkungen gemacht, die ich für originell hielt und die es vielleicht auch waren. Vor allem hatte ich in der Bibliothek der Ecole gerade Hartogs' Werke entdeckt. Obwohl diese schon ein wenig älter waren, waren sie in Frankreich kaum bekannt, und es war bei Hadamard noch nie über sie referiert worden. Ich schlug dieses Thema vor, und er nahm meine Anregung mit Freude an.

Die Bibliothek und Hadamards Seminar waren es, die in diesem und den folgenden Jahren einen Mathematiker aus mir machten."

Weil berichtet weiter, daß er damals begann, Bernhard Riemann zu lesen. So begonnen zu haben, betrachtete Weil als einen Glücksfall. Diese Arbeiten seien nicht schwer zu lesen gewesen, wenn man weiß, daß jedes Wort bedeutungsvoll ist, denn vielleicht gibt es keinen zweiten Mathematiker, dessen Schreibstil so dicht wie bei Riemann ist.

Weil hatte in der Bibliothek auch Zugang zu einer guten Sammlung autographierter Vorlesungen von Felix Klein, „von welchen ein Großteil nur reichlich weitschweifige, aber intelligente Kommentare zum Werk Riemanns sind, und die ergänzen, was in diesem zu knapp gehalten ist" (S. 41).

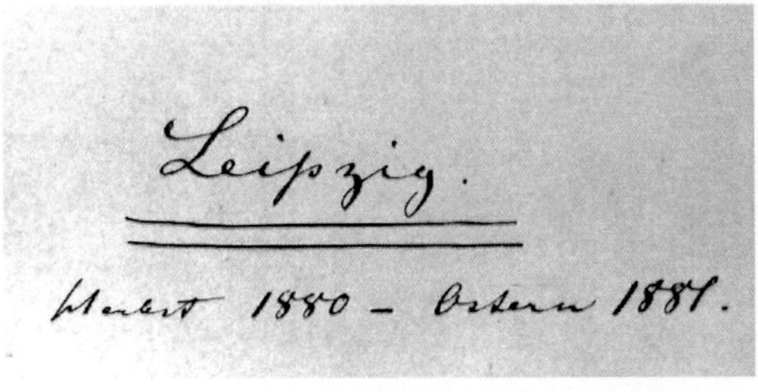

Titelseite „Leipzig. Herbst 1880 – Ostern 1881", mit der die Einträge zu den Leipziger Seminaren am 1. November 1880 eröffnet wurden; das letzte Kleinsche Seminar in Leipzig wurde am 1. März 1886 abgehalten

Protokollbücher für den Zeitraum SS 1880 (München) bis WS 1881 (Leipzig), Bände 2 und 3

Protokollbücher der Leipziger Seminare, WS 1880 bis WS 1885, Bände 2 bis 6

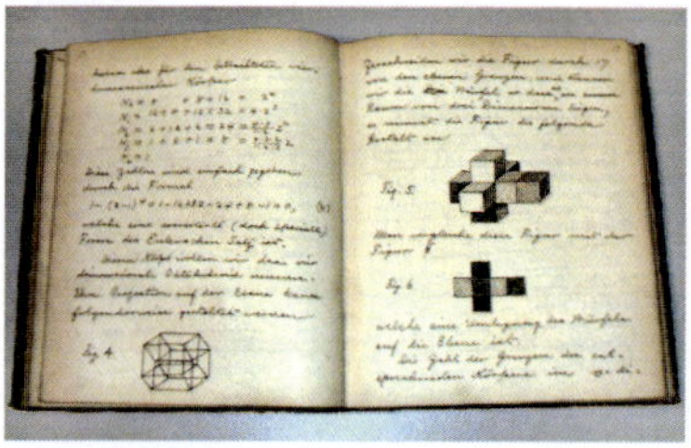

Doppelseiten aus der Zusammenfassung von W. J. Stringham zu seinem Vortrag „Über reguläre Körper im vier=dimensionalen Raum“ am 29. November 1880 im Bd. 2 der Protokolle (WS 1880)

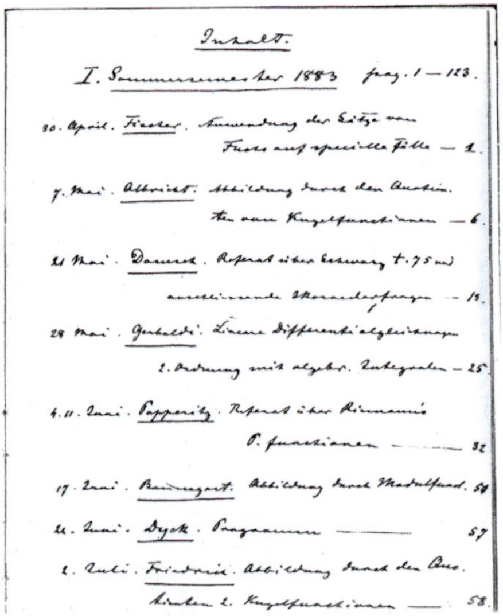

Inhalt.

I. Sommersemester 1883 pag. 1 – 123.

30. April. Fischer. Anwendung der Sätze von Fuchs auf specielle Fälle – 1.

7. Mai. Albrecht. Abbildung durch den Quotienten von Kugelfunctionen – 6.

21 Mai. Domsch. Referat über Schwarz t. 75 und anschliessende Monodromiefragen – 15.

28 Mai. Gerbaldi. Lineare Differentialgleichungen 2. Ordnung mit algebr. Integralen – 25.

4. 11. Juni. Papperitz. Referat über Riemann's P. functionen – 32

17. Juni. Baumgart. Abbildung durch Modulfunct. 54

24. Juni. Dyck. Programm – 57

1. Juli. Friedrich. Abbildung durch den Quotienten 2. Kugelfunctionen – 58.

Verzeichnis (erste Seite) der im SS 1883 gehaltenen Vorträge

Beispiele für Kleins eigene Eintragungen, die von ihm gehaltene Vorträge betreffen:

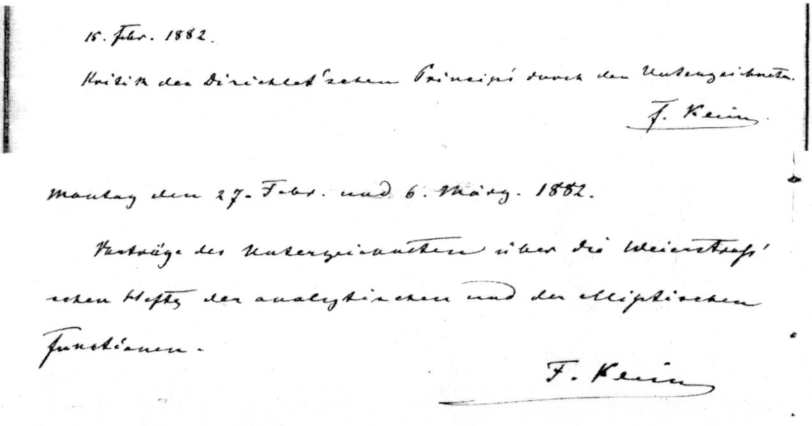
15. Febr. 1882.
Kritik des Dirichlet'schen Principi durch den Unterzeichneten.
F. Klein.

Montag den 27. Febr. und 6. März. 1882.
Vorträge des Unterzeichneten über die Weierstraß'schen Hefte der analytischen und der elliptischen Functionen.
F. Klein

15. Februar 1882. Kritik des Dirichlet'schen Princips durch den Unterzeichneten. F. Klein.

27. Februar und 6. März 1882. Zwei Vorträge über Vorlesungshefte von Karl Weierstraß. F. Klein (Protokollbücher Band 3, S. 142)

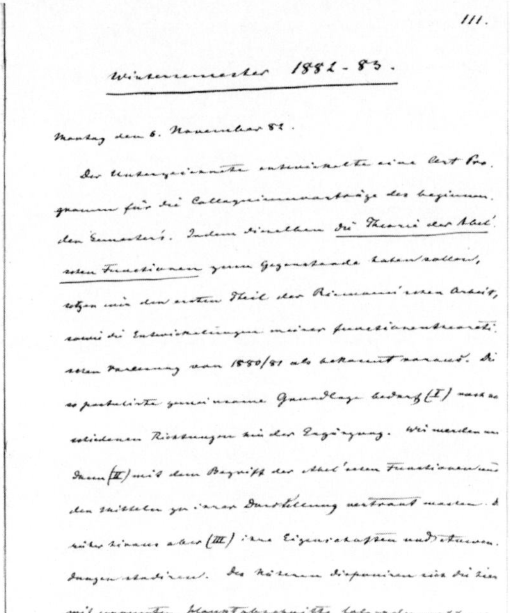
111.

Wintersemester 1882-83.

Montag den 6. November 82.

Der Unterzeichnete entwickelte eine Art Programm für die Collegseminarvorträge des beginnenden Semesters. Indem dieselben die Theorie der Abel'schen Functionen zum Gegenstande haben sollen, setzen wir den ersten Theil der Riemann'schen Arbeit, sowie die Entwickelungen meiner functionentheoretischen Vorlesung von 1880/81 als bekannt voraus. Die so postulirte gemeinsame Grundlage bedarf (I) nach verschiedenen Richtungen hin der Ergänzung. Wir werden uns dann (II) mit dem Begriff der Abel'schen Functionen und den Mitteln zu ihrer Darstellung vertraut machen, darüber hinaus aber (III) ihre Eigenschaften [illegible] studiren. [illegible]

Erläuterungen (erste Seite) von F. Klein zu dem Programm des Seminars „Über hyperelliptische, Abelsche sowie Thetafunctionen“ im WS 1882, mit denen Klein das Seminar eröffnete (Band 4, S. 111)

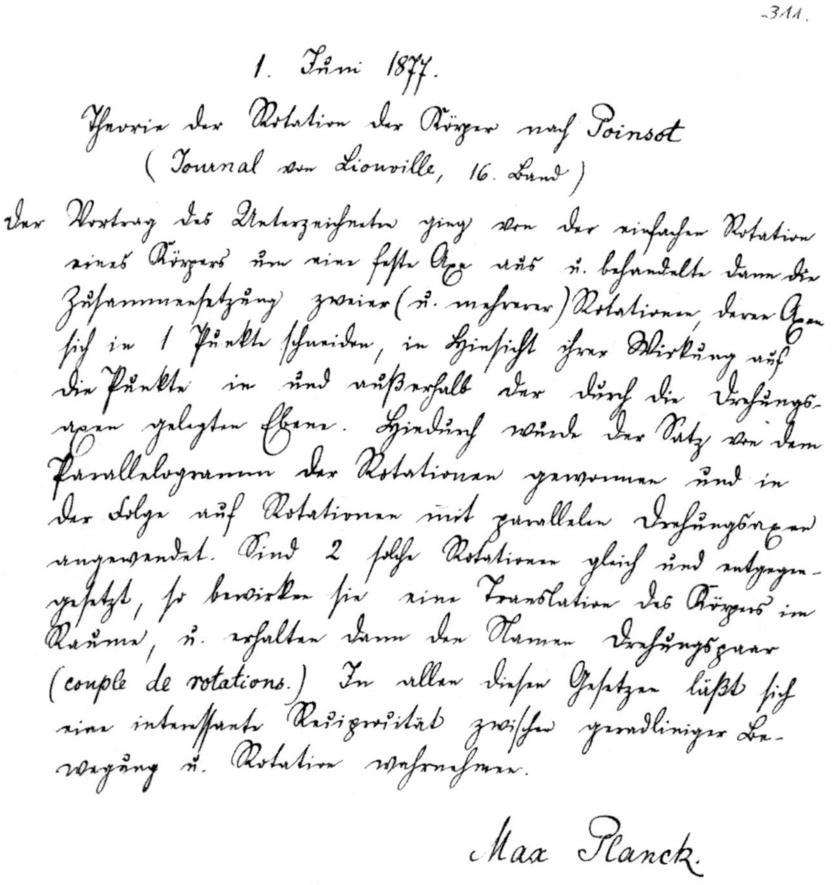

-311.

1. Juni 1877.

Theorie der Rotation der Körper nach Poinsot
(Journal von Liouville, 16. Band)

Der Vortrag des Unterzeichneten ging von der einfachen Rotation eines Körpers um eine feste Axe aus u. behandelte dann die Zusammensetzung zweier (u. mehrerer) Rotationen, deren Axen sich in 1 Punkte schneiden, in Hinsicht ihrer Wirkung auf die Punkte in und außerhalb der durch die Drehungsaxen gelegten Ebene. Hierdurch wurde der Satz von dem Parallelogramm der Rotationen gewonnen und in der Folge auf Rotationen mit parallelen Drehungsaxen angewendet. Sind 2 solche Rotationen gleich und entgegengesetzt, so bewirken sie eine Translation des Körpers im Raume, u. erhalten dann den Namen Drehungspaar (couple de rotations.) In allen diesen Gesetzen läßt sich eine interessante Reciprocität zwischen geradliniger Bewegung u. Rotation wahrnehmen.

Max Planck.

Eintrag von Max Planck über seinen am 1. Juni 1877 in München gehaltenen Seminarvortrag „Theorie der Rotation der Körper nach Poinsot" (Band 1, S. 311).

Planck trug nochmals im Seminar vor.

Übrigens hielt in diesem Seminar auch Adolf Hurwitz, der gerade sein Studium begonnen hatte, einen Vortrag

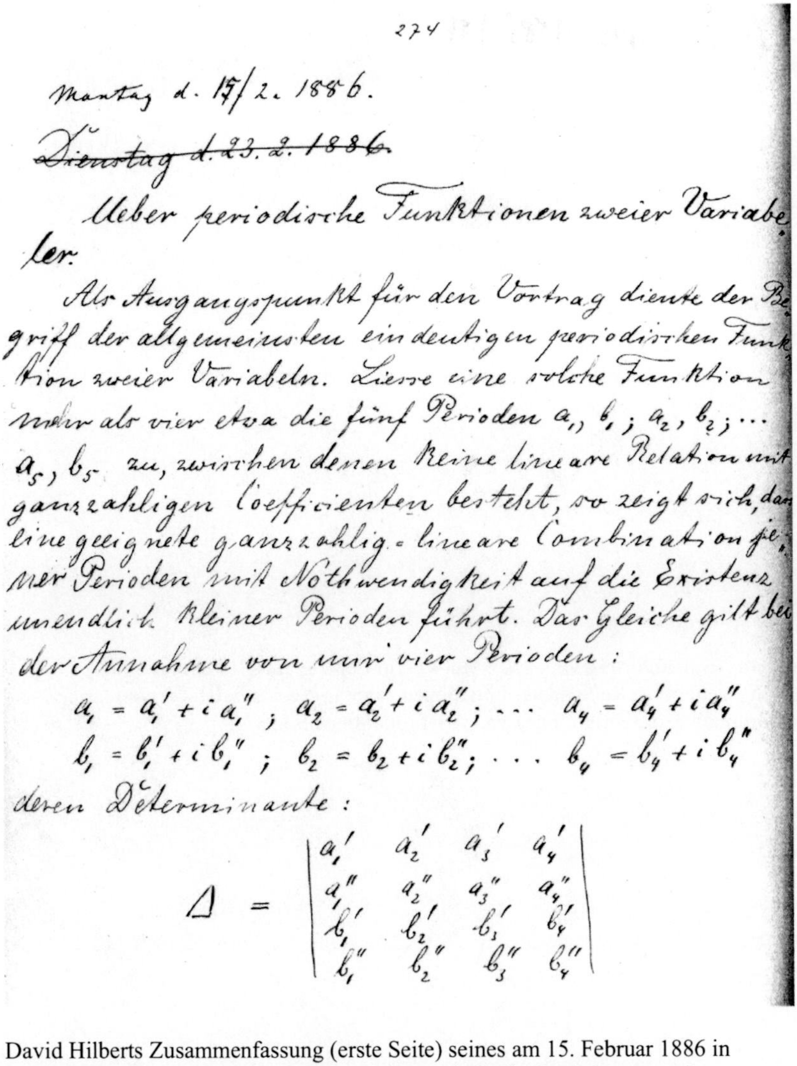

274

Montag d. 15/2. 1886.

~~Dienstag d. 23. 2. 1886.~~

Ueber periodische Funktionen zweier Variabeler.

Als Ausgangspunkt für den Vortrag diente der Begriff der allgemeinsten eindeutigen periodischen Funktion zweier Variabeln. Liesse eine solche Funktion mehr als vier etwa die fünf Perioden $a_1, b_1;\ a_2, b_2; \ldots a_5, b_5$ zu, zwischen denen keine lineare Relation mit ganzzahligen Coefficienten besteht, so zeigt sich, dass eine geeignete ganzzahlige lineare Combination jener Perioden mit Nothwendigkeit auf die Existenz unendlich kleiner Perioden führt. Das Gleiche gilt bei der Annahme von nur vier Perioden:

$$a_1 = a_1' + i a_1'' ; \quad a_2 = a_2' + i a_2'' ; \ldots \quad a_4 = a_4' + i a_4''$$
$$b_1 = b_1' + i b_1'' ; \quad b_2 = b_2 + i b_2'' ; \ldots \quad b_4 = b_4' + i b_4''$$

deren Determinante:

$$\Delta = \begin{vmatrix} a_1' & a_2' & a_3' & a_4' \\ a_1'' & a_2'' & a_3'' & a_4'' \\ b_1' & b_2' & b_3' & b_4' \\ b_1'' & b_2'' & b_3'' & b_4'' \end{vmatrix}$$

David Hilberts Zusammenfassung (erste Seite) seines am 15. Februar 1886 in Leipzig gehaltenen Seminarvortrags „Ueber periodische Funktionen zweier Variabler“. Klein korrigierte Hilberts falsche Datumsangabe 23. Februar; Klein führte den Vortrag auch unter dem Titel „Ueber die allgemeinsten periodischen Functionen zweier Variabler“. Hilbert referierte im Seminar des WS 1885 zudem am 11. Januar 1886 über eine Arbeit von Emile Picard („Ueber die Integrale erster Gattung auf algebraischen Flächen“; Band 6, S. 274)

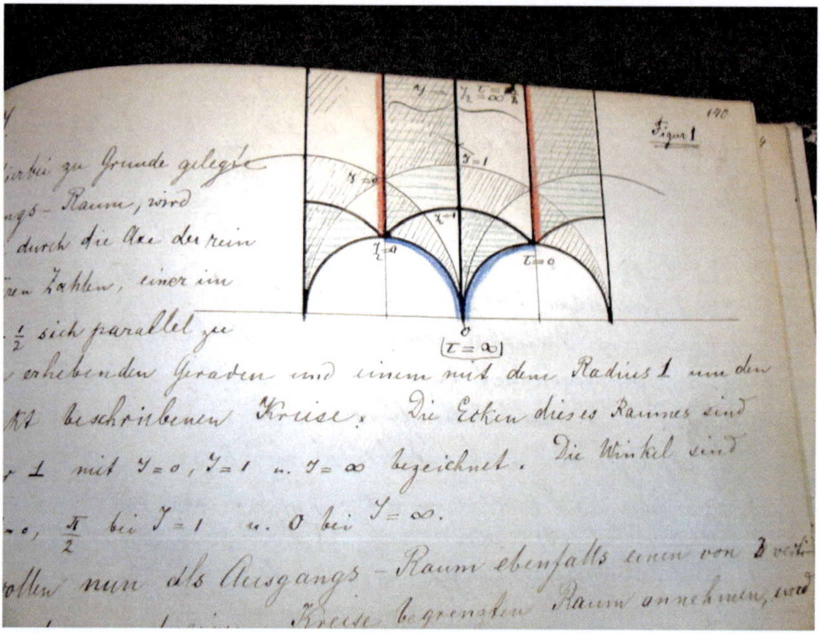

Bild aus dem Seminarvortrag von Adolf Hurwitz in Leipzig am 21. Februar 1881 zum Thema „Ueber eine Reihe neuer Functionen, welche die absoluten Invarianten gewisser Gruppen ganzzahliger linearer Transformationen bilden"
(Band 2, S. 131-145, Figur 1, S. 140)

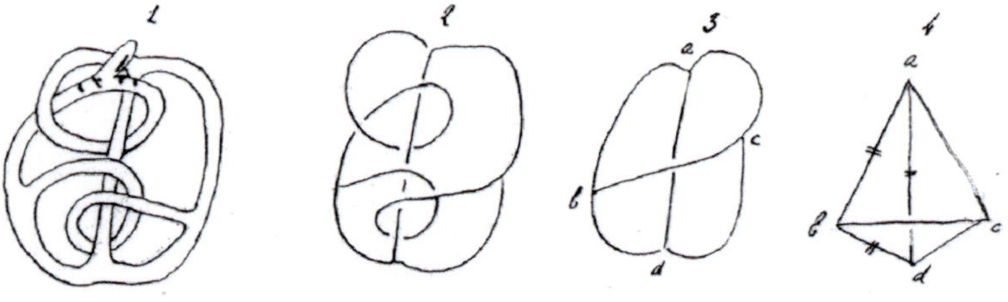

Bilder aus aus dem Vortrag von Georges Brunel in Leipzig am 31. Januar 1881 zum Thema „Ueber die Analysis situs [Topologie]" (Band 2, S. 114-120, Abbildung S. 117)

8. Kollegen über Felix Klein

Richard Courant hat in seiner Gedächtnisrede auf Klein (*Naturwissenschaften* 1925, S. 771f.) gefragt: „Was war das Geheimnis dieser Persönlichkeit und ihrer Wirkung? Er hat die große Macht über die Menschen besessen, weil er geistige Überlegenheit verband mit einer dienenden Sachlichkeit, weil er nie etwas für sich selbst, stets alles für seine Ziele tat, weil man in der majestätischen Würde seines Wesens nie eine Spur von Eitelkeit und Selbstüberhebung herausfühlen konnte. ... Aber alles dies wird überstrahlt von dem Zauber seines Wesens, der magnetischen Kraft, mit der er jeden, auch Widerstrebenden zwang, ihm Mitarbeiter zu werden und Gefolgschaft zu leisten. ... Sein Leben war erfüllt von der Kraft des Denkens und dem Willen zur Tat, beide beflügelt durch eine geniale Phantasie, welche immer neue und neue Entwürfe gestaltete. ... Die letzte Quelle seiner wunderbaren Kraft aber blieb die Liebe und Treue zu der Wissenschaft, auf der er sein Leben aufgebaut hat."

Bevor wir uns den Fachkollegen und ihren Beschreibungen zuwenden, sollen einige Bemerkungen aus dem Familienkreis angeführt werden, die in nuce auf Späteres bei Klein hinweisen. Ein Bruder von Felix Klein schrieb über seine Eltern, den Vater Caspar Klein (1809-1889), einen Landrentenmeister der Regierungskasse in Düsseldorf, und die Mutter Sophie Elise Klein geb. Kayser (1819-1890): „Mein Vater war ein kerniger Westfale, ein organisatorisches Talent, fleißig und streng gegen sich selbst. Meine Mutter stellte die Güte und Milde im Hause dar, sie besaß ausgeprägte pädagogische und spekulativ-wissenschaftliche Interessen." (Zitiert nach R. Fricke, *Naturwissenschaften* 1919, S. 275.)

Klein selbst urteilte am Ende seines Lebens in seinen autobiographischen Aufzeichnungen über die Eltern so: „Ein zäher Wille, nie nachlassender Fleiß, nüchterner Wirklichkeitssinn, unbedingte Zuverlässigkeit und wohlbedachte Sparsamkeit – das sind die althergebrachten Eigenschaften, die auch in meinem Vater unverfälscht verkörpert waren. ... Sie [die Mutter] war heiterer Natur und von größerer Beweglichkeit der Auffassung als der Vater. Infolgedessen waren ihre vielseitigen Interessen die Hauptquelle geistigen Lebens im Hause. Freilich war mit dieser größeren Regsamkeit auch eine Neigung zu nervöser Erschöpfung verbunden, die mir als Erbteil meiner mütterlichen Herkunft im späteren Leben häufig zu schaffen gemacht hat" (Klein 1923, S. 12).

Max Born hat Felix Klein in Göttingen während seines Studiums und auch danach erlebt. In seiner Autobiographie *Mein Leben* beschreibt er Kleins Vorlesungen, die er mit denen von Hilbert vergleicht (zitiert aus der deutschen Ausgabe, Nymphenburger Verlagshandlung 1975, S. 131f.):

„Er [Klein] war der blendendste Dozent, aber für mich zu brillant. Man hätte ein wirklich reiner Mathematiker sein müssen, um sich an ihm zu erfreuen, selbst wenn er sich mit physikalischen oder technischen Anwendungen, was er gerne tat, befaßte. ... Während dieser Zeit meines Lebens war ich mehr der reinen mathematischen Strenge zugeneigt – der Epsilontik, wie wir sie in unserem Jargon nannten, denn jeder Beweis begann etwa mit folgenden Worten: ‚Wenn eine Folge von Zahlen a_1, a_2, ... gegeben ist mit der Eigenschaft, daß $a_n < \varepsilon$, wenn $n > N$ und wenn etc. etc. ...‘ Dieses ε kam fast niemals in Kleins Vorlesungen vor. Wenn er zu einem solchen kritischen Punkt kam, pflegte er zu sagen: ‚Ich werde Ihnen die Idee der Sache skizzieren, der strenge Beweis kann in einer der folgenden Veröffentlichungen nachgelesen werden‘, und er nannte die Literatur. Er fügte sogar eine verächtliche Bemerkung über solche Leute hinzu, die für eine so offensichtliche Tatsache einen formellen logischen Beweis benötigten. Nun waren auch Hilberts Beweise in dessen Vorlesungen eher skizzenhaft, aber ich hatte nie irgendwelche Schwierigkeiten, sie nach seinen klaren Angaben zu rekonstruieren. In Kleins Fall dagegen verirrte ich mich häufig hoffnungslos und war gezwungen, große Mengen langweiliger Abhandlungen zu lesen.

In ihrem allgemeinen Aufbau waren Hilberts und Kleins Vorlesungen sehr unterschiedlich: Hilbert war wie ein Bergführer, der einen auf dem kürzesten und sichersten Weg zum Gipfel führt, Klein dagegen war mehr wie ein Prinz, der seinen Bewunderern die Größe seines Reichs zeigen wollte, indem er sie auf endlos gewundenen Pfaden durch offensichtlich undurchdringliches Gelände führte und auf jedem kleinen Hügel anhielt, um einen Überblick über die zurückgelegte Wegstrecke zu geben. Ich wurde bei diesem Vorgehen ungeduldig und wollte den Gipfel schnell erreichen. Deshalb zog ich Hilbert vor. Heute hat sich mein Geschmack geändert. Wann immer ich Zeit habe, eine mathematische Abhandlung zu meinem reinen Vergnügen zu lesen, nehme ich eines von Kleins Büchern ... und erfreue mich an ihnen wie an einem Kunstwerk, einem großen Roman oder einer Biographie. In der Tat sind einige dieser Bücher von Klein integrierter Bestandteil der Kultur, in der ich aufgewachsen bin und die nun in Stücke zerfällt.“

Übrigens waren die Vorträge Kleins nicht nur aufgrund seines Redetalents a priori brillant, sondern auch penibel vorbereitet. Bei Zeichnungen notierte sich Klein im Konzept solche Details wie „auf linke Tafelseite“ oder „hier nicht schraffieren“ (siehe S. 17). Seinen Assistenten bemühte er rechtzeitig vor Beginn der Vorlesung in den Hörsaal, um die bevorstehende Veranstaltung vorzubereiten.

Der japanische Mathematiker Teiji Takagi wollte nach seiner Promotion in Tokio 1897 eigentlich zu Heinrich Weber in Straßburg reisen, wobei er im Frühjahr 1900 auf seinem Weg dorthin auch Göttingen aufsuchte, dessen mathematische Atmosphäre ihn so faszinierte, daß er seinen weiteren Aufenthalt in Deutschland auf Göttingen beschränkte, um den gefühlten Rückstand seines Wissen, den er auf ein halbes Jahrhundert veranschlagte, aufzuholen. Er besuchte natürlich Vorlesungen von Klein, jedoch nur für sechs Wochen, da nach dieser „Schnupperzeit“ Vorlesungsgelder fällig wurden. Tagaki bemerkte aber: „That was quite enough. Such attendance for six weeks helped me so much to recover the fifty year's lag.“ (Zitiert nach B. Yandell, *The Honors Class*. Natick 2002, S. 224.)

Kleins Nachfolger in Göttingen Carathéodory berichtet über die Gründe von Kleins so erfolgreicher Lehrtätigkeit in seinen *Autobiographischen Notizen*: „Klein war einer der glänzendsten und gewissenhaftesten Lehrer, die es je gegeben hat. Ich habe oft beobachtet, wie er mehr als eine Stunde vor seiner Vorlesung ins Seminar kam, um mit peinlichster Sorgfalt die literarischen Angaben, die er machen wollte, noch einmal nachzuprüfen.“ Carathéodory fügt aber auch an, daß diese Gründlichkeit beim Beweisen in den Vorlesungen geringer wurde und nennt Gründe hierfür: „Er [Klein] besaß die Fähigkeit, das Gemeinsame in weitauseinanderliegenden Problemen zu erkennen, und die Kunst, diese Erkenntnis durch Häufung von Einzelheiten dem Zuhörer nahe zu bringen und glaubhaft zu machen. Dagegen hat er nie die Geduld gehabt, die Sätze, von deren Richtigkeit er sich überzeugt hatte, durch einen logisch einwandfreien Beweis sicherzustellen. Daß man die Aufstellung solcher Beweise zu einer Kunst erheben kann, und daß die richtige Handhabung dieser Kunst das eigentliche Wesen der Mathematik bildet, wollte er durchaus nicht gelten lassen: deshalb hat er auch die Schönheiten, die in dem Buche des Euklid versteckt liegen, nie gefühlt, und diesen, im Gegensatz zu Archimedes, als einen langweiligen Schulmeister betrachtet“ (*Gesammelte Schriften*, Bd. 5. München 1957, S. 402).

Max Born beschreibt auch anschaulich, wie Klein im mathematischen Seminar agierte. „An einem langen Tisch parallel zur Tafel saßen die größten Mathematiker, mathematischen Physiker und Astronomen Deutschlands: Klein, Hilbert, Landau, Runge, Voigt, Wiechert, Prandtl, Schwarzschild, oft noch verstärkt durch Gäste, deutsche oder europäische Berühmtheiten. Die jüngeren Mitglieder [des Seminars] und weniger wichtigen Gäste saßen an zwei langen Tischen, die im rechten Winkel zu dem ‚hohen Tisch' standen. Diese jüngeren Leute waren nicht so berühmt wie die ‚Bonzen', doch nicht weniger kritisch und vielleicht noch eingebildeter: Zermelo, Abraham, die Müllers [Conrad, Johann], Toeplitz, Hellinger. ... Auf dem grünen Stoff der Tische waren Bücher aufgestapelt; zu Beginn der Versammlung berichtete Klein kurz, welchen Eindruck einige der neuen Publikationen auf ihn gemacht hatten, und ließ sie dann zirkulieren. So hatten bald alle ein Buch in der Hand und schenkten dem Redner nur wenig Aufmerksamkeit, wenn überhaupt, dann nur in Form von Widerspruch und Kritik. Es war ungemein schwierig, die Aufmerksamkeit dieses Auditoriums zu fesseln, sein Interesse hervorzurufen oder gar Begeisterung zu wecken" (S. 191).

Das Geschehen im Seminar soll durch eine Beschreibung Iris Runges von Felix Kleins vervollständigt werden: „Mit seiner hohen aufrechten Gestalt, dem durchdringenden Blick seiner leuchtenden Augen hatte Felix Klein etwas Königliches an sich, und doch kam es vor, daß seine rastlose Betriebsamkeit gelegentlich etwas zum Spott herausforderte." (I. Runge, *Carl Runge*. Göttingen 1949, S. 122.)

Man bezeichnet gern in dem Göttinger Doppelgestirn Klein-Hilbert den letzteren als den genialen Mathematiker und Klein als das Organisationsgenie. In der Tat hat Klein vieles auf die Beine gestellt, aber das vermochte er so erfolgreich nur zu bewerkstelligen, weil er ein international anerkannter Mathematiker war, der einen realistischen Sinn für wissenschaftspolitische Fragen hatte. Diese seltene Verbindung, mit der sein lebhafter Anteil an derartigen Fragen einherging, verschaffte ihm oft Gehör in der Wissenschaftspolitik, etwa wenn es um die Besetzung von Lehrstühlen ging. Göttingen, das nicht zuletzt dank Kleins Ratschlägen an das Ministerium in Berlin zum Mekka der Mathematik geworden war, zeigt die Berechtigung des nach dem preußischen Ministerialdirektor Althoff bezeichneten Verfahrens. Eine ausführliche Würdigung Althoffs gibt Bernhard vom Brocke im Band 3 der *Berlinischen Lebensbilder* (1987), hrsg. W. Ribbe, S. 195-214. Klein ist vor dem ersten Weltkrieg der einflußreichste, ja wohl auch der führende deutsche Mathematiker gewesen.

Nicht alle Zeitgenossen haben diese Art der Wissenschaftspolitik geschätzt. Gerhard Kowalewski, der nach Kleins Leipziger Zeit dort studiert hat, führt in seinen Lebenserinnerungen *Bestand und Wandel* (Oldenburg 1950) hierzu an: „Felix Klein war damals in der Mathematik der Königsmacher. Ohne ihn konnte niemand ein mathematisches Ordinariat erlangen, mit seiner Hilfe auch mancher ganz Unbedeutender, z. B. Gutzner [sic] das Ordinariat in Halle. Study hatte es nicht fertiggebracht, sich mit Felix Klein gut zu stellen. ... Klein wußte es nur zu gut, daß sich Study nicht vor ihm beugte, und mochte ihn deshalb nicht. Wenn dies von anderer Seite geschah, erhob Klein Bedenken, und für Althoff war Klein das Orakel. Einen ähnlichen Einfluß hatte seinerzeit Weierstraß gehabt. Seine Schüler fand man an allen Universitäten Deutschlands."

Kowalewski relativiert sich freilich gleich im nächsten Satz, wenn er schreibt: „Die Weierstraßschen Kreise stellten sich übrigens ablehnend gegen Klein. Es gelang z. B. dem Ministerium nicht, Klein nach Berlin zu bringen" (S. 140f.).

Georg Cantor hatte an Gösta Mittag-Leffler am 13. Oktober 1885 geschrieben: „Die Berufung von Klein nach Göttingen macht ungeheures Aufsehen, weil sie durch Kleins Agenten über den Kopf von Weierstraß und Kronecker durchgesetzt worden ist. Er bekommt 9000Mk [Mark] Gehalt." (Meschkowski, *Briefe*. Berlin 1991, S. 246.)

Auch wenn Klein in den Augen anderer autoritär eigene Meinungen oder Anschauungen vertrat, so war es doch nicht unmöglich, dagegen zu halten und dabei Erfolg zu haben. Das ist auch ein Zeichen seiner Größe.

Der Lie-Schüler Gerhard Kowalewski erkennt an, daß „Kleins Berufung nach Göttingen ... der Leipziger Mathematik einen schweren Schlag versetzt [hatte], von dem sie sich nie erholen konnte. Klein war der einzige, der Riemanns Ideenwelt so beherrschte, daß er die Studierenden in angenehmer Weise in diese unsagbar wichtige Auffassung der Funktionentheorie einführen konnte. Sehr zum Schaden der Mathematik ist sie durch Weierstraß ganz zur Seite geschoben worden. Klein war auch ein ausgezeichneter Algebraiker. Er beherrschte die Galoissche Theorie. Nach seinem Weggang von Leipzig blieb dort die höhere Algebra ein vollkommenes Brachfeld" (S. 45f.). An anderer Stelle schreibt Kowalewski, daß die Funktionentheorie ohne das Riemannsche Vitamin keine bekömmliche Kost sei. „Deshalb darf man es Felix Klein nie vergessen, daß er die Riemannsche Funktionentheorie so sorgsam gepflegt hat, obwohl er sich dadurch die Abneigung der Berliner Mathematiker zuzog“ (S. 24).

Die isolierte Art und Weise, in der Mathematiker arbeiten, schirmt zwar den Mathematiker von der Umwelt ab, fördert aber und das insbesondere bei den großen Anstrengungen, die die Lösung schwieriger Probleme erfordert, sein Unwissen über praktische Dinge des Alltags- und Berufslebens, schlechthin über sein Umfeld. Das wiederum macht ihn mißtrauisch und anfällig für irreale Ansichten, auch wenn sie lächerlich sind. Lies Krankheit hat dessen Mißtrauen mehr und mehr gesteigert, selbst Klein ist bekanntlich nicht davon verschont geblieben. Insbesondere sah sich Lie um seine Prioritäten gebracht. In dem Vorwort zu dem dritten Abschnitt der *Transformationsgruppen* (B. G. Teubner, Leipzig 1893) schrieb Sophus Lie: „Ich bin kein Schüler von Klein. Das Umgekehrte ist auch nicht der Fall, wenn es auch der Wahrheit näher käme.“ Und weiter, Klein „hat es erst von mir gelernt, dass jede durch Differentialgleichungen definierte Gruppe Differentialinvarianten bestimmt, die durch Integration von vollständigen Systemen gefunden werden.“ Im ersten Band hatte noch freundlicher gestanden: „Ich glaube mich in dieser Auffassung an die Seite Kleins zu stellen“ (S. VI).

Klein hat solche Sottisen als das genommen, was sie waren, nämlich Ergebnisse der Lieschen Erkrankung, aber nach dieser Bemerkung brach er die Beziehungen ab und erwartete eine Entschuldigung (Brief an Mayer vom 27. April 1895). S. Lie vergaß bei diesem Ausfall und ähnlichen Händeln gänzlich, daß ihn Klein nicht nur nach Leipzig geholt hatte, sondern ihm auch schon zuvor Friedrich Engel an die Seite gestellt hatte, damit Lie auf deutsch publizieren konnte. Aber trotz der eingefrorenen Beziehungen beider berichtet Laurence Young in *Mathematicians and Their Times* (North-Holland 1981), daß Lie vor seiner Abreise 1898 nach Norwegen sich wieder mit Klein ausgesöhnt habe. Kleins Frau beschreibt in einem Brief ein bewegendes Bild: die Kleins fanden nach einem Spaziergang an einem Sommerabend einen bleichen und kranken Mann vor ihrer Haustür – Sophus Lie. Die alten Freunde Lie und Klein schüttelten sich ergriffen die Hände, Lie blieb einen Tag im Kleinschen Hause, bevor er nach Norwegen zurückkehrte, wo er übrigens wie ein König empfangen wurde (S. 214f.).

Ähnlich waren die Beziehungen zwischen Felix Klein und Georg Cantor. Klein schätzte Cantor durchgängig, und Cantors entscheidende Arbeiten zur Mengenlehre erschienen fast ausnahmslos in den *Mathematischen Annalen*, deren Hauptherausgeber Klein war. Klein setzte Cantor öfter als Gutachter bei den Annalen ein, er betraute beispielsweise Cantor die Begutachtung von Lindemanns Beweis der Transzendenz von π an, und schließlich regte er den *Mengenbericht* von Arthur Schoenflies im *Jahresbericht der Deutschen Mathematiker-Vereinigung* (1899, 1908) an. Trotzdem äußerte sich Cantor immer wieder negativ über Kleins Arbeiten. Etwa: „In Heft II vom XXII Bd der Annalen pag 249 lässt Klein wieder seinen Aufsatz über Functionsstreifen abdrucken, den ich von jeher für das non plus ultra höheren Unsinns gehalten habe, trotzdem sich darin Herr Klein auf die Weisheit des Herrn Kronecker beruft", schrieb Cantor am 9. November 1883 an G. Mittag-Leffler (Meschkowski, S. 144). Klein war davon ausgegangen, daß eine empirisch gegeben Kurve keine Funktion scharf definiert, sondern lediglich einen Funktionsstreifen, da ein solches empirisches Gebilde eine gewisse Breite habe. (*Elementarmathematik*, Bd. III, S. 16f., 51ff.) Er hatte gegen die Präzisionsmathematik die angenäherte Darstellung der Approximation gesetzt.

Kleins Ruf nach Göttingen wird in einem Brief Cantors an Mittag-Leffler (3. November 1985) den Bemühungen eines Astronomen Wilhelm Förster zugeschrieben, der für Klein im Ministerium im Trüben fische, damit der „Windbeutel [Klein] nach Göttingen" käme. „Als Curiosität kann ich Ihnen aber erzählen, daß Klein dem Schwarz die Nachfolge in Leipzig angeboten hat; Letzterer hat sofort angebissen und ist etwa vor zwei Wochen nach Leipzig gereist und hat dort Neumann und Scheibner Besuche abgestattet. Es ist mir jedoch zweifelhaft, ob letztere, welche das abgekarterte Spiel von Schwarz und Klein durchschauen, auf dieses Geschäft eingehen werden. S[chwarz] will partout von Göttingen fort und wird W[eierstraß] keine Ruhe lassen, bis er ihm eine andere Stelle verschafft haben wird" (G. Cantor, *Briefe*, hrsg. H. Meschkowski und W. Nilson. Berlin 1991, S. 245f.).

Wir wissen z. B. durch das Mißverständnis von H. A. Schwarz, das sich beim Lesen des Kleinschen Briefes über die Besetzung in Leipzig ergeben hatte, daß die Sachverhalte völlig anders waren, als sie Cantor hier berichtete (vgl. S. 108ff.). In dem Jahr, als Klein nach Göttingen ging (1886), kaufte sich Georg Cantor ein Haus in der Händelstr. 13 in Halle, was sicher ein Zeichen dafür ist, daß er es aufgegeben hatte, aus Halle wegzukommen. Viele Stellen gab es in der Tat nicht: in Leipzig war gerade eine freie Stelle an einen Ausländer vergeben (Lie), und als Lieblingsschüler von Weierstraß hatte für diesen Schwarz bei Besetzungsvorschlägen sicher Vorrang. Erst der Tod von Kronecker 1891 brachte in die Berliner Fakultät Bewegung, in der Weierstraß mit Wagenburgmentalität die Stellung gegen Kronecker gehalten hatte, und er erlaubte es, im folgenden Jahr H. A. Schwarz als seinen Nachfolger nach Berlin zu holen.

Norbert Wiener war 1924 in Göttingen und machte bei dieser Gelegenheit auf Anraten von Richard Courant einen Besuch bei Klein. Wiener berichtet über diesen Besuch in seinem Buch *Mathematik – Mein Leben* (Fischer 1965): „Er [Courant] schickte mich zu einem Anstandsbesuch bei Felix Klein, der sich mit Hilbert in das Prestige teilte, einer der beiden führenden Göttinger Mathematiker zu sein. Klein war sehr kränklich und hatte damals nur noch ein paar Monate zu leben. ... Mein Besuch bei Klein begann mit einem gesellschaftlichen faux pas. Als die ältliche Haushälterin an der Tür erschien, fragte ich in meinem besten Deutsch: ‚Ist der Herr Professor zu Hause?' Sie erwiderte zurechtweisend: ‚Der Herr Geheimrat ist zu Hause!' und machte mich auf diese Weise aufmerksam, daß ich einen Geheimrat mit dem rangniedrigeren Titel ‚Professor' angeredet hatte. Die gesellschaftliche Stellung eines Geheimrats in der deutschen Wissenschaft könnte man etwa mit der eines geadelten Wissenschaftlers in England vergleichen, nur habe ich niemals erlebt, daß man in England von der Ritterwürde soviel Aufhebens gemacht hätte wie in Deutschland von dem Geheimratstitel.

Ich ging hinauf und fand Felix Klein in seinem großen Arbeitszimmer, einem freundlichen, hohen, luftigen Raum mit Bücherregalen an den Wänden und einem großen Tisch in der Mitte, auf dem in geordneter Unordnung Bücher und offene Zeitschriften lagen. Der große Mann saß in einem Armsessel hinter dem Tisch, eine dicke Wolldecke über den Knien. Er trug einen Bart, hatte scharf geschnittene Züge, und es umschwebte ihn eine Aura von Altersweisheit. Er sprach mit edler Herablassung, wie ein König, und wenn er die großen Namen der Vergangenheit aussprach, hörten sie auf, bloße wesenslose Autoren wissenschaftlicher Abhandlungen zu sein und wurden echte Lebewesen. Er strahlte eine Zeitlosigkeit aus, wie sie einem Manne, für den die Zeit keine Bedeutung mehr hatte, wohl anstand. Nachdem ich ihm einige Minuten respektvoll gelauscht hatte, merkte ich, daß ich verabschiedet wurde, wie es etwa bei Hofe geschehen mochte" (S. 82).

Wiener hatte seine mathematische Karriere wesentlich William Fogg Osgood zu verdanken, der Wieners Vater gut kannte. Osgood, so Wiener, war der hervorragendste Vertreter der deutschen Tradition in der amerikanischen Mathematik. Er hatte u. a. in Göttingen studiert (1887-1889), wo er ein deutsches Mädchen heiratete. Osgood war nach seiner Promotion in Erlangen (1890) mit dem festen Entschluß in die USA zurückgekommen, dort das Leben eines deutschen Professors zu führen. Wiener präzisierte, indem er für das Leben eines deutschen Professors das Leben eines deutschen Geheimrates setzte, „denn sein [Osgoods] Vorbild in allen Dingen war Felix Klein, der langjährige Papst der deutschen Mathematik" (S. 32).

Constantin Carathéodory, der Klein in Göttingen nachfolgte und oft in Kleins Haus gewesen ist, gibt eine kurze Beschreibung des Weges, den Wiener zurückgelegt hat, und der Grieche Carathéodory zieht Vergleiche zur klassischen Mythologie: „Auf der Treppe, die zu Kleins Studierzimmer führte, hatte er einen Abguß des Kopfes des Capitolinischen Jupiter [Jupiters berühmtes Heiligtum befand sich auf dem Kapitol in Rom und war ein Wahrzeichen römischer Macht] aufgestellt. Er mag wohl in seinem Unterbewußtsein gefühlt haben, daß etwas von der Natur des Jupiter auch in ihm gesteckt hat. Es wäre aber verkehrt zu behaupten, daß Klein [mathematisch Begabten gegenüber] unnahbar gewesen ist. Vom ersten Augenblick meines Erscheinens in Göttingen habe ich Kontakt mit ihm gefunden und meine persönlichen Beziehungen sind immer intimer geworden und haben durch 24 Jahre bis zu seinem Tode gedauert. ... Aber ein Rest von der Distanz, die zwischen einem gewöhnlichen Sterblichen und einem Gott besteht, ist zwischen uns immer geblieben." (*Autobiographische Notizen*, in *Gesammelte Schriften*, Bd. 5. München 1957, S. 402.)

In dem Bericht von N. Wiener schimmert die gesundheitliche Lage Kleins hindurch: eine seit dem Frühjahr 1924 zunehmende Lähmung der Beine verhinderte die üblichen Spaziergänge im nahe gelegenen Botanischen Garten. Schließlich verließ Klein das Haus nicht mehr, und er war die letzten Monate bettlägerig.

Am Abend des 22. Juni 1925 verstarb Felix Klein.

Einen Monat später gab es in der Aula der Göttinger Universität eine Gedenkveranstaltung, auf der Richard Courant seine bekannte Rede mit den Worten begann, man habe das Gefühl, „daß eine Epoche in der Geschichte der Mathematik ... abgeschlossen" ist. (*Naturwissenschaften* 1925, S. 765.)

Der Verband technisch-wissenschaftlicher Vereine Mitteldeutschlands lud am 27. Oktober 1925 in der Höheren Handelslehranstalt zu Leipzig zu einer Gedenkfeier für Felix Klein ein.

Göttinger Mathematische Gesellschaft im Jahre 1902 (von links nach rechts):
Erste Reihe (sitzend): Max Abraham, Friedrich Schilling, David Hilbert, Felix Klein, Karl Schwarzschild, Grace Chisholm Young, Friedrich Diestel, Ernst Zermelo.
Zweite Reihe (stehend): Fanla, Hansen, Conrad Müller, Dawney, Erhard Schmidt, Yoshiye, Saul Epsteen, Hermann Fleischer, Felix Bernstein.
Letzte Reihe (stehend): Otto Blumenthal, Georg Hamel, Hans Müller

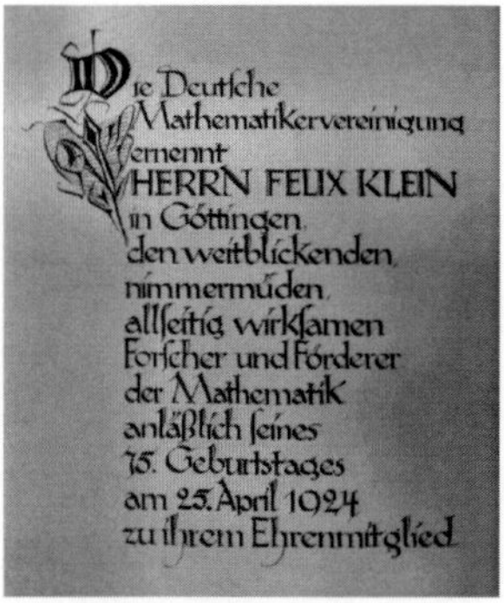
Die Deutsche
Mathematikervereinigung
ernennt
HERRN FELIX KLEIN
in Göttingen
den weitblickenden
nimmermüden
allseitig wirksamen
Forscher und Förderer
der Mathematik
anläßlich seines
75. Geburtstages
am 25. April 1924
zu ihrem Ehrenmitglied

Ehrenmitgliedschaft für Felix Klein, DMV 1924.

Unterschriften des Präsidiums der DMV:

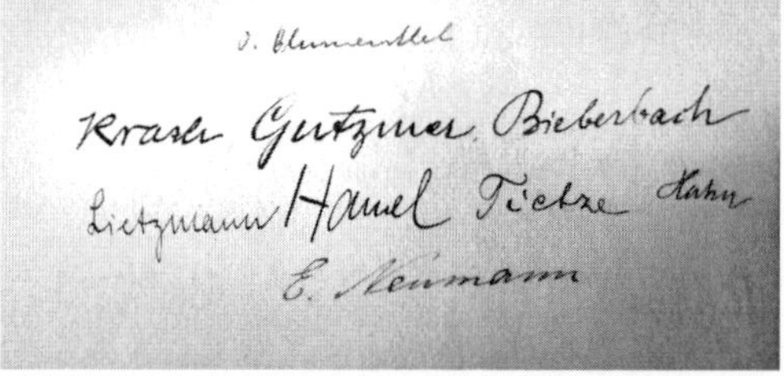

9. Streiflichter

Unsere Darstellung war auf die Leipziger Zeit von Felix Klein ausgerichtet, und so erschienen hier vor allem Betrachtungen über mathematische Sachverhalte. Denn gegenüber anderen Obliegenheiten haben sie Kleins Tätigkeit in Leipzig vornehmlich bestimmt, bekanntlich so sehr, daß die Überarbeitung zum Zusammenbruch führte, die ihn längere Zeit zwang, wissenschaftlicher Arbeit zu entsagen. Aber wir erwähnten schon, daß die Auffassung, er habe danach nicht in sein altes Fahrwasser zurückgefunden, Klein zu einseitig beurteilt. Gewiß hat Klein in Leipzig seine Periode der höchsten mathematischen Produktivität erreicht, diese Jahre sind der Zenit seines mathematischen Schaffens gewesen, und er hat später Angelegenheiten in den Vordergrund gerückt, die er bislang eher nebenbei erledigt hatte. Aber es wäre falsch zu sagen, daß solche Arbeitsfelder wie etwa die Organisation und Gestaltung der Lehre und die Verbindung von Wissenschaft und Industrie sich erst nach dem Zusammenbruch von 1882 eingestellt hätten. Die Herausgeber von Kleins *Gesammelten mathematischen Abhandlungen* schreiben im Band 3 (Seite VI) hierzu:

„Aber was Kleins Persönlichkeit betrifft, bringt diese Ausgabe [*Gesammelte Abhandlungen*] nur einen Teil seines Lebenswerkes zur Geltung. Denn neben seiner Tätigkeit als Forscher tritt die als Organisator und Lehrer. Klein hat in dieser Eigenschaft kein geringeres Maß von Mühe und Arbeit aufgewandt, als in jener. Was er als Organisator geleistet hat, ist schwer in kurze Worte zu fassen. Es mag hier nur erwähnt werden, daß seine Bestrebungen in dieser Hinsicht hauptsächlich zwei Ziele verfolgten. Einmal galt es, den mathematischen und physikalischen Universitätsunterricht, der zwar weitgehend, aber zu spezialistisch entwickelt war, auf eine breitere Basis zu stellen, wie sie in der allgemeineren Bedeutung der in Betracht kommenden Wissenschaften entspricht. Hier war die Zahl der Professoren und Institute zu vermehren. Dann aber handelte es sich darum, die Verbindung herzustellen mit den technischen Hochschulen, den höheren Schulen und den übrigen Schulgattungen bis hin zu den Fachschulen und Volksschulen. Vom Umfang seiner Lehrtätigkeit aber zeugt die große Zahl seiner jeweiligen Mitarbeiter und Schüler, auch aus den fernsten Ländern."

Wir wollen daher, um wenigstens einen bescheidenen Einblick zu geben, in diesem Anhang Kleins Auffassungen und Leistungen in der Organisation und der Lehre kurz streifen.

Klein war von Anfang an ein begnadeter Vortragender, und das war nicht zufällig, sondern entsprach seinen pädagogischen Interessen und deren Verwirklichung. Noch zu Kleins Zeit war es üblich, der Inauguraldissertation Thesen beizufügen, die in keinem Zusammenhang zum Thema standen, die aber bei einer Disputation verteidigt werden mußten. Unter den Thesen seiner Dissertation findet sich bereits eine einschlägige pädagogische Aussage.

Auf der Düsseldorfer Naturforscherversammlung 1898 hat Klein in seiner Rede *Über Aufgabe und Methode des mathematischen Unterrichts an den Universitäten* bekannt: „Ich habe die Paedagogik immer als meine starke Position angesehen, als die am wenigsten angreifbare Seite meiner eigenen Thätigkeit. Gewisse Erfolge, die ich in paedagogischer Hinsicht errungen habe, liegen äusserlich greifbar zur Hand, und es stört mich wenig, wenn jemand hinterher sagen wollte: die Erfolge sind da, aber sie sind durch die verkehrte Methode errungen" (*Jahresbericht der Deutschen Mathematiker-Vereinigung* 7 (1897/98), S. 129).

Klein ging von einem wohldurchdachten Unterrichtssystem aus, das das überkommene historische System des Vorlesungsbetriebes hinter sich ließ. Die Wahl der gehaltenen Vorlesungen war traditionell jedem Professor selbst überlassen, die akademische Lehrfreiheit wurde nur dadurch eingeschränkt, daß ein Ordinarius wöchentlich wenigstens eine Wochenstunde „publice und gratis" las, die anderen Vorlesungen wurden im Vorlesungsverzeichnis als „privatim" ausgewiesen. Da es im Interesse der Professoren lag, auch gut besuchte Vorlesungen unter den angebotenen zu haben, ergab sich indirekt ein den Anforderungen des Studienbetriebs mehr oder weniger entsprechendes Vorlesungsangebot.

Unter Kleins Führung verfuhr man in Göttingen anders, worüber Iris Runge in der Biographie *Carl Runge* so berichtet: „Dazu berief er [Klein] in jedem Semester eine Konferenz aller naturwissenschaftlicher Dozenten zusammen, um über die im nächsten Halbjahr abzuhaltenden Vorlesungen eine Verständigung zu treffen. Hier wurde dafür gesorgt, daß die Anfängervorlesungen in jedem Jahre, die wichtigeren für mittlere Semester im Wechsel alle 2-3 Jahre gelesen wurden, und zwar immer wieder von anderen Dozenten, so daß sich nie ein langweiliger Routinebetrieb ausbilden konnte; (auch jüngere Privatdozenten wurden im Wechsel mit zu diesen [wegen des Vorlesungsgeldes] einträglichen Vorlesungen herangezogen.) Eine kleine, von Klein verfaßte Broschüre, die jedem Studenten der mathematisch-naturwissenschaftlichen Fächer bei Immatrikulation ausgehändigt wurde, gab unter dem Titel ‚Ratschläge und Erläuterungen für die Studierenden der Mathematik und Physik' dem Studenten eine Anleitung, wie er sich aus der großen Zahl der gebotenen Vorlesungen seinen Stundenplan zusammenstellen sollte. Vor allem wurde ihm ans Herz gelegt, sich rege an den Uebungen zu beteiligen, deren Zweck es sei, ‚ihm zu derjenigen Geschicklichkeit und Sicherheit im mathematischen Operieren zu verhelfen, ohne die das Anhören der Vorlesungen unfruchtbar bleibt'. So wurde unter Beibehaltung des alten Prinzips der akademischen Freiheit dafür gesorgt, daß nicht durch unzweckmäßige Anordnung der Studien kostbare Zeit und Arbeit verloren ging" (S. 121).

Selbständigkeit im theoretischen Denken war ebenso angestrebt, wie Sicherheit im praktisch-rechnerischen Umgang mit mathematischen Problemen. Die Heranbildung des rein wissenschaftlichen Nachwuchses war schon wegen der geringen Nachfrage nicht Kleins Hauptziel, sondern die zweckmäßige Ausbildung derjenigen, die später in der Industrie oder im Schulbetrieb tätig sein würden. Auch Otto Toeplitz hat das später so gesehen und in einem Vortrag in Düsseldorf 1926 drastisch gesagt, daß man sich um die ca. 5% der Hochbegabten nicht zu kümmern brauche, da diese Gruppe ihren Weg selbst fände, sondern daß vielmehr auf die größere Schar der normal begabten Studenten die pädagogische Aufmerksamkeit zu richten sei (während eine weitere Gruppe gar nicht in die Hörsäle gehörte) (*Jahresbericht der Deutschen Mathematiker-Vereinigung* 36 (1927), S. 88-100). Kleins rastlose Tätigkeit machte es häufig jüngeren Dozenten nicht leicht, sich sein betriebsames Regiment gefallen zu lassen. Im Winter 1911/12 erkrankte Klein abermals, aber bevor er sich schließlich 1913 emeritieren ließ, ging er auf Anraten der Ärzte in das Sanatorium Hahnenklee im Harz, wo er den Sommer und den Herbst 1912 verbrachte. Aber er konnte sich nicht, wie es die Ärzte erwartet hatten, zurücknehmen und entzog sich, um die Fäden in der Hand zu behalten (insbesondere bei der gerade anstehenden Reform des Schulunterrichts, die sogenannte Kleinsche Reform), den Angelegenheiten der Universität nicht.

Schon in seiner Leipziger Antrittsrede hatte er, die Reform des Hochschulunterrichts im Auge, moniert: „Mit der Verkümmerung des Unterrichts geht der Mangel brauchbarer Lehrbücher Hand in Hand. Es giebt dafür kein schlagenderes Beispiel als das folgende. Die Analysis des Unendlichen hat in den letzten 25 Jahren eine wesentliche Umgestaltung erfahren. Wir haben zunächst die Verschärfung der Grundbegriffe des Differentiierens und Integrierens. Wir haben sodann die Theorie komplexer Variabler mit ihrer ganz neuen Einsicht in das Wesen des Funktionsbegriffs. Wir haben endlich eine wesentlich vollständigere Kenntnis der algebraischen Differentiale und Differentialgleichungen. Aber wo ist das für den allgemeinen Gebrauch bestimmte Lehrbuch der Differential- und Integralrechnung, das von alle dem Rechenschaft gäbe? Unsere besseren Bücher sind immer noch diejenigen, welche auf Cauchy's *Cours d'analyse* zurückgehen, und der ist jetzt nahe 60 Jahre erschienen."

Aber Kleins unermüdlicher Einsatz für pädagogische Fragen hinderte ihn nicht, die Angelegenheit humorvoll zu sehen. Hier ein Beispiel, wie er die schon genannte Düsseldorfer Rede auflockerte: „Soll ich mich im allgemeinen Sinn über Paedagogik äussern, so will ich folgende Betrachtung vorausschicken: Man kann das paedagogische Problem mathematisch formulieren, indem man die individuellen Qualitäten des Lehrers und seiner n Schüler als ebensoviele Unbekannte einführt und nun verlangt, eine Function von $(n + 1)$ Variablen

$$F(x_0, x_1, \dots, x_n)$$

unter gegebenen Nebenbedingungen zu einem Maximum zu machen. Liesse sich dieses Problem eines Tages entsprechend den bis dahin realisierten Fortschritten der psychologischen Wissenschaft direct mathematisch behandeln, so wäre die (praktische) Paedagogik von da ab eine Wissenschaft, – so lange das aber nicht der Fall ist, muss sie als Kunst gelten" (S. 133). In einer geselligen Göttinger Runde äußerte sich gegenüber dem älteren Klein einmal W. Nernst, der in seinem dritten Lebensjahrzehnt stand und nicht frei von Eitelkeit war, daß man ab 30 immer dümmer würde. Kleins launige Antwort war, daß man sich ja dann bald treffen werde.

Neben der Organisation der Lehre begann Klein allmählich – und das besonders nach den Erfahrungen der beiden Reisen in die USA (1893, 1896) – Berührungen von Universität und Praxis (Industrie) zu intensivieren. In einem Brief an Runge hatte er um 1894 bemerkt: „Ich bin seit vielen Jahren der Ansicht, daß wir Mathematiker meist zu schulmäßig arbeiten, d. h. nicht mehr Probleme aufnehmen, die sich dem unmittelbaren Nachdenken darbieten, sondern nur künstliche Fragestellungen, welche in den Räumen der Universitätsseminare gezüchtet sind." (Zitiert von Iris Runge in *Carl Runge*, Göttingen 1949, S. 67.)

1904 ist Runge dann nach Göttingen auf einen Lehrstuhl für angewandte Mathematik berufen worden, den ersten dieser Art in Deutschland. Aber über interne mathematische Veränderungen hinaus schuf F. Klein an der Universität Göttingen besondere Einrichtungen, die die Beziehungen zur Praxis in seinem Sinne verwirklichen sollten, Bindeglieder zwischen Universität und Technik, etwa ein Institut für angewandte Mechanik, ein weiteres zur angewandten Elektrizitätstheorie oder zur technischen Physik. Herausragende Vertreter von Industrie und Technik hatte er dabei an seiner Seite, es sei lediglich Carl von Linde erwähnt, der durch die Kältetechnik berühmt wurde.

Solche Bestrebungen führten beispielsweise 1898 zur Gründung der „Göttinger Vereinigung zur Förderung der angewandten Physik und Mathematik", in die drei Jahre später auch die angewandte Mathematik aufgenommen wurde. Es verwundert nicht, daß Klein 1909 in den engeren Vorstand des „Deutschen Museums für Naturwissenschaft und Technik" in München gewählt wurde, aber von allen Auszeichnungen, die Klein erhalten hatte, erfreute ihn keine mehr als die Verleihung der Ehrendoktorwürde (Dr. Ing. h. c.) der Technischen Hochschule München (1905).

Auf der theoretischen Seite solcher Bestrebungen finden wir Kleins Bemühungen um die Herausgabe des Mechanik-Bandes der *Encyklopädie* bei B. G. Teubner in Leipzig. Richard von Mises, ein kompetenter Rezensent dieses Bandes, hob hervor, daß „Klein vor allem das historische Verdienst zu[falle], der Pflege der Mechanik in Deutschland, besonders durch Heranziehung der englischen Literatur, neuen Anstoß gegeben zu haben" (ZAMM 3 (1923), S. 222). Klein äußerte sich zur Frage der englischen Arbeiten in einer Aachener Rede *Über die Encyklopädie der mathematischen Wissenschaften* (Naturforscher-Versammlung in Aachen 1906): „In England und Holland wird die Mechanik kurzweg als ein Teil der Physik angehen. – Auf dem Kontinent (mit Ausnahme Hollands) ist dagegen viel eher die Ansicht herrschend, dass die Mechanik als mécanique rationelle ein Teil der Mathematik ist; denken Sie an die grossen Meister Laplace und Lagrange! Auch haben niemals die Versuche gefehlt, die Grundsätze der Mechanik nach dem Muster der geometrischen Axiome als a priori gegeben festzustellen" (*Physikalische Zeitschrift* 2 (1900/01), S. 93). Für Engländer würde er mithin als Physiker gelten, aber ohne solche Begriffsumfänge zu erörtern, erinnern wir, daß Klein ja als physikalischer Assistent Plückers begann und daß er einen Preis für theoretische Physik der Bonner Universität erhielt (1868). Sein physikalisches Grundinteresse hat ihn offenbar nicht verlassen, und zu seinen letzten Arbeiten zählen diejenigen über Einsteins Relativitätstheorie.

In der Naturphilosophie folgte er übrigens dem verehrten Riemann, dessen Überzeugung in seiner Schrift *Über die Hypothesen, welche der Geometrie zugrunde liegen* gewesen ist, die Natur um so besser erklären zu können, je weiter man in ihr Inneres vordringen könne: „Auf der Genauigkeit, mit welcher wir die Erscheinungen ins Unendlichkleine verfolgen, beruht wesentlich die Erkenntnis ihres Causalzusammenhanges“ (*Ges. Werke*, Leipzig 1990, S. 317). In seinem Riemann-Vortrag auf der Naturforscher-Versammlung in Wien 1894 formulierte es Klein so: „Was in der Physik die Verbannung der Fernwirkungen, die Erklärung der Erscheinungen durch die inneren Kräfte eines raumfüllenden Aethers ist, das ist in der Mathematik das Verständnis der Function aus ihrem Verhalten im Unendlich-Kleinen, insbesondere also aus den Differentialgleichungen, denen sie genügen“ (*Jahresbericht der Deutschen Mathematiker-Vereinigung* 4 (1895/95), S. 73).

Charakteristisch für Kleins Auffassungen ist stets gewesen, alle Angelegenheiten ausgewogen zu gestalten. Seine Hinwendung zu praktischen Problemen war deshalb mit folgendem Vorbehalt versehen, den er in einem Ferienkurs für Lehrer 1900 klar formulierte: „Die Universitäten sollen nicht etwa jetzt in ein neues Extrem verfallen und ihren Zuhörern ausschliesslich eine Kenntnis der angewandten Mathematik vermitteln, sondern das Ziel muss eine allseitige mathematische Durchbildung des Studierenden sein“ (Vortrag im Ferienkurs für Oberlehrer, Göttingen 1900). Dazu gehörte letztlich auch die in der Leipziger Antrittsrede geäußerte Auffassung, für die sich Klein nicht zu schade gewesen ist: „Ist es nicht eine ebenso würdige Aufgabe der Mathematik, richtig zu zeichnen, wie die, richtig zu rechnen?“

Das enge Verhältnis zwischen F. Klein und S. Lie, das durch Lies Erkrankung sich nicht nur abkühlte, sondern zerrüttet wurde, belastete Klein, und es ist ihm anzurechnen, daß er die tragischen Ursachen erkannt hat und gegenüber Lie eine gerechte Haltung einzunehmen versuchte. Hören wir hierzu aus einem 27seitigen fachlichen Bericht von F. Klein, der den Titel trägt *Über Lie's und meine Arbeiten aus den Jahren 1870-72* vom 1. November 1911 und von dem eine maschinenschriftliche Abschrift aus Lies Nachlaß im Mathematischen Institut der Universität Göttingen aufbewahrt wird:

„Wir [Klein und Lie] waren bald täglich beisammen und haben dann nach kurzer Unterbrechung der Osterferien des folgenden SS [1870], unseren beiderseitigen Plänen folgend, zusammen in Paris zugebracht, bis wir Mitte Juli durch den Ausbruch des Krieges getrennt wurden. (S. 2-3) ... Die Prämisse, welcher der Einzelne von uns zu unserem wissenschaftlichen Verkehr mitbrachte, war sehr verschiedenartig. (S. 3) ... Ich selbst hatte mir schon in Bonn das Ideal gebildet, dem ich seitdem treu geblieben bin, dass ich in den Wissenschaften etwas leisten wollte, indem ich verschiedene Standpunkte erfasste und verglich. Insbesondere verfolgte ich damals, wie noch längere Zeit später, auch physikalische Interessen. Ich war überhaupt nicht so ausschließlich mathematisch wie Lie."

Klein gestand Lie zunächst die führende Rolle zu, stellt aber ab 1871 Gleichwertigkeit bei unterschiedlichen Ideenkreisen fest. Schließlich lenkten Klein viele andere Aufgaben von dieser Thematik ab.

Klein besuchte in Paris weniger mathematische Lehrveranstaltungen, sondern er suchte dort Kontakte zu den französischen Mathematikern, und genau das sollte er später David Hilbert bei dessen Besuch in Leipzig empfehlen. So begegnete Klein dem Geometer Jean Gaston Darboux, der ihn beeinflußte. Der deutsch-französische Krieg unterbrach zwar 1870 diese Beziehung, jedoch nahm Klein gleich nach 1871 die Korrespondenz mit Darboux wieder auf. Der preußische Patriot war kein Nationalist. Erinnern wir in diesem Zusammenhang noch daran, daß David Hilbert 1917 beim Tode Darbouxs, mitten im Weltkrieg, einen Nachruf auf Darboux in die *Mathematischen Annalen* einrückte.

Auch die Beziehungen zwischen F. Klein und H. A. Schwarz hatten sich durch die Berufung von S. Lie im SS 1886 nach Leipzig abgekühlt. Klein sollte jedoch als Nachfolger von M. Stern ein Kollege von H. A. Schwarz in Göttingen werden. In einem Schreiben von Klein an Schwarz (Entwurf vom 13. August 1885) erörterte Klein die Unterschiede ihrer Temperamente, vermutlich um deren bevorstehende Zusammenarbeit zu befördern. Zunächst hob er hervor, daß er sich den Weierstraßschen Auffassungen genähert habe, womit er in Leipzig „relativ isoliert [da]stehe", was aber in Göttingen eine Zusammenarbeit ermöglichen sollte. Die Erörterung der verschiedenen Temperamente brachte H. A. Schwarz die Eigenschaften „gründlich, ungeheuer fleißig, zäh" ein. Und über sich bemerkte Klein:

„Ich strebe nach Überblicken und allgemeinen Ideen, ermüde dann aber rasch und begnüge mich gern mit der Anregung" (gemäß der Schillerschen Feststellung, daß Könige Kärrner in Bewegung setzen).

Modellsammlung des Mathematischen Instituts in Göttingen

Imaginärteil einer Besselfunktion

Boysche Fläche

10. Wissenschaftliche Ehrungen für Felix Klein

Felix Klein war ein Mathematiker, der in seiner Zeit die Entwicklung und Ausgestaltung der Mathematik wesentlich beeinflußte. Da er neben herausragenden mathematischen Fähigkeiten auch erstaunliche pädagische und wissenschaftsorganisatorische Talente besaß, sicherte ihm das nicht nur national, sondern auch international großen Einfluß. Der amerikanische Mathematikhistoriker Eric T. Bell, der übrigens 1912 an der Columbia University von Kleins Doktorand Frank Cole promoviert wurde, schrieb beispielsweise in einem *Biographical Memoir* über den dänisch-amerikanischen Mathematiker Hans Blichfeldt: „The outstanding mathematicians working in the Germany of the late 1890's were Sophus Lie (Norwegian, 1842-1899), Felix Klein (German, 1849-1925), and David Hilbert (German, 1862-1943). Lie was at Leipzig, Klein at Göttingen. ... Klein, as the consequence of a nervous breakdown from overwork, had passed his peak. Nevertheless, as Blichfeldt said many years after his sojourn in Germany, 'Klein was the daddy of them all'."

Sehen wir uns die wichtigsten wissenschaftlichen Ehrungen für Klein an.

F. Klein war Mitglied (und wurde häufig später auch Ehrenmitglied) von etwa einem halben hundert Akademien und wissenschaftlichen Gesellschaften:

1871, 16. 6.	Mathematisch-naturwissenschaftlicher Verein zu Göttingen
1872, 7. 12.	Königliche Gesellschaft der Wissenschaften zu Göttingen
1872, 13. 12.	Physikalisch-medicinische Societät Erlangen Ehrenmitglied 10. 5. 1875
1875	London Mathematical Society
1877, 20. 2.	Reale Istituto Lombardo di Scienze e Lettere, Milano
1878, 6. 6.	Cambridge Philosophical Society
1879, 25. 7.	Königlich Bayerische Akademie der Wissenschaften
1882, 24. 7.	Königlich Sächsische Akademie der Wissenschaften
1883, 17. 1.	Regia Lynceorum Academia, Rom
1885, 10. 12.	The Royal Society, London Ehrenmitglied 7. 11. 1902
1886, 5. 2.	Mathematischer Verein der Universität Leipzig
1886, 18. 6.	Kaiserlich Leopoldinisch-Carolingische Deutsche Akademie der Naturforscher (Leopoldina), Halle
1887, 12. 11.	Königliche Gesellschaft der Wissenschaften zu Göttingen

1891, 1./13.2.	Moskauer Mathematische Gesellschaft
1892, 8. 4.	Kongelige Danske Videnskabernes Selskab, Kopenhagen
1892, 26. 4.	Manchester Literary and Philosophical Society
1893, 28.5./9.6.	Kaiserliche Universität Kasan
1894, 7. 5.	Accademia delle Scienze dell'Istituto Bologna
1895, 19./31.12.	Kaiserliche Akademie der Wissenschaften St. Petersburg
1896, 12. 2.	Società Italiana delle Scienze, Roma
1896, 21. 4.	National Academy of Sciences of the United States of America
1896, 25. 10.	New York Academy of Sciences
1897, 22. 2.	Reale Accademia delle Scienze Torino
1897, 17. 5.	Institut de France – Académie des Sciences
1897, 29. 5.	Académie Royale des Sciences, Amsterdam
1898, 16. 5.	National Academy of Sciences, Washington
1898, 15. 12.	Académie Royale des Sciences, des Lettres et des Beaux Arts de Belgique
1898, 26. 12.	Istituto Veneto di scienze, lettere ed art, Venetien
1899, 26. 4.	Nederlandsch Wiskundig Genootenschap, Amsterdam
1899, 26. 8.	Ungarische Akademie der Wissenschaften
1900, 2. 2.	Kongliga Physiographiska Sallskapet i Lund
1900, 12. 8.	Kaiserliche Akademie der Wissenschaften, Wien
1901, 16. 1.	Royal Irish Academy
1901, 3. 5.	Societas Scientiarum Upsaliensis
1901, 6. 9.	Physikalischer Verein zu Frankfurt a. M.
1904, 3. 2.	Société Scientifique 'Antonio Alzate', Mexico
1904, 13. 4.	American Academy of Arts and Sciences
1905	Mathematische und Physikalische Gesellschaft, Budapest
1906, 17./29.12.	Mathematische Gesellschaft, Charkow
1907, 13. 8.	Schweizerische Naturforschende Gesellschaft
1908, 12. 10.	National Education Association, Washington
1909, 12. 8.	Calcutta Mathematical Society, Ehrenmitglied
1912, 10. 9.	Deutsches Museum, München
1913, 16. 2.	Verein für Naturwissenschaften in Braunschweig
1913, 27. 5.	Società Reale di Napoli, Accademia delle Scienze Fisiche et Matematiche, Neapel
1917, 25. 4.	Verein zur Förderung des mathematischen und naturwissenschaftlichen Unterrichts (MNU)
1917, 19. 12.	Mathematische Gesellschaft in Hamburg

1920, 10. 6.	Mathematische Verbindung an der Georgia Augusta, Göttingen
1924, 25. 4.	Deutsche Mathematiker-Vereinigung, Ehrenmitglied
1925, 28. 3.	Ukrainische Sevcebko-Gesellschaft der Wissenschaften, Lwow

Die Reihe der Ehrendoktortitel für Felix Klein sowie die Liste der ihm verliehenen Preise und Medaillen sind gleichfalls beeindruckend:

1880	Accademia delle Science Torino
1888	Università di Bologna
1896	Princeton University
1897	Cambridge University
1900	Uniwersytet Jagielonski w Krakowie, Krakau
1902	Universität Christiania
1904	Trinity College, Dublin
1905	TH München
	Universität Frankfurt/M.
1924	Friedrich-Wilhelms-Universität Berlin

1883	Medaille der Regia Lynceorum Accademia, Rom
1893	de Morgan-Medaille; wichtigste Auszeichnung der London Mathematical Society, wird alle drei Jahre verliehen, die bis dahin Klein als einziger Ausländer erhalten hat
1894	Herman von Helmholtz-Medaille Auszeichnung der Preußischen Akademie der Wissenschaften für herausragende Leistungen auf den Gebieten der Natur- und Technikwissenschaften, 1891 gestiftet; erste Preisträger 1892 Hermann von Helmholtz, Emil du Bois-Reymond und Karl Weierstraß
1896	Medaille der Princeton University
1897	Lobatschewski-Medaille der Universität Kasan
1898	Böttinger-Medaille des Göttinger Vereinigung für angewandte Physik und Mathematik
1909	Carl Duisberg-Medaille

1909	Grußadresse des Verlages B. G. Teubner zum 60. Geburtstag, desgl. von der Unterrichtskommission des ungarischen Lehrerverbandes
1911	Plakette anläßlich des 100jährigen Bestehens der Firma B. G. Teubner, verbunden mit dem Dank des Verlages an Klein als Herausgeber der *Mathematischen Annalen* sowie der *Encyklopädie der mathematischen Wissenschaften*
1912	Alexander von Brill-Medaille, Bunsen-Gedenkmünze
1912	Adresse zum 40. Jahrestages des Professoren-Jubiläums mit ca. 600 Unterschriften (19. 8. 1912),
1913	am 25. Mai wird ein von Max Liebermann gemaltes Porträt an Felix Klein übergeben
1914	L. Koenigsberger-Medaille anläßlich Koenigsbergers 100 Semester währender akademischer Tätigkeit
1914	Circolo Matematica, Palermo (G. B. Guccia)
1914	Alfred Ackermann Teubner-Gedächtnispreis zur Förderung der Mathematischen Wissenschaften, vom Verleger Alfred Ackermann-Teubner bei der Universität Leipzig gestiftet (F. Klein war der erste Preisträger, später wurde er Preisrichter)
1918	Goldenes Doktorjubiläum, Grußadressen der Preußischen Akademie und der Bayerischen Akademie der Wissenschaften, des Göttinger Vereins zur Förderung der angewandten Physik und Mathematik (aufwendig gestaltete Rolle im Schuber) sowie der mathematischen Freunde und Kollegen
1924	Ernst Abbe-Medaille der Carl Zeiss-Stiftung für Kleins mathematisches Werk

Die Münchener Studenten des Mathematischen Vereins richteten an Felix Klein bei dessen Weggang nach Leipzig im Juli 1880 folgende Grußadresse:

„Der Verlust, den die technische Hochschule, den die gelehrten Kreise Münchens durch Ihre ehrenvolle Berufung nach Leipzig erleiden, dieser Verlust wird von der großen Zahl Ihrer Schüler, denen Sie ein hingebender Lehrer waren, ein sorglicher Ratgeber stets gewesen, lebhaft empfunden. Tief betroffen ist hiervon der hiesige mathematische Verein, dessen Mitglieder sich wol zu Ihren engeren Schülern zählen dürfen.“

Unterzeichnet war das Schreiben vom Vorsitzenden Dr. Dyck sowie u. a. von Dr. Bianchi, F. Dingeldey und H. Burkhardt (SUB Göttingen, Cod. Ms. F.

Klein 192). Bianchi war übrigens der letzte Vortragende im Münchener Seminar von Klein (11. Juli 1880).

Die Leipziger Studenten hatten bei der Ablehnung Felix Kleins, dem Ruf nach Baltimore Folge zu leisten, im Februar 1884 eine Dankesadresse verfaßt sowie einen Kommers zu Ehren von Klein veranstaltet, wozu sie auch einige eigene Lieder beisteuerten.

Am späten Abend des 22. Juni 1925 starb nach längerer Krankheit Felix Klein in Göttingen. Zum Gedenken an Klein gab es in Göttingen eine Gedächtnisfeier am 31. Juli, auf der Richard Courant eine Gedenkrede hielt, in der er erklärte „eine Epoche in der Geschichte der Mathematik ist abgeschlossen“.

Die Tätigkeit von Klein wurde in vielen Nachrufen widergespiegelt (siehe hierzu auch das Literaturverzeichnis):

bereits am 24. Juni in den *Leipziger Neuesten Nachrichten* und in den *Düsseldorfer Nachrichten*,
in der *Vossischen Zeitung* von einem Mitarbeiter K. S. am 25. Juni und von Kirchberger am 27. Juni,
von Kirchberger in der *Umschau* am 18. Juli,
von G. Prange im *Hannoverschen Kurier* am 28. Juni,
von einem Redakteur der *Deutschen Allgemeinen Zeitung* am 28. Juni,
von Metzner in dem *Göttinger naturwissenschaftlichen-geographischen Ferienkurs* am 1. Juli,
von Schröder in den *Hamburger Nachrichten* am 5. Juli,
von H. Weyl in der *Neuen Zürcher Zeitung* am 6. Juli,
von W. Ahrens in der *Kölnischen Zeitung* am 6. Juli, dann in der *Magdeburger Zeitung* am 8. Juli und schließlich in der *Täglichen Rundschau* am 9. Juli,
von G. Chisholm Young in *The Times* am 9. Juli,
von F. Lindemann in den *Münchner Neuesten Nachrichten* am 9. Juli,
von A. Sommerfeld in der *Kölnischen Zeitung* am 11. Juli,
von Pöschl in der *Wiener Neuen Freien Presse* am 16. Juli,
von Pfeiffer im *Schwäbischen Merkur* am 18. Juli,

von W. v. Dyck und F. Poske in den *Mitteilungen der Gesellschaft deutscher Naturforscher und Ärzte* im Juliheft,
von C. Carathéodory in den *Mathematischen Annalen* 95 (1925)
und in der *München-Augsburger Abendzeitung* Nr. 181,
von R. Courant in der *Frankfurter Zeitung* am 4. August,
von Bergmann in der *Hannoverschen Landeszeitung* und schließlich
ein von Wf. gezeichneter Beitrag in der *Ingenieur-Zeitung*.

Mathematische Gesellschaft in Hamburg.

Die im Jahre 1690 gegründete Mathematische Gesellschaft in Hamburg hat in ihrer Hauptversammlung v. 19.2.17 Herrn Geh. Reg.-Rat Prof. Dr. F. Klein in Anerkennung seiner hohen Verdienste um Wissenschaft und Unterricht hierdurch zu ihrem

Ehren-Mitgliede

zu ernennen.

Der Vorstand der Mathematischen Gesellschaft in Hamburg.

Die Augustus de Morgan Medal der London Mathematical Society, die alle drei Jahre vergeben wird und die Felix Klein als erster Ausländer erhielt

Ehren-Mitgliedschaft in der Mathematischen Gesellschaft in Hamburg, der ältesten mathematischen Gesellschaft Deutschlands

Zeitschrift

für

mathematischen und naturwissenschaftlichen Unterricht.

Ein Organ für Methodik, Bildungsgehalt und Organisation der exakten Unterrichtsfächer an Gymnasien, Realschulen, Lehrerseminarien und gehobenen Bürgerschulen.

(Zugleich Organ der Sektionen für math. und naturw. Unterricht in den Versammlungen der Philologen, Naturforscher, Seminar- und Volksschul-Lehrer; giebt auch Mitteilungen über den „Verein zur Förderung des Unterrichts i. d. Mathematik und i. d. Naturw.")

Unter Mitwirkung

der Herren Prof. Dr. Bauer in Karlsruhe, Univ.-Prof. Dr. Frischauf in Graz, Dr. Günther, Prof. a. d. techn. Hochschule in München, Prof. Dr. Haas in Wien, Geh.-R. Dr. Hauck, Prof. an der techn. Hochschule in Berlin, Gewerbeschul-Dir. Dr. Holzmüller in Hagen, Realgymnasial.-Prof. Dr. Lieber in Stettin, Gymnas.-Obl. v. Lühmann in Königsberg i/N., Obl. Dr. Schotten in Cassel und Prof. Wertheim in Frankfurt a/M.

herausgegeben

von

J. C. V. Hoffmann.

Sechsundzwanzigster Jahrgang.

Leipzig,

Druck und Verlag von B. G. Teubner.

1895.

Ein Portrait nach dem Stil von Peter Matzen, Göttingen.

Felix Klein:

Über die Beziehungen der neueren Mathematik zu den Anwendungen.

Antrittsrede, gehalten in Leipzig 1880.

Quelle:
Zeitschrift für mathematischen und naturwissenschaftlichen Unterricht, 26. Jahrgang. Leipzig: Teubner-Verlag 1895, S. 535-540.

Über die Beziehungen der neueren Mathematik zu den Anwendungen.

Antrittsrede, gehalten am 25. Oktober 1880 bei Übernahme der damals an der Universität Leipzig neuerrichteten Professur für Geometrie.*)

Von F. Klein in Göttingen.

Unter allen Wissenschaften ist kaum eine, die in Richtung allseitiger Verwendbarkeit eine gröfsere Bedeutung beanspruchen könnte, als die Mathematik. Nicht nur die benachbarten Naturwissenschaften und die feiner entwickelten Teile der Erkenntnislehre bedürfen einer mathematischen Grundlage; auch das praktische Leben mit seinen vielseitigen Bestrebungen, vor allem die moderne Technik, können einer mathematischen Vorschule nicht entraten. Das wird anerkannt und von keiner Seite bestritten. Und doch beobachten wir im Gegensatze dazu einen merkwürdigen Widerspruch. Von Niemandem wird geleugnet, dafs die reine Mathematik seit Anfang des Jahrhunderts nach den verschiedensten Richtungen hin eine

*) Das 5. Heft (S. 382 u. f.) brachte den Vortrag, welchen ich letzthin (bei der Hauptversammlung des Vereins zur Förderung des mathematischen und naturwissenschaftlichen Unterrichts) über die mathematische Ausbildung der Lehramtskandidaten gehalten habe. Vielleicht hat die Antrittsrede, mit der ich seiner Zeit die Leipziger Professur der Geometrie übernahm, in diesem Zusammenhange neues Interesse; ich bringe dieselbe also nunmehr gleichfalls zum Abdruck. Einzelheiten, die ich damals berührte, haben sich natürlich in der Zwischenzeit verschoben, aber es schien mir nicht zweckmäfsig, dieselben darum abzuändern.

15. Juni 1895. Klein.

mächtige und tiefgreifende Entwickelung erfahren hat. Aber für die Anwendungen scheint alle diese Entwickelung beinahe nutzlos gewesen zu sein. Der Praktiker ignoriert unsere Fortschritte und ist höchstens geneigt, einzelne paradoxscheinende Folgerungen aus dem Zusammenhange herauszugreifen und dann einer nicht eben schonenden Kritik zu unterwerfen.

Diese Thatsache, die sich nicht ableugnen läfst, ist sie notwendig, oder bezeichnet sie nur ein Übergangsstadium? Wird das, was uns Theoretiker jetzt interessiert, später noch einmal in allgemeinerem Sinne verwendbar werden? Ich habe oft, und ich darf sagen: mit ehrlichem Zweifel darüber nachgedacht; aber ich bin schliefslich, je länger ich es that, desto mehr in meiner optimistischen Überzeugung gefestigt worden. Unsere Theorieen sind nicht überflüssig, ein eitles Spiel der Phantasie. Es handelt sich nur um gewisse Schwierigkeiten, die sich ihrer Verbreitung und Verwertung entgegenstellen. Dieselben liegen zum Teil auf mathematischer Seite und können durch zweckentsprechendes Verhalten der Mathematiker gemildert und allmählich gehoben werden. Irre ich nicht, so drängt ein allgemeiner Zug die jüngeren Kräfte dahin, eben dieses zu versuchen. Heute, wo ich die Ehre habe, zum ersten Male zu Ihnen zu reden, wüfste ich keinen mir näher liegenden Gegenstand. Sehen Sie doch durch meine Berufung die Zahl der mathematischen Lehrstühle abermals um einen vermehrt, so dafs die Frage natürlich scheint, ob denn die Mathematik, nach dem Mafse ihrer Wichtigkeit für allgemeine Interessen, eine so zahlreiche Vertretung beanspruchen kann.

Das erste und wichtigste Hemmnis, das, meiner Meinung nach, auf unserer Seite weggeschafft werden mufs, läfst sich kurz und verständlich bezeichnen. Tritt doch derselbe Mifsstand in den verschiedensten anderen Disziplinen auf! Es ist die durchgehends zu grofse Spezialisierung des Universitätsunterrichts und die damit zusammenhängende Bildung einseitiger mathematischer Schulen. Gestatten Sie mir, dies mit einigen Worten auszuführen, und zwar an demjenigen Fache, das ich in erster Linie zu vertreten habe, an der Geometrie. Ich will mich dabei auf nur einige, besonders charakteristische Vorkommnisse der deutschen Wissenschaft beschränken; denn die Reihe der aufzuzählenden Widersprüche würde unübersehbar, wollte ich zugleich der abweichenden Entwickelungen gedenken, die unser Fach im Auslande genommen hat.

Sie alle haben, auch wenn Sie den mathematischen Studien ferner stehen, die neuere oder projektivische Geometrie als eine der wichtigsten modernen Errungenschaften auf mathematischem Gebiete rühmen hören. Insbesondere wir hier in Leipzig haben doppelte Ursache, von derselben zu reden. War doch Möbius der Erste in Deutschland, der sich an die von Monge und Poncelet geweckten Ideen anschlofs und, selbständig weitergehend, bereits 1827 sein Fundamentalwerk, den baryzentrischen Kalkul, veröffentlichte! — Nun aber meine man nicht — und das ist eine erste bedauernswerte Thatsache — dafs Möbius hiermit sofort einen nennenswerten Erfolg errang. Vielmehr blieb sein Buch, trotz aller Klarheit der Exposition, Dezennien hindurch so gut wie unbekannt, und hat nur einen indirekten Einflufs auf den Fortschritt der Geometrie gewinnen können. Der letztere knüpfte sich zunächst an zwei Namen, die beide unabhängig von Möbius dastehen, an Plücker und Steiner.

Steiner erblickte nicht nur den einzigen Gegenstand seiner Untersuchungen, sondern auch die einzige Quelle seiner Beweise in der unmittelbaren geometrischen Anschauung. So wurde er der Schöpfer derjenigen Disziplin, welche man gewöhnlich als neuere synthetische Geometrie bezeichnet. In seiner schroffen Eigenart wurde er der Stifter einer besonderen geometrischen Schule, die bis heute daran festgehalten hat, trotz ihrer vielfachen Beziehungen zu Nachbargebieten, sich ihre Abgeschlossenheit zu wahren. — Plücker war allgemeiner angelegt. Für ihn war die abstrakte Gröfsenlehre, die Analysis, die eigentliche Wissenschaft, und die Geometrie (wie andererseits die Mechanik) nur ein Gegenbild derselben. So hat Plücker die Grundgedanken der neueren Geometrie in die Algebra hinübergetragen. Aber auch seine Interessen waren nach vielen Seiten begrenzt. Ich sage dies mit der ganzen Zurückhaltung, die ich meinem ersten, hochverehrten Lehrer schulde, doch sage ich es um so lieber, als ich hierdurch meine eigene Auffassung mit besonderem Nachdrucke hinstellen kann. Die synthetische Richtung, wie sie Steiner vertrat, konnte und mochte Plücker durchaus nicht gelten lassen, er betrachtete sie als überflüssig, wo nicht als schädlich. Und auch in der Analysis hatte er starke Antipathien. Seine Hauptleistung war es gewesen, das unnötige Rechnen in der analytischen Geometrie zu vermeiden und aus den zweckmäfsig zusammengezogenen Formeln heraus die Schlufsresultate unmittelbar abzulesen. Um so weniger mochte er sich mit Hesse befreunden, der, als Schüler Jacobis, das Rechnen auch in der Geometrie wieder zu Ehren brachte und mit Virtuosität übte. — Also schon in dieser Periode (die jetzt etwa 40 Jahre zurückliegt) keine harmonische Gesamt-Auffassung und kein Ineinanderwirken der zusammengehörigen Kräfte!

Ich überspringe die zwischenliegenden Dezennien, um Ihre Aufmerksamkeit nicht zu ermüden. Sie alle kennen den Namen des der Wissenschaft zu früh entrissenen Clebsch. — Hier war ein Mann, der das Ganze der Wissenschaft zu erfassen suchte. Clebsch wollte nicht nur Geometrie und Algebra, er wollte ebenso Geometrie und Funktionentheorie verschmolzen sehen; er glaubte, dafs gründliche geometrische Untersuchungen auch für andere Gebiete der reinen Mathematik nützlich sein könnten. Allein was ist sein Erfolg gewesen? Sicher hat Clebsch im Kreise seiner zahlreichen Freunde ein bleibendes Andenken hinterlassen. Mufs ich es doch zumal dem nachwirkenden Einflusse seiner Persönlichkeit zuschreiben, wenn Sie, meine hochgeehrten Fachgenossen, die Creierung der neuen geometrischen Professur beantragten. Aber bei der überwiegenden Zahl der deutschen Mathematiker ist seine Auffassung bereits wie vergessen oder nie recht verstanden worden. Weil er selbst vom Schauplatze seiner Thätigkeit frühe abtreten mufste, will man auch seinen Bestrebungen eine nur vorübergehende Bedeutung zuerkennen.

Es ist überflüssig, mit solchen Betrachtungen noch weiter fortzufahren. Sie sehen, wie innerhalb der neueren Geometrie der Gegensätze eine Menge ist. Die Vertreter des Faches verfolgen, je nach ihrer Beanlagung verschiedene aber durchweg individuelle Ziele. Und ähnlich ist es im Gesamtgebiete der neueren Mathematik.

Die nächste Folge davon ist, dafs der Unterricht der heranwachsenden Generation verkümmert. Sicher ist es für den Studierenden vom allergröfsten Vorteil, Spezialvorlesungen zu hören und von dem Dozenten in den Kreis der von diesem selbständig vertretenen Ideen eingeführt zu werden. Aber neben diesen Vorlesungen, welche die höchste Aufgabe des akademischen Lehrers bilden mögen, sollten andere nicht fehlen, die im allgemeinen auf dem Gebiete der modernen Mathematik orientieren, den Zusammenhang und die Berechtigung aller Einzelbestrebungen nachweisen. — Mit dieser Verkümmerung des Unterrichts geht der Mangel brauchbarer Lehrbücher Hand in Hand. Es giebt dafür kein schlagenderes Beispiel als das folgende. Die Analysis des Unendlichen hat in den letzten 25 Jahren eine wesentliche Umgestaltung erfahren. Wir haben zunächst die Verschärfung der Grundbegriffe des Differentiierens und Integrierens. Wir haben sodann die Theorie komplexer Variabler mit ihrer ganz neuen Einsicht in das Wesen des Funktionsbegriffs. Wir haben endlich eine wesentlich vollständigere Kenntnis der algebraischen Differentiale und Differentialgleichungen. Aber wo ist das für den allgemeinen Gebrauch bestimmte Lehrbuch der Differential- und Integral-Rechnung, das von alle dem Rechenschaft gäbe?

Unsere besseren Bücher sind immer noch diejenigen, welche auf Cauchys Cours d'analyse zurückgehen, und der ist jetzt nahe 60 Jahre erschienen.

Und nun erinnern Sie sich dessen, was ich in der Einleitung sagte. Wie sollen allgemeinere Kreise unsere moderne Mathematik verwerten können, wenn Vorlesungen und Lehrbücher nur mangelhafte Kenntnis vermitteln? Ich werde dem einzelnen Dozenten keine Vorschriften machen. Es würde mir schlecht anstehen, hochstehende Männer, die in der Beschränkung auf einzelne Fragen Hervorragendes leisten, zurechtweisen zu wollen. Aber nützlich scheint es zu sein, einen anderen Weg zu suchen, wie wir Jüngeren jetzt in gröfserer Zahl thun. Wir wünschen vor allen Dingen in uns selbst eine möglichst umfassende Kenntnis der bestehenden mathematischen Disziplinen zu erzeugen; die soll sich dann, ohne besonderes Zuthun, in den Vorlesungen wirksam erweisen und darüber hinaus auch in das praktische Leben greifen! Freilich droht dabei, wie wir nicht verkennen, eine Gefahr. Es ist die, dass wir statt mathematischer Einsicht nur encyklopädische Kenntnis vermitteln. Aber soll man deshalb von einem Unternehmen abstehen, weil Schwierigkeiten mit demselben verbunden sind?

Doch nehmen wir an, alle solche Mifslichkeiten seien überwunden. Dann bleibt den meisten Teilen der modernen Mathematik noch immer ein Charakter, der sie schwer zugänglich und noch schwerer verwendbar macht. Es ist ihre grofse Abstraktheit, die wir bekämpfen müssen.

Sicher war es ursprünglich ein grofser Fortschritt, den Lagrange über Euler machte. Euler hatte vorwiegend einzelne Probleme behandelt, jede Aufgabe mit einem besonderen Kunstgriffe. Lagrange lehrte, mit allgemeinen Methoden ganze Klassen von Aufgaben gleichzeitig erledigen. Und ebenso war es ein weiterer Gewinn, als man begann, das formale Element in der Mathematik noch stärker zu betonen, als sich der Grundsatz Bahn brach, dafs dieselbe Rechnung der verschiedensten Deutungen fähig sein kann, dafs sie aber richtig ist unabhängig von jeder Deutung auf Grund der für die Elementaroperationen vorauszuschickenden Prämissen. Und doch meine ich, dafs man beim Unterrichte und auch bei der eigenen Arbeit derartige Auffassungen nicht zu sehr in den Vordergrund stellen soll. Sonst kommt es dazu, dafs wir vor lauter Allgemeinheit ein einzelnes Problem gar nicht mehr nach seiner konkreten Wirklichkeit zu erfassen vermögen, und die Kluft, welche schon jetzt den theoretischen Mathematiker von den Anwendungen trennt, wird unübersteiglich.

Ich kann das, was ich meine, um so besser an dem Beispiele der neueren Geometrie spezifizieren, als eine Umwandlung, wie ich sie wünsche, bei ihr bereits eingetreten oder wenigstens eingeleitet ist. Vorhin bereits bemerkte ich, dafs wenigstens die synthetische Geometrie ursprünglich von der unmittelbaren räumlichen Anschauung ausgegangen ist. Aber nun ist das Merkwürdige, dafs auch sie in ihrer Entwickelung die Anschauung nicht festgehalten hat. Wie eigentlich eine Kurve 4. Ordnung oder eine Fläche 3. Ordnung beschaffen ist, ich meine, wie sie aussieht, blieb unerörtert und also auch, da die Sache nicht ganz einfach ist, unbekannt. Man definierte solche Gebilde nur mit Worten, und die Sätze, die man fand, wurden nicht als Thatsachen der Anschauung sondern nur als richtige Aneinanderkettungen der (ursprünglich anschauungsmässigen) Definitionen empfunden. Diese ging so weit, dafs man für eine Frage von primärer Wichtigkeit, für den Unterschied von reell und imaginär, vielfach so gut wie gar kein Interesse mehr hatte.

Das ist nun so ziemlich das Gegenteil von demjenigen Standpunkte, den ich für den richtigen, weil förderlichen, halte. Und eben hier haben wir Jüngeren einen neuen Weg eingeschlagen oder eigentlich früher immer benutzte Hülfsmittel aufs neue hervorgesucht. Wir halten uns nicht für zu vornehm, um beim Unterrichte und auch bei der eigenen Forschung Zeichnungen und Modelle in ausgiebiger Zahl zu verwerten. Wir thun dies in dem Umfange, dafs wir eigene Sammlungen organisieren. Ich kann hier um so mehr aus eigener Erfahrung reden, als ich in meiner vorigen Stellung am Münchener Polytechnikum zusammen mit meinem Kollegen, Herrn Prof. Brill, dank der Liberalität der bayrischen Staatsregierung in der Lage war, umfassende Hülfsmittel für solche Zwecke verwenden zu können. Lassen Sie mich zumal von dem Eindrucke erzählen, den zahlreiche Vertreter der Wissenschaft, die unsere Sammlung besichtigten, und eben solche Männer, denen die Mathematik zwar ein notwendiges Hülfsmittel, aber doch nicht der Hauptgegenstand des Interesses ist, von da mitgenommen haben. Sie alle waren darüber einig, dafs Ihnen mannigfache Fragen, welche Ihnen bisher in abstrakter Formulierung schwierig erschienen waren, plötzlich unmittelbar verständlich und fafsbar geworden sind.

Statt vieler Beispiele lassen Sie mich dies eine erwähnen. Auf der Kugel fallen, wie man weifs, die kürzesten Linien mit den sogen. gröfsten Kreisen zusammen. Daher schneiden sich alle kürzesten Linien, welche durch einen beliebig gegebenen Punkt hindurchlaufen, in einem zweiten, dem diametral gegenüberstehenden Punkte. Wie ändert sich dies, wenn wir statt der Kugel eine andere geschlossene Fläche nehmen? Also etwa diejenige Fläche, bei der unsere Frage den Astronomen und Geodäten interessiert: ein Rotationsellipsoid. Man weifs aus der Variationsrechnung, dafs statt des zweiten Schnittpunktes eine vierspitzige Enveloppe auftritt, die von den auf einander folgenden kürzesten Linien umhüllt wird. Aber es ist schwer, sich vorzustellen, wie diese Enveloppe auch nur für einen einzelnen fest gegebenen Ausgangspunkt gestaltet ist. Es ist noch viel schwerer, sich deutlich zu machen, wie diese Enveloppe sich ändert, wenn der Ausgangspunkt sich bewegt. Und doch scheint eben dies für den Praktiker von gröfster Wichtigkeit, denn nur so kann er sich über den Gesamtverlauf einer kürzesten Linie eine klare Vorstellung machen. Modelle, welche Herr Prof. Brill vor einiger Zeit hat erscheinen lassen, veranschaulichen das mit aller wünschenswerten Klarheit. Die in Betracht kommenden Linien sind übersichtlich nebeneinander gezeichnet, und ein beigegebener Faden, den man um das Ellipsoid spannen kann, gestattet, sozusagen mit dem Gefühl die Richtigkeit der Konstruktion zu kontrolieren.

Oder soll ich noch einer anderen Modellserie gedenken, die eben jetzt veröffentlicht wurde? Bei ihr handelt es sich um Veranschaulichung der Raumkurven dritter Ordnung. Diese Kurven haben eine gewisse Bedeutung in der physiologischen Optik. Der Ort derjenigen Raumpunkte, von denen Lichtstrahlen ausgehen, welche die Augen des Beobachters in korrespondierenden Punkten treffen, ist eine Raumkurve dritter Ordnung. Dies ist bekannt; aber ich möchte beinahe glauben, dafs man sich über Lage und Gestalt dieser Kurve bisher eine nur ungenügende Vorstellung gemacht hat.*) Unsere Modelle bringen sämtliche Gestalten zur Anschauung, deren eine solche Kurve fähig ist, und es kann wohl nicht schwer sein, unter ihnen diejenige herauszusuchen, welche man jeweils gebraucht.

Nur eins mag man, von pädagogischem Standpunkte aus, der ausgiebigen Benutzung solcher Hülfsmittel entgegensetzen. Es ist dies, dafs wir dem Studierenden die Aufgabe zu sehr erleichtern, dafs wir ihm durch Vorführen konkreter Fälle das Auffassungsvermögen für abstrakte Beziehungen beeinträchtigen. Ich kann dem gegenüber nur sagen, dafs wir etwas derartiges jedenfalls nicht beabsichtigen. Wir gehören nicht zu denen, die dadurch die Mathematik zugänglicher machen wollen, dafs sie

*) [Dies ist, wie ich bald hernach erfahren habe, ein Irrtum; die Physiologen haben längst selbst Modelle der in Betracht kommenden Kurven dritter Ordnung konstruiert.] Kln.

ihre höheren Teile abschneiden und bei Seite lassen. Bei uns soll die Veranschaulichung nur ergänzend eingreifen; wir meinen, daſs auch die abstraktere Forschung durch Neuberührung mit dem Boden, auf dem sie gewachsen, selbst neue Stärkung erhält!

Und nun bleibt mir noch ein letzter Punkt zu berühren. Wir sollen, im Sinne der von mir vertretenen Ansicht, nicht nur bestrebt sein, die theoretische Mathematik den Anwendungen näher zu rücken, sondern wir werden letztere selbst heranziehen und unseren Zuhörern vorführen, wie immer die Anwendungen sich gestaltet haben mögen. Das aber bedingt, in mannigfachem Betracht, eine Erweiterung des an der Universität üblichen Lehrstoffes. Bei der neueren Geometrie wenigstens sind die Anwendungen, von denen ich zu berichten weiſs, der Hauptsache nach auf dem Boden der Technik gewachsen und an der Universität bisher so gut wie unbekannt.

Ich denke dabei zunächst an die darstellende Geometrie, deren Aufgabe es ist, räumliche Figuren durch exakte Zeichnungen wieder zu geben. Ihre engen Beziehungen zur neueren Geometrie brauche ich kaum zu schildern; ist doch aus der darstellenden Geometrie, historisch genommen, die „neuere" erwachsen! Ich denke ferner an die graphischen Konstruktionen, wie sie je länger je mehr bei Aufgaben der Statik und Mechanik üblich werden; sie bilden ebensowohl eine Verwendung der neueren Geometrie, als eine Weiterbildung derselben. Ich denke endlich an die Entwickelung der Maschinen-Kinematik. Auch bei ihr ist es wieder ein Gebilde der neueren Geometrie, das von Möbius gefundene Nullsystem, das allen Entwickelungen zu Grunde liegt.

Und in der That ist es meine Meinung, daſs wir alle diese Gebiete in den Universitätsunterricht verflechten müssen. Sollen wir dieselben ignorieren, bis wir eines Tages von der Entwickelung der Technik vielleicht auch theoretisch überholt sind? Ist es nicht eine ebenso würdige Aufgabe der Mathematik, richtig zu zeichnen, wie die, richtig zu rechnen? Und sind nicht überdies unsere Zuhörer zum groſsen Teile darauf angewiesen, gerade gegen diese Anwendungen in Zukunft Stellung zu nehmen? — Freilich werden wir eine andere Art der Darlegung eintreten lassen müssen, als sie, für diese Fächer, am Polytechnikum üblich und zweckmäſsig ist. Wir werden uns auf eine Auseinandersetzung allein der Prinzipien zu beschränken haben und das viele für den Techniker unentbehrliche Detail bei Seite lassen. Ich fürchte dann auch nicht eine Überlastung des Studenten. Der Vermehrung des Stoffes entspricht in diesem Falle eine Steigerung des Interesses. Die Thätigkeit wird intensiver, aber sie beansprucht keine gröſsere Zeit.

Ich bin am Ende meiner Darlegungen. Dies eine, glaube ich, wird man nicht bestreiten, daſs die von mir entwickelten Anschauungen, richtig durchgeführt, für die Studierenden nützlich sein müssen. Aber ich fürchte fast, die Aufgabe für den mathematischen Dozenten und insbesondere den Geometer zu hoch gestellt zu haben. Es kann nicht anders sein, als daſs ich überall hinter meinen eigenen Anforderungen zurückbleibe. Zumal in der ersten Zeit. Ein umfassendes Programm, wie das von mir vorgelegte, läſst sich jedenfalls nur allmählich durchführen. Um überhaupt eine Wirkung zu erzielen, bin ich zu Anfang gezwungen, einseitig zu sein. Haben Sie damit alle Nachsicht, und messen Sie nicht nach der Grösse der einzelnen Leistung, sondern nach dem Plan und der Absicht, die dem Ganzen zu Grunde liegt!

Erlangen, 7. Oktober 1880.

Encyklopädie der mathematischen Wissenschaften (B. G. Teubner)

Es ist nicht bekannt, ob auf jener denkwürdigen Harzwanderung 1894, an der Franz Meyer, Heinrich Burkhardt, Felix Klein u. a. teilnahmen und die letztlich das bewundernswerte Encyklopädie-Projekt hervorbrachte, das *Mathematische Lexicon, Darinnen die in allen Theilen der Mathematick üblichen Kunstwörter erkläret, und zur Historie der Mathematischen Wissenschaften dienliche Nachrichten ertheilet*: Auff Begehren heraus gegeben von Christian Wolffen (Leipzig: Gleditsch 1716) in den Gesprächen und Überlegungen eine Rolle spielte, aber es darf schon angenommen werden, daß allen Mitwanderern dieses Buch vertraut war und sie es vielleicht wieder als begehrenswert ansahen, auch in ihrer eigenen Zeit etwas Vergleichbares zwischen zwei Buchdeckeln zu haben.

Sei das Geschehen im Harz, wie es war. Doch zwei Buchdeckel sollten bei weitem nicht reichen, die ursprünglich ins Auge gefaßten Bogen zu umschließen, sondern es wurden schließlich 48 für die 6 Bände der *Encyklopädie* mit insgesamt 24 Buchbinderbänden benötigt. Man war sich nämlich schließlich einig, daß ein reines Wörterbuch, wie es von Franz Meyer und Heinrich Burkhardt zunächst geplant war, durch ein Nachschlagewerk ersetzt werden sollte, das die gesamte Mathematik des 19. Jahrhunderts darstellt.

Die Situation war darüber hinaus günstig, denn eine solche enzyklopädische Darstellung war eine große Aufgabe, derer das Kartell der deutschen Akademien (Göttingen, Leipzig, München und Wien) würdig war. Das gerade gegründete Kartell deutschsprachiger Gelehrtengesellschaften zögerte nicht und setzte eine entsprechende Kommission ein, in der Klein die Göttinger Akademie vertrat, und berief eine neunköpfige akademische Redaktion, der Klein gleichfalls angehörte. Felix Klein war in der Tat ein idealer Geburtshelfer bei diesem Projekt, der in der zweiten Hälfte seines Lebens einen großen Teil seiner Kraft in dieses gewaltige Vorhaben steckte. Das ist der *Encyklopädie* zweifelsohne zugute gekommen. Nicht nur war Klein einer der wenigen universellen Mathematiker seiner Zeit, der seine Wissenschaft übersehen konnte und überraschende Verbindungen zwischen Gebieten aufdeckte, sondern er verfügte auch über das erforderliche Organisationstalent und die Tatkraft, ein solches Vorhaben zu verwirklichen. Am Beginn des Encyklopädie-Vorhabens stand jedoch ein Auf und Ab, ehe sich der endgültige Entwurf herausschälte.

Heinrich Burkhardt und Franz Meyer hatten das Werk als Wörterbuch geplant, und Meyer hatte für ein solches Projekt auch schon Kontakte zu dem Leipziger Verleger O. R. Reisland aufgenommen, denn dieser bot in einem Schreiben vom 28. Januar 1895 an, das geplante Wörterbuch in seinen Verlag zu übernehmen, wobei er dann den vorgesehenen Nachdruck des Klügelschen Wörterbuchs fallen lassen würde. Dazu kam es nicht, sondern B. G. Teubner übernahm den Verlag. Allerdings wies Teubner nachdrücklich darauf hin, daß der Druck eines Wörterbuchs erst nach Vorliegen eines vollständigen Manuskripts erfolgen könnte.

Die Herausgeber erörterten nun auch andere Verwirklichungen ihrer Idee. Meyer hatte in einem Brief vom 16. Januar 1895 an Klein Länderartikel ins Spiel gebracht, wobei ihm Kleins seinerzeit gegebener Überblick über die englische Physik *Über neuere englische Arbeiten zur Mechanik* (*Jahresbericht der Deutschen Mathematiker-Vereinigung* 1 (1891)) als mustergültige Vorlage erschien: „Es scheint mir, daß das Wörterbuch gerade in internationaler Hinsicht sehr an Werth gewinnt, wenn man über die neuesten Untersuchungsrichtungen innerhalb der einzelnen Länder ein knappes Referat erstatten würde. ... Für die deutsche Mathematik (etwa der letzten 25 Jahre) könnte das ... Niemand sonst als Sie machen." Dyck wiederum drückte im Brief vom 8. Mai 1895 an Klein aus, daß man den Meyerschen Plan noch spezifizieren müsse, wobei er sich auf das Drängen der Wiener Akademie nach einer klärenden Besprechung bezog. Allerdings fühlte sich Dyck am Ende des SS 1895 erschöpft und erholungsbedürftig, so daß er die Angelegenheit erst einmal in den Herbst verschieben wollte.

Die eingesetzte Kommission haderte allerdings mit Meyer, dem sie Dilettantismus bei der Verwirklichung vorwarf. Klein fühlte sich daraufhin am 12. Juli 1895 veranlaßt, „einige Bemerkungen zu Gunsten von Fr. Meyer [zu] schreiben", da sich die Kommission in ihrer Diagnose geirrt habe, selbst wenn Meyer „die Geschäfte leicht etwas obenhin" nehme, so müsse man doch respektieren, daß er überhaupt an „ein solches schwieriges Unternehmen herangetreten" ist. Es sollten die Anderen (beteiligten Akademien und DMV) an Meyer festhalten, insbesondere auch nach dem Ausstieg der Leipziger Akademie aus dem Vorhaben. Wir sehen hier Kleins umsichtiges Vorgehen, um das Projekt zu verwirklichen.

Am 6. Juni 1895 hatte sich Klein notieren können, daß der Teubner-Verlag die Verwaltung der Kasse für das Vorhaben übernehmen werde und den Autoren Honorare bis zu 30 M pro Bogen (= 16 Seiten) zahlen wolle, sofern die

Beschränkung des Ladenpreises (vorgesehen waren 12 M pro Band) aufgegeben würde und 16 M möglich seien. Diese Konditionen, so Klein, würden den Wegfall der Leipziger Akademie wett machen (siehe S. 243).

Dyck, der neben Klein zum Zugpferd des Vorhabens werden sollte, hatte Felix Klein trotz seiner Erschöpfung am 25. Juli 1895 Vorschläge zum Vorhaben gemacht, die die Weichen zur späteren Darstellung in der *Encylopädie* stellen sollten (siehe S. 244). Dyck blieb zwar noch bei der alphabetischen Anordnung der Stichwörter, wollte aber dieselben in drei Gebiete aufteilen: Analysis, Geometrie und Anwendungen. Der Wechsel von Stichwörtern zu thematischen Artikeln bestimmte schließlich das weitere Vorgehen und ließ „durch die unermüdliche Arbeit Kleins [die *Encyklopädie*] zu einem vielbändigen Werk wachsen, in dem sich alles findet, was die Stellung angeht, welche die Mathematik und ihre Anwendungen in unserer heutigen Kultur einnehmen“ (Carathéodory in seinem Nachruf auf Klein in der *München-Augsburger Abendzeitung*).

Klein war es, der dank seines Überblicks die Darstellung übersichtlich werden ließ und schließlich alles zusammenhielt. Ein Blick auf den mathematischen Teil der elektronischen Enzyklopädie *Wikipedia* zeigt die Unterschiede zwischen dieser nützlichen modernen Edition und dem Kleinschen Vorhaben.

Constantin Carathéodory, der 1935 das Schlußwort zur *Encyklopädie* verfaßte, das in dem anstehenden Registerband zum Band IV untergebracht wurde, mithin in genau dem Band der *Encyklopädie*, den Klein redigiert hatte, hob hervor, daß Kleins Einfluß in allen Artikeln, die vor 1920 erschienen sind, zu spüren ist. Die aufopfernde Tätigkeit Kleins zeigte sich in zahlreichen Besprechungen mit den Autoren, Redaktoren und Referenten, die Klein in Deutschland sowie im Ausland vornahm und aus denen ein einschlägiger umfangreicher Briefwechsel entsprang. Das kam der Einheitlichkeit der *Encyklopädie* zugute, die keine lose Aneinanderfügung einzelner Artikel war, sondern von F. Kleins Fähigkeiten profitierte, die Darstellung der Gebiete in gegründeter Weise gegeneinander abzuwägen und dabei überraschende Verbindungen aufzudecken, die bislang unbemerkt geblieben waren.

Den Werdegang der *Encyklopädie* hat Klein über ein Vierteljahrhundert maßgeblich beeinflußt und gestaltet. Er reiste dazu kreuz und quer durch Europa, um neben den 130 deutschen Autoren noch weitere 50 renommierte ausländische Forscher zu gewinnen. Die ausländischen Autoren waren in Frankreich, den Niederlanden, Dänemark, Schweden und Rußland zu finden, die Autoren aus dem United Kingdom reichten von Südafrika bis Indien, die Autoren aus den USA waren zum Teil frühere amerikanische Studenten Kleins.

Es liegt in der Natur der Sache, daß langfristige Editionsvorhaben ihre Ziele und ihren Charakter im Lauf der Zeit ändern. Alle großen Editionen sind insofern ähnlich, als man bei ihrer Verwirklichung den Zeit- und den Geldbedarf immer unterschätzte. Ein exemplarisches philologisches Beispiel wäre das *Deutsche Wörterbuch* von Grimm, das von 1854 bis 1954 in 32 Buchbinderbänden nebst einem Quellenband erschienen ist, und aus dem hundertjährigen Editionszeitraum ergibt sich bereits, daß nicht alle Herausgeber und Bearbeiter das Ende dieser Ausgabe erlebt haben. Aber mit den Generationen der Herausgeber wechselten auch die Editionsprinzipien.

Das war auch in den vier Jahrzehnten der Herausgabe der *Encyklopädie* der Fall, in denen aus dem Wörterbuch ein Nachschlagewerk über die Fortschritte der Mathematik im 19. Jahrhundert wurde. Klein hatte ursprünglich noch die wechselseitige Nutzung für Anwendungen der Mathematik durch reine Mathematiker und umgekehrt den Zugriff des Praktikers auf theoretische Ergebnisse im Auge. Aber es ist wohl doch eher ein Nachschlagewerk für den reinen Mathematiker geworden, der hier Informationen findet, übrigens auf rund 1 000 Bogen mehr als anfänglich geplant. Diese gewaltige Erweiterung wirkte, wenn es auch paradox erscheint, einschränkend auf das thematische Programm: die Fülle des Stoffes erzwang Beschränkungen. Einzelne Themen wie etwa das über technische Anwendungen wurden gestrichen, schließlich wurde selbst der geplante siebente Band über Geschichte, Philosophie und Didaktik der Mathematik aufgegeben.

Die *Encyklopädie* ist ein Werk dreier Generationen, die über vier Jahrzehnte daran arbeiteten. 1894 hatte Franz Meyer die ursprüngliche Idee für ein Wörterbuch, gleich 1895 gab es die erste Konferenz für eine Enzyklopädie, und schon 1898 erschien bereits die erste Lieferung (Heft 1 von Band 1), 1904 war der erste Band *Arithmetik und Algebra* in zwei Teilen abgeschlossen und am Markt. Vom Band IV, *Mechanik*, den Klein betreute, lagen 1908 zwei der insgesamt geplanten vier Teilbänden vor. Bis zum Abschluß 1935 brachte es die *Encyklopädie* auf 24 Buchbinderbände im Lexikonformat, die teilweise über 1 200 Seiten umfaßten. Die Auflagenhöhe der deutschen Ausgabe lag bei 1 000 Exemplaren nebst einem Überdruck, der Freiexemplare betraf.

Trotz dieser beeindruckenden Editionsgeschwindigkeit erlebte den Abschluß des Jahrhundertwerkes von der ersten Autoren- und Herausgebergeneration niemand. Der Klein-Schüler v. Dyck, der als Vorsitzender der akademischen

Kommission gewirkt hatte und wie Klein auch unangesehen seiner schweren Erkrankung noch viel Arbeit in das Vorhaben steckte, verstarb im Jahr vor dem Abschluß. Er fehlte auch seinerzeit auf dem Internationalen Mathematiker-Kongreß in Heidelberg 1904, so daß Felix Klein dort an seiner Stelle den ersten Band der *Encyklopädie* vorstellte; Jules Molk folgte Klein mit der Präsentation des ersten Bandes der französischen Ausgabe des Werkes. Auf dem nächsten Internationalen Mathematiker-Kongreß in Rom 1908 gestaltete sich die Vorstellung der *Encyklopädie* gerade anders herum: jetzt fehlte Klein, und Dyck vertrat ihn.

War ein solches Vorhaben gerechtfertigt? Schließlich sind namhafte Mathematiker über Jahre an dieses Werk gebunden gewesen, und sie haben umfassende historische Studien über Arbeiten des 19. Jahrhunderts treiben müssen, anstatt sich den aktuellen Problemen der Zeit zu stellen. Die Geschichte der Euler-Edition ist in dieser Hinsicht sehr aufschlußreich, denn in den Irrungen und Wirrungen um die Herausgabe der *Opera omnia Euleri* bei B. G. Teubner gibt es eine bemerkenswerte Episode, die zu einem der vielen Aufschübe des Projekts geführt hat: Max Planck sprach sich 1907 definitiv gegen eine Euler-Ausgabe aus, da eine lange Arbeitszeit und viele Kosten anfallen würden, die Wissenschaft aber wenig Nutzen hieraus ziehen könnte. Berücksichtigt man, daß über Euler zu sprechen schlechthin bedeutet, über die Mathematik des 18. Jahrhunderts zu sprechen, so weisen beide, auf den ersten Blick ziemlich unterschiedliche Vorhaben jedoch einige Ähnlichkeiten auf, nämlich jeweils einen Überblick über die Mathematik des 18. bzw. des 19. Jahrhunderts zu geben. Aber für die Wissenschaft ergibt sich doch der Vorteil, den gewaltigen Stoff der mathematischen Wissenschaften übersichtlich und umfassend aufbereitet zur Verfügung zu haben, so daß wir die Kenntnisse unserer Vorgänger und Wegbereiter, auf denen wir fußen, bis in die Einzelheiten beschrieben erhalten.

Man hat bereits während des Editionszeitraums immer wieder versucht, die *Encyklopädie* auf den neuesten Stand zu bringen, und man hat nach der Vollendung konsequenterweise eine zweite, bearbeitete Auflage in Angriff genommen, aber ein solches Werk ist ein einmaliger Wurf, wie auch Klein ein unersetzbarer Herausgeber gewesen ist. Der zweite Anlauf bei B. G. Teubner, der 1939 begonnen wurde, brachte für den Band 1 nur einige Hefte hervor, obwohl die Redaktion mit H. Hasse, E. Sperner und M. Deuring gut besetzt war. Das oben zum Vergleich bemühte *Deutsche Wörterbuch* von Grimm zeigte gleiche Editionsprobleme, auch hier bleibt die zweite Druckauflage ein Torso, denn ab dem Buchstaben *F* (2012) wandert es ins Internet.

Die französischen Mathematiker waren bald auf das deutsche Encyklopädie-Projekt aufmerksam geworden, und dieses Interesse führte bald zur einer französischen Übersetzung, die der renommierte Wissenschaftsverlag Gauthier-Villars in Paris veranstaltete. „Cette édition française offrira un caractère tout particulier par la collaboration de mathématiciens allemands et français“, diese Erklärung war ganz im Sinne Kleins, ebenso wie die geübte Praktik, Informationen und Hinweise zwischen Autoren und Herausgebern beider Länder auszutauschen. Die französische Übersetzung der Encyklopädie, *Encyclopédie des sciences mathématiques, édition française* (sous la direction de Jules Molk), in der die einzelnen Artikel nicht nur aktualisiert, sondern inhaltlich weiter geführt werden sollten, sowie die Literatur auf den neuesten Stand zu bringen war, zählte 114 Mitarbeiter, als der erste Weltkrieg das Vorhaben plötzlich beendete; heute gibt es jedoch einen lieferbaren Reprint.

Die überarbeitete Übersetzung war durch die herausgebenden Akademien gebilligt worden, und dieser Sachverhalt wurde am 2. August 1900 den Autoren brieflich mitgeteilt. Molk leitete das Vorhaben auf der französischen Seite, dem auf der deutschen Seite Dyck gegenüber gestellt wurde. Die Autoren wurden über den Übersetzer und Bearbeiter informiert; ihr Honorar betrug ca. 20 Franken für einen Bogen (16 Seiten). 1901 erschienen die ersten französischen Lieferungen: jeweils das erste Heft von Band II und I.

Die Auflagenhöhe der französischen Fassung betrug 2 000 Exemplare zuzüglich der Freiexemplare. Der Absatz der französischen Encyklopädie-Bände betrug bis 1911 bei Teubner etwa 290 bis 360 Exemplare, bei Gauthier-Villars etwa 430 bis 890, jährlich durchschnittlich bei Teubner 30 bis 50 Exemplare und 60 bis 80 bei Gauthier-Villars. Im Jahre 1912 warb man mit einem vierseitigen Encyklopédie-Prospekt. Die letzte Abrechnung zwischen B. G. Teubner und Gauthier-Villars erfolgte am 20. Juli 1914.

Der Krieg hatte die französische Ausgabe abrupt zu einem Ende gebracht. Gauthier-Villars fühlte sich durch die Bedingungen des Friedensvertrages, der Verträge mit Deutschland vor der Kriegserklärung (2. August 1914) für ausgesetzt erklärt hatte, an keine Verpflichtungen gebunden und lehnte zunächst jede weitere Zusammenarbeit mit dem Teubner-Verlag ab, also insbesondere die Weiterführung der Übersetzung. Diese Einstellung war gewiß dadurch gefördert worden, daß der Chef des Hauses Albert Gauthier-Villars als Capitaine d'artillerie an der französischen Front am 14. Juli 1918, also kurz vor Kriegsende gefallen war. Fragen des Teubner-Verlages, der sich beispielsweise nach den im Krieg erschienen Teilen erkundigte und dies wie üblich vor dem Krieg auf deutsch tat (Brief vom 8. November 1919), wurden so beantwortet:

„Pour économiser mon temps, je vous prie de faire rediger vos lettres en français, toute lettre ecrits en allemand restera sans réponse.

André Ducrot"

Die Beziehungen waren angespannt. Das *Börsenblatt für den Deutschen Buchhandel* berichtete am 5. Januar 1921 über diesen Fall, der im deutschen Buchhandel nicht der einzige war. Aber es folgten aus Paris auch Briefe mit Anreden wie „Monsieur et Cher Confrère" (13. April 1920), wiewohl auch solche Briefe die Situation nicht wirklich und nur kurz änderten. Die vertragsrechtlichen Angelegenheiten beschäftigten noch im Jahre 1932 ein deutsch-französisches Schiedsgericht.

Am 28. Februar 1924 war Jules Molk gestorben, womit sich die französischen Interessen an der *Encyklopädie* weiter verringerten. Der Teubner-Verlag versuchte im Jahre 1924, allerdings ohne Erfolg, über Schweizer Mathematiker die Kontakte zu Gauthier-Villars zu verbessern, auch das Einbeziehen italienischer Mathematiker oder einen mitherausgebenden italienischen Verlag für die Übersetzung zu suchen, waren im Gespräch. Damit hätte man die deutsch-französischen Spannungen vermindern können. Ebenfalls nahm Teubner über den in den USA weilenden Arnold Sommerfeld 1923 erfolglos Fühlung zu amerikanischen Mathematikern (W. Osgood) auf, um eine englische Ausgabe zustande zu bringen.

Seit 1939 besorgt jedoch eine anonyme Gruppe französischer Mathematiker (genannt N. Bourbaki) die Herausgabe der *Éléments de mathematique* [sic!], in denen das mathematische Wissen in der Tradition der axiomatischen Begründung dargestellt werden soll (und der Buchtitel erinnert nicht zufällig an Euklids gleichnamiges Buch). In dieser Gruppe war J. Dieudonné maßgeblich für die Endredaktion zuständig, insofern ist er an dieser Stelle mit Klein vergleichbar. Allerdings unterscheiden sich die Bücher durch ihren Stil radikal; die streng linear aufgebauten *Éléments* nehmen keine Rücksicht auf den Leser. Zudem fehlt die angewandte Mathematik aus prinzipiellen Gründen.

Courant wußte Kleins Leistungen in ihrer Vielseitigkeit und Fülle zu loben: Leistungen, die sich auf Kleins Kraft der Synthese, der Kombination und auf die Intuition gründeten, fernste Gebiete der Mathematik in einen Zusammenhang zu bringen, was ihm im Übermaß zur Verfügung stand; Courant sah es jedoch als tragisch an, daß bei Klein die andere Seite nicht in dieser Stärke vorhanden war, nämlich die, sich in die Einzelheiten zu vertiefen und die exakte Ausgestaltung vorzunehmen (*Naturwissenschaften* 1926, S. 772). Klein, dem es in der Tat in den Wissenschaften um Zusammenhänge und nicht so sehr um formale Beziehungen ging, hätte daher hier wohl die Worte von Hermann Diels vorgezogen, die bei Gelegenheit der 200-Jahrfeier der Preußischen Akademie im März 1900 gesprochen wurden, und Klein hätte sie sehr wohl zum Leitspruch des Encyklopädie-Projekts machen können, das den gewaltigen Stoff in seinen Einzelheiten im Auge behalten wollte: „Wir sind es müde, bloß Stoff zu sammeln, wir wollen geistig des Materials Herr werden; wir wollen durchdringen durch die Einzelheiten zu dem, was doch der Zweck der Wissenschaft ist: zu einer allgemeinen, großen Weltanschauung."

* * *

In *B. G. Teubner's Verlagskatalog auf dem Gebiete der Mathematik, Naturwissenschaften und Technik nebst Grenzwissenschaften* (Gewidmet dem V. Internationalen Mathematiker-Kongreß, Cambridge 1912) sind die deutsche und die französische Ausgabe der *Encyklopädie* auf insgesamt fünfzehn Druckseiten umfassend dargestellt.

Aus diesem Teubner-Verlagskatalog 1912 wurden die sieben Druckseiten zur deutschen *Encyklopädie* komplett abgedruckt in:
H. Krämer / J. Weiß: *„Wissenschaft und geistige Bildung kräftig fördern".*
Zweihundert Jahre B. G. Teubner 1811-2011. EAGLE 050.
Edition am Gutenbergplatz Leipzig 2011, S. 161-167 (zusätzlich finden sich dort auf den Seiten 168-170 Auszüge aus dem Schlußwort von Constantin Carathéodory zur *Encyklopädie*, Leipzig: B. G. Teubner 1935).

* * *

Der nachfolgende Faksimiledruck eines achtseitigen Teubnerschen Prospektes für die *Encyklopädie der mathematischen Wissenschaften* (15. Abdruck) aus dem Jahre 1910 enthält eine Fülle von Details über Gliederung und Erscheinen des Werkes (heftweise) sowie zu den Autoren und Herausgebern:

Prospekt. **15. Abdruck.**

ENCYKLOPÄDIE
DER
MATHEMATISCHEN WISSENSCHAFTEN

MIT EINSCHLUSS IHRER ANWENDUNGEN.

HERAUSGEGEBEN
IM AUFTRAGE DER AKADEMIEN DER WISSENSCHAFTEN
ZU GÖTTINGEN, LEIPZIG, MÜNCHEN UND WIEN,
SOWIE UNTER MITWIRKUNG ZAHLREICHER FACHGENOSSEN.

IN SIEBEN BÄNDEN.

BAND I: **ARITHMETIK U. ALGEBRA,** IN 2 TEILEN	RED. VON **W. FR. MEYER** IN KÖNIGSBERG.
— II: **ANALYSIS,** IN 3 TEILEN	**H. BURKHARDT** IN MÜNCHEN UND **W. WIRTINGER** IN WIEN.
— III: **GEOMETRIE,** IN 3 TEILEN	**W. FR. MEYER** IN KÖNIGSBERG.
— IV: **MECHANIK,** IN 4 TEILBÄNDEN . .	**F. KLEIN** IN GÖTTINGEN UND **C. H. MÜLLER** IN GÖTTINGEN.
— V. **PHYSIK,** IN 3 TEILEN	**A. SOMMERFELD** IN MÜNCHEN.
— VI, 1: **GEODÄSIE UND GEOPHYSIK,** IN 2 TEILBÄNDEN	**PH. FURTWÄNGLER** IN AACHEN UND **E. WIECHERT** IN GÖTTINGEN.
— VI, 2: **ASTRONOMIE**	**K. SCHWARZSCHILD** IN POTSDAM.
— VII: **GESCHICHTE, PHILOSOPHIE, DIDAKTIK**	(IN VORBEREITUNG).

LEIPZIG,
DRUCK UND VERLAG VON B. G. TEUBNER.
1910.

☛ Jeder Band ist einzeln käuflich, nicht aber einzelne Teile und Hefte. — Bisher erschien: Bd. I (vollständig); Bd. II_1, Heft 1–6; Bd. II_2, Heft 1; Bd. II_3, Heft 1; Bd. III_1, Heft 1–3; Bd. III_2, Heft 1—4; Bd. III_3, Heft 1—3; Bd. IV_{1I}, Heft 1—4 (= 1. Teilband, vollständig); Bd. IV_{1II}, Heft 1; Bd. IV_{2I}, Heft 1–4; (= 3. Teilband, vollständig); Bd. IV_{2II}, Heft 1–3; Bd. V_1, Heft 1–4; Bd. V_2, Heft 1–3; Bd. V_3, Heft 1–2; Bd. VI_{1A}, Heft 1—3; Bd. VI_{1B}, Heft 1; Bd. VI_2, Heft 1—3.

☛ Einbanddecken in Halbfranz werden auf Bestellung mit dem Schlußheft eines jeden Bandes zu wohlfeilen Preisen von der Verlagsbuchhandlung geliefert.

Der letzte Prospekt über das Unternehmen der Encyklopädie der mathematischen Wissenschaften wurde im April des Jahres 1908 ausgegeben. Seit diesem Zeitpunkte sind 11 neue Hefte erschienen, insbesondere liegt jetzt neben dem ersten Bande und dem ersten Teilbande des IV. Bandes (Mechanik) auch der dritte Teilband desselben Bandes abgeschlossen vor. Der vorliegende 15. Prospekt ist bis auf die jüngste Zeit ergänzt. Durch die Bezeichnung der unter der Presse befindlichen Artikel orientiert er zugleich über die in nächster Zeit zu erwartenden Hefte.

Ursprünglich gedacht als ein kurzes Lexikon der mathematischen Kunstwörter, an deren Erklärung sich die Darlegung der historischen Entwickelung der einzelnen Begriffe anschließen sollte, trat das Werk schon bei seinem ersten genaueren Entwurfe über diesen Rahmen hinaus: Es soll in systematischer Anordnung der einzelnen Gebiete eine Gesamtdarstellung des gegenwärtigen Standes der mathematischen Wissenschaften nach Inhalt und Methode darbieten und dabei sich nicht nur auf die Gebiete der sogenannten reinen Mathematik beschränken, sondern auch ihre mannigfachen Anwendungen auf Mechanik, Physik, Astronomie, Geodäsie wie in der Technik in einer dem Theoretiker wie dem Praktiker zugänglichen Form mit einbegreifen und in dem letzten Bande Geschichte, Philosophie und Didaktik, soweit die Mathematik hier in Frage kommt, behandeln.

Ein solches Unternehmen konnte nur durch das Zusammenwirken vieler Arbeitskräfte zustande kommen und es ist in der Tat eine gemeinsame Arbeit der deutschen Mathematiker geworden, zu der darüber hinaus, wo Eigenart und Richtung es forderte, auch Forscher des Auslandes herangezogen wurden. Das Kartell der deutschen Akademien — die gelehrten Gesellschaften zu Göttingen, Leipzig, München und Wien — haben das Unternehmen in ihren Schutz genommen und durch intellektuelle wie finanzielle Beihilfe gefördert und in seinem Bestande gesichert. Eine von den beteiligten gelehrten Gesellschaften niedergesetzte Kommission, z. Z. bestehend aus den Herren

W. v. Dyck-München, **O. Hölder**-Leipzig, **F. Klein**-Göttingen, **V. v. Lang**-Wien, **W. Wirtinger**-Wien, ferner **H. v. Seeliger**-München, **H. Weber**-Straßburg.

steht der Redaktion, die aus den Herren

H. Burkhardt-München, **Ph. Furtwängler**-Aachen, **F. Klein**-Göttingen, **W. Fr. Meyer**-Königsberg, **C. H. Müller**-Göttingen, **K. Schwarzschild**-Potsdam, **A. Sommerfeld**-München, **E. Wiechert**-Göttingen und **W. Wirtinger**-Wien

besteht, zur Seite. — Als Mitarbeiter an der Encyklopädie beteiligen sich ferner die Herren:

I. Band:

W. Ahrens-Magdeburg
P. Bachmann-Weimar
J. Bauschinger-Straßburg i. E.
G. Bohlmann-Berlin
L. v. Bortkewitsch-Berlin
H. Burkhardt-München
E. Czuber-Wien
W. v. Dyck-München
D. Hilbert-Göttingen
O. Hölder-Leipzig
G. Landsberg-Kiel
R. Mehmke-Stuttgart
W. Fr. Meyer-Königsberg i. P.
E. Netto-Gießen
V. Pareto-Lausanne
A. Pringsheim-München
K. Runge-Göttingen
A. Schoenflies-Königsberg i. P.
H. Schubert-Hamburg
D. Seliwanoff-St. Petersburg
E. Study-Bonn
K. Th. Vahlen-Greifswald
H. Weber-Straßburg i. E.
A. Wiman-Upsala

II. Band:

M. Bôcher-Cambridge, Mass.
G. Brunel (†)
H. Burkhardt-München
G. Faber-Stuttgart
R. Fricke-Braunschweig
H. Hahn-Czernowitz
J. Harkness-Montreal
K. Hensel-Marburg
G. Herglotz-Leipzig
A. Kneser-Breslau
A. Krazer-Karlsruhe
L. Maurer-Tübingen
W. Fr. Meyer-Königsberg i. P.
W. F. Osgood-Cambridge, Mass.
P. Painlevé-Paris
S. Pincherle-Bologna
A. Pringsheim-München
A. Sommerfeld-München
E. Vessiot-Lyon
A. Voss-München
A. Wangerin-Halle
E. v. Weber-Würzburg
W. Wirtinger-Wien
E. Zermelo-Zürich

III. Band:

L. Berzolari-Pavia
H. Burkhardt-München
G. Castelnuovo-Rom
M. Dehn-Münster i. W.
F. Dingeldey-Darmstadt
F. Enriques-Bologna
G. Fano-Turin
C. Guichard-Clermont-Ferrand
P. Heegaard-Vedbaek bei Kopenhagen
K. Heun-Karlsruhe
G. Kohn-Wien
H. Liebmann-Leipzig
R. v. Lilienthal-Münster i. W.
G. Loria-Genua
H. v. Mangoldt-Danzig
W. Fr. Meyer-Königsberg i. P.
E. Müller-Wien
J. Neuberg-Lüttich
E. Papperitz-Freiberg i. S.
K. Rohn-Leipzig
H. Rothe-Wien
G. Scheffers-Charlottenburg
A. Schoenflies-Königsberg i. P.
C. Segre-Turin
J. Sommer-Danzig
P. Stäckel-Karlsruhe
O. Staude-Rostock
H. Steinitz-Charlottenburg
H. E. Timerding-Braunschwg.
A. Voss-München
H. G. Zeuthen-Kopenhagen
K. Zindler-Innsbruck.

IV. Band:

M. Abraham-Mailand
C. Cranz-Berlin
P. u. T. Ehrenfest-Petersburg
S. Finsterwalder-München
O. Fischer-Leipzig
Ph. Forchheimer-Graz
Ph. Furtwängler-Aachen
M. Grübler-Dresden
M. Grüning-Düsseldorf
E. Hellinger-Marburg a. L.
L. Henneberg-Darmstadt
K. Heun-Karlsruhe
G. Jung-Mailand
Th. v. Kármán-Göttingen
F. Klein-Göttingen
A. Kriloff-Petersburg
H. Lamb-Manchester
A. E. H. Love-Oxford
L. Mann-Charlottenburg
R. v. Mises-Straßburg i. E.
C. H. Müller-Göttingen
L. Prandtl-Göttingen
H. Reißner-Aachen
A. Schoenflies-Königsberg i. Pr.
P. Stäckel-Karlsruhe
O. Tedone-Genua
H. E. Timerding-Braunschwg.
A. Timpe-Aachen
A. Voss-München
G. T. Walker-Simla (Indien)
K. Wieghardt-Hannover
G. Zemplén-Budapest.

V. Band:

M. Abraham-Mailand
L. Boltzmann (†)
G. H. Bryan-Bangor (Wales)
P. Debye-München
H. Diesselhorst-Braunschweig
H. Dubois-Berlin
Fr. Emde-Berlin

S. Finsterwalder-München
R. Gans-Tübingen
F. W. Hinrichsen-Charlottenburg
E. W. Hobson-Cambridge
J. H. van 'tHoff-Berlin
H. Kamerlingh-Onnes-Leiden
M. Laue-München
Th. Liebisch-Königsberg
H. A. Lorentz-Leiden
L. Mamlock-Berlin
G. Mie-Greifswald
H. Minkowski (†)
O. Mügge-Göttingen
J. Nabl-Wien
F. Pockels-Heidelberg
L. Prandtl-Göttingen
R. Reiff-Stuttgart
C. Runge-Göttingen
A. Schoenflies-Königsberg
M. Schröter-München
A. Sommerfeld-München
E. Study-Bonn
A. Wangerin-Halle
W. Wien-Würzburg
J. Zenneck-Ludwigshafen

VI, 1. Band:

R. Bourgeois-Paris
G. H. Darwin-Cambridge
F. Exner-Wien
S. Finsterwalder-München
Ph. Furtwängler-Aachen
F. R. Helmert-Potsdam
S. Hough-Kapstadt
H. Meldau-Bremen
P. Pizzetti-Pisa
C. Reinhertz (†)
A. Schmidt-Potsdam
W. Trabert-Innsbruck
E. Wiechert-Göttingen.

VI, 2. Band

E. Anding-Gotha
J. Bauschinger-Straßbg. i. E.
A. Bemporad-Catania
E. W. Brown-Haverford
C. Ed. Caspari-Paris
C. V. L. Charlier-Lund
F. Cohn-Berlin
R. Emden-München
F. K. Ginzel-Berlin
J. v. Hepperger-Wien
G. Herglotz-Leipzig
H. Kobold-Kiel
K. Laves-Chicago
F. R. Moulton-Chicago
G. v. Niessl-Wien
S. Oppenheim-Prag
L. Schulhof-Paris
K. Schwarzschild-Potsdam
E. Strömgren-Kopenhagen
K. Sundman-Helsingfors
E. T. Whittaker-Dublin
A. Wilkens-Kiel
C. W. Wirtz-Straßburg i. E.
H. v. Zeipel-Pulkowa.

Die nachfolgende Inhaltsangabe gewährt einen Gesamtüberblick über den Umfang und die Gruppierung des Stoffes in den einzelnen Bänden; sie zeigt auch, wie weit in nunmehr fünfzehnjähriger Arbeit das Werk in allen seinen Teilen vorangeschritten ist.

Der abgeschlossen vorliegende erste Band umfaßt Arithmetik und Algebra und gibt damit das Fundament auch für die beiden folgenden, der Analysis und der Geometrie gewidmeten Bände, deren Darlegungen er nach mannigfachster Richtung vorbereitet. In der Tat: Die moderne Analysis hat ihre Grundlage in der arithmetischen Theorie der Irrationalzahlen und des Grenzbegriffes reeller wie komplexer Zahlenfolgen. Die Lehre von den algebraischen Funktionen und den algebraischen Raumgebilden knüpft an Invarianten- und Gruppentheorie an. Geometrische und funktionentheoretische Probleme bilden die interessantesten Anwendungen der Zahlentheorie. Auch Wahrscheinlichkeitsrechnung und Differenzenrechnung finden in Problemen und Methoden der Analysis Anwendung und Weiterbau. Umgekehrt entwickeln sich die Methoden des numerischen Rechnens unter Verwendung der mannigfachsten analytischen wie geometrischen Vorstellungen und Lehrsätze.

So zeigt schon dieser erste, den Grundlagen der Zahlenlehre und damit dem abstraktesten Gebiete der mathematischen Forschung gewidmete Band, wie es heute keinen Zweig des mathematischen Wissens gibt, der in seinem Ausbau nicht in lebensvolle Verbindung zu allen übrigen getreten wäre. In der Ausarbeitung der folgenden Bände der reinen und angewandten Mathematik wird dieses Verhältnis noch mannigfach und immer aufs neue zutage treten und von der gegenseitigen Förderung, welche die einzelnen Gebiete erfahren haben, zeugen. Ist doch gerade auf die Darlegung dieses inneren Zusammenhanges der einzelnen Gebiete untereinander ein wesentliches Gewicht bei der Gestaltung der Encyklopädie gelegt worden. Dabei will die Encyklopädie in den den Anwendungen auf Naturwissenschaft und Technik gewidmeten Bänden (IV—VI) mehr sein als eine bloße Zusammenstellung der fertig ausgearbeiteten mathematischen Theorien; sie will hier der ferneren mathematischen Entwickelung die Wege ebnen, indem sie ihren Lesern neben den Resultaten auch die Ansätze zur Kenntnis bringt, mit denen die Fachverständigen der verschiedenen Gebiete versucht haben, den ihnen vorliegenden Bedingungen der Wirklichkeit mathematisch gerecht zu werden. Der abgeschlossene erste und dritte Teilband von Band IV (Mechanik) zeigen bereits, wie so neben der analytischen Formulierung stets die anschauungsmäßige Behandlung, neben Untersuchungen, die die höheren Mittel der Analysis erfordern, die elementare Darstellung zu ihrem Rechte kommt.

Eine **französische Ausgabe** der Encyklopädie, gemeinsam von der Firma Gauthier-Villars in Paris und mir unternommen, schreitet rüstig fort. Herr J. Molk, Professor an der Universität in Nancy (Faculté des Sciences), hat die Leitung dieser Ausgabe zunächst für die der reinen Mathematik gewidmeten Bände übernommen, während er für die Herausgabe der Bände der angewandten Mathematik mit den Herren

P. Appell-Paris, vom Institut de France (Mechanik), **P. Langevin** und **J. Perrin**-Paris (Physik), **Ch. Lallemand**-Paris, vom Bureau des Longitudes (Geodäsie und Geophysik) und **H. Andoyer**-Paris (Astronomie)

in Verbindung trat. — Es ist nicht nur eine Übersetzung, sondern eine Bearbeitung,

4 Encyklopädie der mathematischen Wissenschaften.

an welcher die ersten französischen Gelehrten ihre Beteiligung zugesagt haben, und zwar die Herren

H. Andoyer - Paris
J. Andrade - Besançon
D. André - Paris
P. Appell (de l'Instit.)-Paris
R. Baire - Dijon
Edmond Bauer - Paris
H. Beghin - Brest
L. Berzolari - Pavie
Eugène Bloch - Paris
E. Borel - Paris
A. Boulanger - Lille
R. Bourgeois - Paris
H. Bourget - Marseille
C. Bourlet - Paris
P. Boutroux - Nancy
R. Bricard - Paris
E. Cahen - Paris
S. Carrus - Besançon
E. Cartan - Nancy
E. Carvallo - Paris
E. Caspari - Paris
J. Chazy - Paris
E. Cosserat - Toulouse
F. Cosserat - Paris
E. Delassus - Bordeaux
A. Demoulin - Gand
A. Denjoy - Paris
J. Drach - Toulouse
M. Dufour - Nancy
L. Dunoyer - Paris
G. Eneström - Stockholm (notes historiques.)
F. Enriques - Bologne
E. Esclangon - Bordeaux
Ch. Fabry - Marseille
E. Fabry - Montpellier
E. Fayet - Paris
H. Fehr - Genève
G. Floquet - Nancy
M. Fréchet - Poitiers
Garnier - Paris
F. Gossot - Paris
E. Goursat - Paris
G. Gouy - Lyon
A. Grévy - Paris [rand
C. Guichard - Clermont-Fer-
Ch. Ed. Guillaume - Sèvres
Haag - Paris
J. Hadamard - Paris
E. Hahn - Nancy
P. Heilbronner - Nancy
C. Jaccottet - Lausanne
M. Joly - Paris
C. Jordan (de l'Instit.)-Paris
Ph. E. B. Jourdain - Broadwindsor
Gy. König - Budapest
G. Kœnigs - Paris
J. Kürschák - Budapest
C. A. Laisant - Paris
Ch. Lallemand - Paris
A. Lambert - Paris
P. Langevin - Paris
G. Lapointe - Paris
Lecat - Watermael (Brux-
M. Lerch - Brünn [elles)
Lecornu - Paris
J. Le Roux - Rennes
R. Le Vavasseur - Lyon
Lucien Lévy - Paris
Maurice Lévy (de l'Institut)-
R. Liouville-Paris [Paris
G. Loria - Gênes
A. Löwy - Freiburg i. B.
E. Maillet - Bourg-la-Reine
L. Marchis - Paris
J. Mascart - Paris
Merlin - Gand
G. A. Miller - Urbana, Ills., U. S. A.
J. Molk - Nancy
P. Montel - Paris
M. Moulin - Paris
P. Th. Müller - Nancy
J. Neuberg - Liége
L. Noirel - Sud Oranais
M. d'Ocagne - Paris
F. Oltramare - Paris
P. Painlevé (de l'Institut)-Paris
V. Pareto - Lausanne
J. Perrin - Paris
K. Petr - Prague
E. Picard (de l'Institut)-Paris
L. Picart - Bordeaux
M. Pieri - Parme
S. Pincherle - Bologne
H. Poincaré (de l'Institut)-Paris
H. Poterin du Motel - Paris
P. Puiseux - Paris
C. Raveau - Paris
E. Rothé - Nancy
J. Roux - Paris
P. Simon - Nancy
P. Stäckel - Carlsruhe
Stuyvaert - Gand
J. Tannery (de l'Institut)-Paris
P. Tannery (†)
A. Tresse - Paris
E. Vallier - Paris
H. Vallot - Observatoire du Mont Blanc
E. Vessiot - Lyon
G. Vivanti - Pavie
H. Vogt - Nancy
F. Wallerant - Paris
L. Zoretti - Grenoble

Unter möglichster Erhaltung der Eigenart des deutschen Originals wird dabei in dieser Ausgabe dem Gebrauche des französischen Leserkreises, besonders was die Art der Darstellung betrifft, Rechnung getragen, während andererseits unter gemeinsamer Mitarbeit der Autoren wie der Bearbeiter die einzelnen Artikel noch mannigfache Ergänzungen, namentlich auch bezüglich der Literaturzitate erfahren. — So wird das deutsche Werk in seiner französischen Ausgabe, von der bisher 12 Hefte des I. und 3 Hefte des II. Bandes ausgegeben sind und über die ein besonderer Prospekt erschienen ist, noch weiteren Kreisen erschlossen und in ihnen gewürdigt werden.

Leipzig, September 1910.
Poststraße 3.

B. G. Teubner, Verlagsbuchhandlung.

Inhaltsübersicht.

Band I: Arithmetik u. Algebra, in 2 Teilen. Rcd. von W. Fr. Meyer in Königsberg.

I. Teil.

Einleitung:

Allgemeiner Bericht über das Unternehmen der Encyklopädie der mathematischen Wissenschaften: **W. v. Dyck** in München.
Vorwort zu Band I von **W. Fr. Meyer** in Königsberg.
Inhaltsverzeichnis von Band I, Teil 1.

A. Arithmetik.

1. Grundlagen d. Arithmetik: **H. Schubert** in Hamburg.
2. Kombinatorik: **E. Netto** in Gießen.
3. Irrationalzahlen und Konvergenz unendlicher Prozesse: **A. Pringsheim** in München.
4. Theorie der gemeinen und höheren komplexen Größen: **E. Study** in Bonn.
5. Mengenlehre: **A. Schoenflies** in Königsberg.
6. Endliche diskrete Gruppen: **H. Burkhardt** in München

B. Algebra.

1. Grundlagen.
   1a. Rationale Funktionen einer Veränderlichen; ihre Nullstellen: **E. Netto** in Gießen.
   1b. Rationelle Funktionen mehrerer Veränderlichen: **E. Netto** in Gießen.
   1c. Algebraische Gebilde. Arithmetische Theorie algebr. Größen: **G. Landsberg** in Kiel.
2. Invariantentheorie: **W. Fr. Meyer** in Königsberg.
3. Gleichungen:
   3a. Separation und Approximation der Wurzeln: **K. Runge** in Göttingen.
   3b. Rationale Funktionen der Wurzeln; Symmetrische und Affektfunktionen: **K. Th. Vahlen** in Greifswald.
   3c, d. Galoissche Theorie mit Anwendungen: **O. Hölder** in Leipzig.
   3e. Gleichungssysteme: **E. Netto** in Gießen und **K. Th. Vahlen** in Greifswald. (Siehe: I. B. 1b und I. B. 3b.)
   3f. Endliche Gruppen linearer Substitutionen: **A. Wiman** in Upsala.

II. Teil.

Inhaltsverzeichnis von Band I, Teil 2.

C. Zahlentheorie.

1. Niedere Zahlentheorie: **P. Bachmann** in Weimar.
2. Arithmetische Theorie der Formen: **K. Th. Vahlen** in Greifswald.
3. Analytische Zahlentheorie: **P. Bachmann** in Weimar.
4a. Theorie der algebraischen Zahlenkörper: **D. Hilbert** in Göttingen.
4b. Theorie des Kreiskörpers: **D. Hilbert** in Göttingen.
5. Arithmetische Theorie algebraischer Größen: **G. Landsberg** in Kiel. (Siehe: I. B. 1c.)
6. Komplexe Multiplikation: **H. Weber** in Straßburg i. E.

D. Wahrscheinlichkeits- und Ausgleichungsrechnung.

1. Wahrscheinlichkeitsrechnung: **E. Czuber** in Wien.
2. Ausgleichungsrechn.: **J. Bauschinger** in Straßbg. i. E.
3. Interpolation: **J. Bauschinger** in Straßburg i. E.
4a. Anwendungen der Wahrscheinlichkeitsrechnung auf Statistik: **L. v. Bortkewitsch** in Berlin.
4b. Lebensversicherungs-Mathematik: **G. Bohlmann** in Berlin.

E. Differenzenrechnung.

Differenzenrechnung: **D. Selliwanoff** in St. Petersburg.

F. Numerisches Rechnen.

Numerisches Rechnen: **R. Mehmke** in Stuttgart.

G. Ergänzungen zum I. Bande.

1. Mathematische Spiele: **W. Ahrens** in Magdeburg.
2. Anwendungen der Mathematik auf Nationalökonomie: **V. Pareto** in Lausanne.
3. Unendliche Prozesse mit komplexen Termen: **A. Pringsheim** in München.

Register zu Band I.

☛ **Band I, in 2 Teilen, ist vollständig in 8 Heften erschienen:**

Heft 1 (A 1—3). [112 S.] 1898. n. ℳ 3.40.
— 2 (A 4—6). [112 S.] 1899. n. ℳ 3.40.
— 3 (B 1a—2). [128 S.] 1899. n. ℳ 3.80.
— 4 (B 2—3c, d). [160 S.] 1899. n. ℳ 4.80.
Heft 5 (B 3c, d—C 6). [208 S.] 1900. n. ℳ 6.40.
— 6 (D 1—F). [271 S.] 1901. n. ℳ 7.20.
— 7 (F—G 1. 2). [127 S.] 1902. n. ℳ 3.60.
— 8 (Einleitg. u. Register.) [77 S.] 1904. n. ℳ 3.60.

Teil I. [XXXVIII u. 554 S.] 1898—1904. geh. n. ℳ 17.—, in Original-Halbfranz geb. n. ℳ 20.—
Teil II. [X u. S. 555—1197] 1900—1904. geh. n. ℳ 19.—, in Original-Halbfranz geb. n. ℳ 22.—

Band I ist vergriffen.

Band II: Analysis, in 3 Teil. Red. v. H. Burkhardt in München u. W. Wirtinger in Wien.

* erschienen, † unter der Presse.

I. Teil, redigiert von H. Burkhardt in München.

Vorwort zu Bd. II, Teil 1 von **H. Burkhardt** in München.
Inhaltsverzeichnis von Band II, Teil 1.

A. Analysis reeller Größen.

*1. Grundlagen der allgemeinen Funktionenlehre: **A. Pringsheim** in München.
*2. Differential- u. Integralrechnung: **A. Voß** in München.
*3. Bestimmte Integrale: **G. Brunel** †.
*4. Gewöhnliche Differentialgleichungen:
  *4a. Existenz der Lösungen: **P. Painlevé** in Paris.
  *4b. Integrationsmethoden: **E. Vessiot** in Lyon.
*5. Partielle Differentialgleichungen: **E. v. Weber** in Würzburg.
*6. Kontinuierliche Transformationsgruppen: **L. Maurer** in Tübingen und **H. Burkhardt** in München.
*7. Randwertaufgaben:
  *7a. Randwertaufgaben bei gewöhnlichen Differentialgleichungen: **M. Bôcher** in Cambridge, Mass.
  *7b. Potentialtheorie (Theorie der Laplace-Poissonschen Differentialgleichung): **H. Burkhardt** in München und **W. Fr. Meyer** in Königsberg.
  *7c. Randwertaufgaben in der Theorie der partiellen Differentialgleichungen: **A. Sommerfeld** in München.
*8. Variationsrechnung: **A. Kneser** in Breslau.
  *8a. Weiterentwickelung der Variationsrechnung in den letzten Jahren: **E. Zermelo** in Zürich und **H. Hahn** in Czernowitz.
*9. Trigonometrische Interpolation: **H. Burkhardt** in München.
*10. Kugelfunktionen: **A. Wangerin** in Halle.
*11. Funktional-Gleichungen und -Operationen: **S. Pincherle** in Bologna.
12. Unendliche trigonometrische Reihen: **H. Burkhardt** in München.

II. Teil, redigiert von H. Burkhardt in München und W. Wirtinger in Wien.

Vorwort zu Bd. II, Teil 2 von **H. Burkhardt** in München und **W. Wirtinger** in Wien.
Inhaltsverzeichnis von Band II, Teil 2.

B. Analysis komplexer Größen.

*1. Allgemeine Theorie der analytischen Funktionen a) einer und b) mehrerer komplexen Größen: **W. F. Osgood** in Cambridge, Mass.
*2. Algebraische Funktionen und ihre Integrale: **W. Wirtinger** in Wien.
†3. Elliptische Funktionen: **J. Harkness** in Montreal (Canada) und **W. Wirtinger** in Wien.
†4. Automorphe Funktionen: **R. Fricke** in Braunschweig.
5. Abelsche Funktionen: **A. Krazer** in Karlsruhe und **W. Wirtinger** in Wien.
6. Thetafunktionen: **A. Krazer** in Karlsruhe und **W. Wirtinger** in Wien.
7. Lineare Differentialgleichungen: **G. Herglotz** in Leipzig.
8. Nichtlineare Differentialgleichungen: **P. Painlevé** in Paris.

III. Teil, redigiert von H. Burkhardt in München und W. Wirtinger in Wien.

Vorwort zu Bd. II, Teil 3 von **H. Burkhardt** in München und **W. Wirtinger** in Wien.
Inhaltsverzeichnis von Band II, Teil 3.

C. Nachträge.

*1. Algebraische Analysis: **A. Pringsheim** in München und **G. Faber** in Stuttgart.
2. Arithmetische Theorie der algebraischen Funktionen: **K. Hensel** in Marburg a/L.
3. Allgemeine Reihenentwickelungen: **H. Burkhardt** in München.
4. Neuere Funktionentheorie reeller und komplexer Variabler: **E. Borel** in Paris, **P. Boutroux** in Nancy, **A. Denjoy** in Paris, **M. Fréchet** in Poitiers, **P. Montel** in Paris, **L. Zoretti** in Grenoble.
5. Beziehungen zwischen Funktionentheorie und Zahlentheorie: **N. N.**

Register zu Band II.

☛ **Bisher erschien:**

Teil I Heft 1 (A 1—3). [160 S.] 1899. n. ℳ 4.80.
— I — 2/3 (A 3—5). [239 S.] 1900. n. ℳ 7.50.
— I Heft 4 (A 4—7). [160 S.] 1900. n. ℳ 4.80.
— I — 5 (A 8—10). [199 S.] 1904. n. ℳ 6.—.
Teil I Heft 6 (A 11). [57 S.] 1906. n. ℳ 1.60.
— II — 1 (B 1. 2). [160 S.] 1901. n. ℳ 5.20.
— III — 1 (C 1.). [46 S.] 1909. n. ℳ 1.50.

Band III: Geometrie, in 3 Teilen. Red. von W. Fr. Meyer in Königsberg.

* erschienen, † unter der Presse.

I. Teil.

Vorwort zu Band III von **W. Fr. Meyer** in Königsberg.
Inhaltsverzeichnis von Band III, Teil 1.

A. Rein geometrische Theorien.

B. Grundlagen der Anwendung von Algebra und Analysis auf die Geometrie.

*1. Prinzipien der Geometrie: **F. Enriques** in Bologna.
*2. Die Begriffe „Linie" und „Fläche": **H. v. Mangoldt** in Danzig.
*3. Analysis situs: **M. Dehn** in Münster i. W. und **P. Heegaard** in Vedbaek b. Kopenhagen.
*4a. Beziehung und Gegensatz von synthetischer und analytischer Geometrie in seiner historischen Entwicklung im XIX. Jahrhundert: **G. Fano** in Turin.
*4b. Die Gruppentheorie als geometrisches Einteilungsprinzip: **G. Fano** in Turin.
*5. Projektive Geometrie: **A. Schoenflies** in Königsberg i. P.
†5a. Konfigurationen der projektiven Geometrie: **H. Steinitz** in Charlottenburg.
†6. Darstellende Geometrie: **E. Papperitz** i. Freiberg i. S. (Mit Anhang über graph. Darstellungen u. Modelle.)
†7. Die verschiedenen Koordinatensysteme: **E. Müller** in Wien.
8. Systeme geometrischer Analyse: **H. Rothe** in Wien.
9. Elementargeometrie u. elementare nicht-euklidische Geometrie: **N. N.**
10. Elementare Geometrie vom Standpunkte der neueren Analysis aus: **J. Sommer** in Danzig.
11. Dreiecksgeometrie: **J. Neuberg** in Lüttich.
12. Raumeinteilungen und Polyeder: **H. Steinitz** in Charlottenburg.

II. Teil.

Inhaltsverzeichnis von Band III, Teil 2.

C. Algebraische Geometrie.

*1. Kegelschnitte und Kegelschnittsysteme: **F. Dingeldey** in Darmstadt.
*2. Flächen II. Ordnung und ihre Systeme und Durchdringungskurven: **O. Staude** in Rostock.
*3. Abzählende Methoden: **H. G. Zeuthen** in Kopenhagen.
*4. Allgemeine Theorie d. höheren ebenen algebraischen Kurven: **L. Berzolari** in Pavia.
5. Spezielle ebene algebr. Kurven: ***G. Kohn** in Wien und **G. Loria** in Genua.
6. Allgem. Theorie d. höheren algebraischen Flächen: **G. Castelnuovo** in Rom und **F. Enriques** in Bologna.
7. Spezielle algebraische Flächen: **W. Fr. Meyer** in Königsberg i. P.
8. Algebraische Raumkurven u. abwickelbare Flächen: **K. Rohn** in Leipzig.
9. Mehrdimensionale Räume: **C. Segre** in Turin.
10. Liniengeometrie und Geometrie höherer Raumelemente: **K. Zindler** in Innsbruck.
11. Algebraische Transformationen u. Korrespondenzen: **G. Castelnuovo** in Rom und **F. Enriques** in Bologna.

III. Teil.

Inhaltsverzeichnis von Band III, Teil 3.

D. Differentialgeometrie.

*1. 2. Anwendung der Differential- u. Integralrechnung auf Kurven, Flächen u. den Raum: **H. v. Mangoldt** in Danzig.
*3. Kurven a. d. Flächen: **R. v. Lilienthal** in Münster i. W.
*4. Besondere transcendente Kurven: **G. Scheffers** in Charlottenburg.
*5. Besondere transcendente Flächen: **R. v. Lilienthal** in Münster i. W.
*6a. Abwickelung und Abbildung zweier Flächen auf einander: **A. Voß** in München.
6b. Andere Differentialgleichungen der Geometrie: **C. Guichard** in Clermont-Ferrand.
7. Berührungstransformationen: **G. Scheffers** in Charlottenburg.
8. Geometrische Theorie der Differentialgleichungen: **H. Liebmann** in Leipzig.
9. Differentielle Liniengeometrie u. Geometrie höherer Raumelemente: **E. Timerding** in Braunschweig.
10. Differentialgeometrie mehrdimensionaler Mannigfaltigkeiten: **P. Stäckel** in Karlsruhe.
11. Approximative Integration der Differentialgleichungen: **K. Heun** in Karlsruhe.

E. Ergänzungsteil.

Vorwort zu Band III, Ergänzungsteil von **W. Fr. Meyer** in Königsberg i. P.
Inhaltsverzeichnis zu Band III, Ergänzungsteil.
1. Zusammenfassende Entwicklungen über den Kugelkreis: **W. Fr. Meyer** in Königsberg i. P.
2. Das Nullsystem in seiner geometrischen Bedeutung: **K. Zindler** in Innsbruck.

Register zu Band III.

☛ Bisher erschien:

Teil I	Heft	1 (A, B 1—3)	[220 S.]	1907.	n. ℳ 6.40.	
— I	—	2 (A, B 4a u. 4b).	[168 S.]	1907.	n. ℳ 5.—	
— I	—	3 (A, B 5.)	[92 S.]	1909.	n. ℳ 3.—	
— II	—	1 (C 1.)	[160 S.]	1903.	n. ℳ 4.80.	
— II	—	2 (C 2.)	[96 S.]	1904.	n. ℳ 2.80.	
Teil II	Heft	3 (C 3. 4.)	[199 S.]	1906.	n. ℳ 5.60.	
— II	—	4 (C 5a.)	[114 S.]	1909.	n. ℳ 3.60.	
— III	—	1 (D 1—3).	[183 S.]	1902.	n. ℳ 5.40.	
— III	—	2/3 (D 4—6a).	[254 S.]	1903.	n. ℳ 6.80.	

Band IV: Mechanik, in 4 Teilbänden.
Red. von F. Klein und C. H. Müller in Göttingen.

* ist erschienen, † unter der Presse.

I. Teilband.

*Vorwort zu Band IV von **F. Klein** in Göttingen.
*Inhaltsverzeichnis von Band IV, 1. Teilband.

A. Grundlegung der Mechanik.

*1. Die Prinzipien der rationellen Mechanik: **A. Voß** in München.

B. Mechanik der Punkte und starren Systeme.

I. Behandlung elementarer Fragen in geometrischer Form.

*2. Geometrische Grundlegung der Mechanik eines starren Körpers: **E. Timerding** in Braunschweig.
*3. Kinematik: **A. Schoenflies** in Königsberg, mit einem Zusatze von **M. Grübler** in Dresden.
*4. Die Geometrie der Massen: **G. Jung** in Mailand.
*5. Graphische Statik: **L. Henneberg** in Darmstadt.
*6. Elementare Dynamik der Punktsysteme und starren Körper: **P. Stäckel** in Karlsruhe.

II. Teilband.

Inhaltsverzeichnis von Band IV, 2. Teilband.

II. Anwendungen, mit Berücksichtigung der störenden Einflüsse.

*7. Die Mechanik der einfachsten physikal. Apparate u. Versuchsanordnungen: **Ph. Furtwängler** in Aachen.
*8. Physiologische Mechanik: **O. Fischer** in Leipzig.
*9. Spiel und Sport: **G. T. W lker** in **Simla** (Indien).
†10. Dynamische Probleme der Maschinentechnik **K. Heun** in Karlsruhe und **R. v. Mises** in Straßburg i. E.

III. Behandlung beliebiger Systeme von endlichem Freiheitsgrad in analytischer Allgemeinheit.

11. Entwickelung allgemeiner Methoden: **P. Stäckel** in Karlsruhe.
12. Spezialdiskussion dynamischer Probleme: **P. Stäckel** in Karlsruhe.
13. Rotation starrer Körper und Verwandtes: **P. Stäckel** in Karlsruhe.

III. Teilband.

*Inhaltsverzeichnis von Band IV, 3. Teilband.

C. Mechanik der deformierbaren Körper.

I. Analytisch-geometrische Hilfsmittel.

*14. Geometrische Grundbegriffe: **M. Abraham** in Mailand.

II. Hydrodynamik.

*15. Physikalische Grundlegung: **A. E. H. Love** in Oxford
*16. Theoretische Ausführungen: **A. E. H. Love** in Oxford.
*17. Aërodynamik: **S. Finsterwalder** in München.
*18. Ballistik: **C. Cranz** in Berlin.
*19. Unstetige Bewegungen in Flüssigkeiten: **G. Zemplén** in Budapest.
*20. Hydraulik: **Ph. Forchheimer** in Graz.
*21. Theorie der hydraulischen Motoren und Pumpen: **M. Grübler** in Dresden.
*22. Theorie des Schiffes: **A. Kriloff** in Petersburg Mit einem Anhang: Hydrodynamik des Schiffes von **C. H. Müller** in Göttingen.

IV. Teilband.

Inhaltsverzeichnis von Band IV, 4. Teilband.

III. Elastizität und Festigkeitslehre.

*23. Die Grundgleichungen der mathematischen Elastizitätslehre: **C. H. Müller** in Göttingen und **A. Timpe** in Aachen.
*24. Allgemeine Theoreme (Integrationstheorie) der mathematischen Elastizitätstheorie: **O. Tedone** in Genua.
*25. Spezielle Ausführungen zur Statik elastischer Körper: **O. Tedone** in Genua und **A. Timpe** in Aachen.
*26. Schwingungen elastischer Körper, insbesondere Akustik: **H. Lamb** in Manchester.
*27. Festigkeitsprobleme im Maschinenbau: **Th. v. Kármán** in Göttingen.
*28. Theorie des Erddrucks: **H. Reißner** in Aachen.
29. Theorie der Baukonstruktionen:
29a. Allgemeine Grundlagen und ebene Systeme in Eisen: **M. Grüning** in Düsseldorf.
29b. Räumliche Eisenkonstruktionen: **L. Mann** in Charlottenburg.
29c. Konstruktionen in Holz, Stein und Eisenbeton: **K. Wieghardt** in Hannover.
30. Physikalische Grundlagen der Festigkeitslehre: **L. Prandtl** in Göttingen.

D. Allgemeinere Ansätze der Mechanik.

31. Die Variationsprinzipe in der Mechanik der Kontinua: **E. Hellinger** in Marburg a. L.
†32. Das Eingreifen der Wahrscheinlichkeitsrechnung: Statistische Mechanik: **P.** und **T. Ehrenfest** in Petersburg.

Register zu Band IV.

☛ **Bisher erschien:**

Teil I_1 Heft 1 (1). [121 S.] 1901. n. ℳ 3.40.
— I_1 — 2 (2. 3). [156 S.] 1902. n. ℳ 4.60.
— I_1 — 3 (4. 5). [156 S.] 1903. n. ℳ 4.60.
— I_1 — 4 (6). [XVI u. 258 S.] 1908. n. ℳ 7.80.

Teil I_1 = I. Teilbd. ist vollständig in 4 Heften erschienen [XVI u. 691 S.] 1901—1908. geh. n. ℳ 20.40, in Original-Halbfranz geb. n. ℳ 24.—

Teil I_2 Heft 1 (7—9). [152 S.] 1904. n. ℳ 4.40.
— II_1 — 1 (14—16). [147 S.] 1901. n. ℳ 3.80.
— II_1 — 2 (17. 18). [129 S.] 1903. n. ℳ 3.80.
— II_1 — 3 (19. 20). [192 S.] 1906. n. ℳ 5.80.
— II_1 — 4 (21. 22). [XI u. 121 S.] 1908. n. ℳ 4.40.
— II_2 — 1 (23. 24). [124 S.] 1907. n. ℳ 3.60.
— II — 2 (25. 26). [186 S.] 1907. n. ℳ 5.20.
— II_2 — 3 (27. 28). [107 S.] 1910. n. ℳ 3.40.

Teil II_1 = III. Teilband ist vollständig in 4 Heften erschienen. [XI u. 589 S.] 1901—1908. Geh. n. ℳ 17.60, in Original-Halbfranz geb. n. ℳ 20.60.

Band V: Physik, in 3 Teilen. Red. von A. Sommerfeld in München.

* erschienen.

I. Teil.

Vorwort zu Band V von A. Sommerfeld in München.
Inhaltsverzeichnis von Band V, Teil 1.

A. Einleitung.

*1. Maß und Messen: **C. Runge** in Göttingen.
*2. Gravitation: **J. Zenneck** in Ludwigshafen.

B. Thermodynamik.

*3. Allgemeine Grundlegung der Thermodynamik: **G. H. Bryan** in Bangor, Wales.
*4. Dissipation der Energie, insbesondere Wärmeleitung: **E. W. Hobson** in Cambridge und **H. Dießelhorst** in Braunschweig.
*5. Technische Wärmetheorie: **M. Schröter** in München und **L. Prandtl** in Göttingen.

C. Molekularphysik.

*6. Chemische Atomistik: **F. W. Hinrichsen** in Charlottenburg und **L. Mamlock** in Berlin nebst zwei Beiträgen von **E. Study** in Bonn.
*7. Kristallographie: **Th. Liebisch** in Königsberg i. Pr., **A. Schoenflies** in Königsberg i. Pr. und **O. Mügge** in Göttingen.
*8. Kinetische Theorie der Materie: **L. Boltzmann** (†) und **J. Nabl** in Wien.
*9. Kapillarität: **H. Minkowski** (†)
10. Die Zustandsgleichung mit besonderer Berücksichtigung graphischer Methoden: **H. Kamerlingh-Onnes** in Leiden.
11. Physikalische und Elektrochemie: **J. H. van't Hoff** in Berlin.

II. Teil.

Inhaltsverzeichnis von Band V, Teil 2.

D. Elektrizität und Optik.

Physikalische Grundlegung der Elektrizitätslehre.

*12. Standpunkt d. Fernwirkung, die Elementargesetze: **R. Reiff** in Stuttgart und **A. Sommerfeld** in München.
*13. Maxwells elektromagnetische Theorie: **H. A. Lorentz** in Leiden.
*14. Weiterbildung der Maxwellschen Theorie. Elektronentheorie: **H. A. Lorentz** in Leiden.

Mathematische Spezialausführungen zur Elektrizitätslehre

*15. Elektrostatik und Magnetostatik: **R. Gans** in Tübingen.
*16. Beziehungen zwischen elektrostatischen und magnetostatischen Zustandsänderungen einerseits und elastischen u. thermischen andererseits: **F. Pockels** in Heidelberg.
*17. Stationäre und quasi-stationäre Felder: **P. Debye** in München.
*18. Elektromagnetische Wellen: **M. Abraham** in Mailand.
19. Beziehungen der elektrischen Strömung zu Wärme u. Magnetismus: **H. Dießelhorst** in Braunschweig. — Magnetische Eigenschaften der Körper von **H. du Bois** in Berlin.
20. Elektrotechnik: **Fr. Emde** in Berlin.

III. Teil.

Inhaltsverzeichnis von Band V, Teil 3.

Physikalische Grundlegung der Optik.

*21. Ältere Theorie: **A. Wangerin** in Halle a. S.
*22. Elektromagnetische Lichttheorie: **W. Wien** in Würzburg. Mit einem Beitrag von **H. A. Lorentz** in Leiden über magnetooptische Phänomene.
*23. Theorie der Strahlung: **W. Wien** in Würzburg.

Mathematische Spezialausführungen zur Optik.

24. Strahlenoptik und optische Instrumente: **S. Finsterwalder** in München.
25. Wellenoptik (Interferenz und Beugung): **M. Laue** in München.
26. Kristalloptik: **F. Pockels** in Heidelberg.
27. Gesetze der Spektralanalyse: **C. Runge** in Göttingen.

E. Ergänzungen, Schlußwort.

28. Allgemeine physikalische Anschauungen und Methoden: **A. Sommerfeld** in München und **G. Mie** in Greifswald.
29. Ergänzungen (Relativität, Radioaktivität, Röntgenstrahlen usw.)

Register zu Band V.

☛ **Bisher erschien:**

Teil I Heft 1 (1—3). [160 S.] 1903. n. ℳ 4.80.
— I — 2 (4. 5). [159 S.] 1905. n. ℳ 4.80.
— I — 3 (6. 7). [170 S.] 1906. n. ℳ 5.20.
— I — 4 (8. 9). [121 S.] 1907. n. ℳ 3.60
— II — 1 (12—14). [280 S.] 1904. n. ℳ 8.—

Teil II Heft 2 (15. 16). [104 S.] 1907. n. ℳ 3.—
— II — 3 (17. 18). [146 S.] 1910. n. ℳ 4.60
— III — 1 (21. 22). [192 S.] 1909. n. ℳ 6.—
— III — 2 (22. [Schluß] 23) [165 S.] 1909. n. ℳ 5.—

Band VI, I. Teil in 2 Teilbänden: Geodäsie und Geophysik.
Red. von Ph. Furtwängler in Aachen und E. Wiechert in Göttingen.

* erschienen, † unter der Presse.

I. Teilband.

Vorwort zu Band VI, Teil 1 von **Ph. Furtwängler** in Aachen und **E. Wiechert** in Göttingen.
Inhaltsverzeichnis von Band VI, Teil 1.

A. Geodäsie.

*1. Niedere Geodäsie: **C. Reinhertz** (†).
*2. Besondere Ausführungen zur Photogrammetrie: **S. Finsterwalder** in München.
*3. Höhere Geodäsie: **P. Pizzetti** in Pisa.
*4. Kartographie: **R. Bourgeois** in Paris und **Ph. Furtwängler** in Aachen.
*5. Nautik: **H. Meldau** in Bremen.

II. Teilband.

B. Geophysik.

*6. Bewegung der Hydrosphäre: **G. H. Darwin** in Cambridge und **S. S. Hough** in Capstadt.
†7. Die Schwerkraft und Massenverteilung der Erde: **F. R. Helmert** in Potsdam.
8. Dynamische Meteorologie: **W. Trabert** in Innsbruck und **F. Exner** in Wien.
9. Erdmagnetismus und verwandte Erscheinungen: **A. Schmidt** in Potsdam.
10. Dynamische Geologie: **E. Wiechert** in Göttingen.
11. Die Optik der Atmosphäre: **N. N.**
12. Luftelektrizität: **N. N.**

☛ Bisher erschien:

Teilband I, Heft 1 (1. 2). [116 S.] 1906. n. ℳ 3.40.
— I, — 2 (3). [127 S.] 1907. n. ℳ 3.60.
Teilband I, Heft 3. (4. 5.) [128 S.] 1909. n. ℳ 4.—
— II, — 1. (6). [88 S.] 1908. n. ℳ 2.60

Band VI, 2. Teil: Astronomie. Red. von K. Schwarzschild in Potsdam.

* erschienen, † unter der Presse.

Vorwort zu Band VI, Teil 2 von **K. Schwarzschild** in Potsdam.
Inhaltsverzeichnis von Band VI, Teil 2.

A. Sphärische Astronomie.

I. Theorie der Koordinaten.

*1. Über Koordinaten und Zeit: **E. Anding** in Gotha.
*2. Reduktion der astronomischen Beobachtungen (sphärische Astronomie im engeren Sinne): **F. Cohn** in Berlin.
*3. Geographische Ortsbestimmung, nautische Astronomie: **C. W. Wirtz** in Straßburg i. E.

II. Theorie der Instrumente.

*4. Theorie der Uhren: **C. Ed. Caspari** in Paris.
*5. Theorie der astronomischen Winkelmeßinstrumente, der Beobachtungsmethoden und ihrer Fehler: **F. Cohn** in Berlin.

III. Spezielle Ausführungen u. Anwendungen.

*6. Besondere Behandlung des Einflusses der Atmosphäre (Refraktion und Extinktion): **A. Bemporad** in Catania.
*7. Theorie der Finsternisse: **F. K. Ginzel** in Berlin u. **A. Wilkens** in Kiel.
*8. Chronologie: **F. K. Ginzel** in Berlin.

B. Mechanik des Himmels.

I. Bahnbestimmung.

*9. Bahnbestimmung der Planeten und Kometen: **G. Herglotz** in Leipzig.
*10. Die Bestimmung der Meteorbahnen im Sonnensystem: **G. v. Niessl** in Wien.
11. Doppelsterne und Trabanten. Visuelle und spektrographische Doppelsterne: **J. v. Hepperger** in Wien.

II. Störungen der Umlaufsbewegungen.

IIa. Analytische Entwickelung d. Störungen.

12. Prinzipien der Störungstheorie und allgemeine Theorie der Bahnkurven in dynamischen Problemen: **E. T. Whittaker** in Dublin.
13. Entwickelung der Störungsfunktion: **H. v. Zeipel** in Pulkowa.
14. Große Planeten: **C. V. L. Charlier** in Lund.
15. Kleine Planeten: **K. Sundman** in Helsingfors.
15a. Gyldénsche Theorie: **K. Sundman** in Helsingfors.
16. Kometen: **L. Schulhof** in Paris.
17. Erdmond: **E. W. Brown** in Haverford.
18. Die übrigen Satelliten: **K. Laves** in Chicago.
19. Die Bestimmung astronomischer Konstanten: **J. Bauschinger** in Straßburg i. E.

IIb. Numerische Berechnung aller Störungen.

20. Spezielle Störungen der Planeten und Kometen. Numerische Behandlung besonderer Fälle des Dreikörperproblems. Mehrfache Fixsternsysteme: **E. Strömgren** in Kopenhagen.

III. Gestalt und Rotation der Himmelskörper.

21. Figur der Planeten, des Mondes, des Saturnringes, der Kometen: **S. Oppenheim** in Prag.
22. Rotation der Himmelskörper, Präzession und Nutation für starre Erde. Libration des Mondes: **K. Schwarzschild** in Potsdam.

IV. Allgemeine Fragen.

23. Kritik des Newtonschen Gravitationsgesetzes: **S. Oppenheim** in Prag.

C. Stellarastronomie.

24. Scheinbare Verteilung der Sterne; Sternkataloge; Sternkarten: **H. Kobold** in Kiel.
25. Parallaxen und räumliche Verteilung der Sterne; Doppelsterne, vielfache Sterne, Sternhaufen, Nebel: **H. Kobold** in Kiel.
26. Eigenbewegung der Sterne und der Sonne: **E. Anding** in Gotha.

D. Astrophysik.

27. Photometrie und ihre Anwendungen: **E. Anding** in Gotha.
28. Thermodynamik der Himmelskörper (Sonnentheorie, neue Sterne): **R. Emden** in München.
29. Kosmogonie. (Kant, Laplace, G. Darwin). Widerstehendes Mittel. Spekulative Ausblicke: **F. R. Moulton** in Chicago.

☛ Bisher erschien:

Heft 1 (1—4). [193 S.] 1905. n. ℳ 5.80.
— 2 (5. 6). [140 S.] 1908. n. ℳ 4.—.
Heft 3 (7—10). [128 S.] 1910. n. ℳ 3.60.

Band VII (Schlußband): Geschichte, Philosophie, Didaktik.

(In Vorbereitung.)

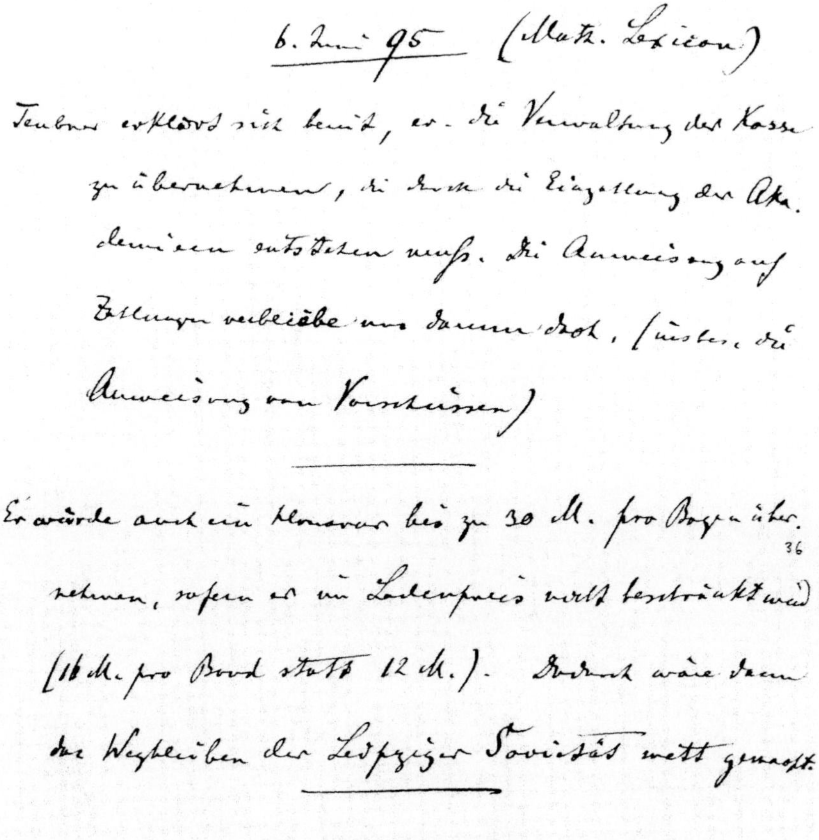

6. Juni 95 (Math. Lexicon)

Teubner erklärt sich bereit, ev. die Verwaltung der Kasse zu übernehmen, die durch die Einzahlung der Akademieen entstehen muß. Die Anweisung auf Zahlungen verbleibe uns dann doch. (unter die Anweisung von Vorsitzenden)

Er würde auch ein Honorar bis zu 30 M. pro Bogen übernehmen, sofern er im Ladenpreis nicht beschränkt wird (16 M. pro Band statt 12 M.). Dadurch wäre dann das Wegbleiben der Leipziger Societät wett gemacht.

36

Drucken lässt sich nur in der Reihenfolge der Buchstaben.

Notiz von Felix Klein vom 6. Juni 1895 über die *Encyklopädie*, seinerzeit noch als „Mathematisches Lexicon“ bezeichnet

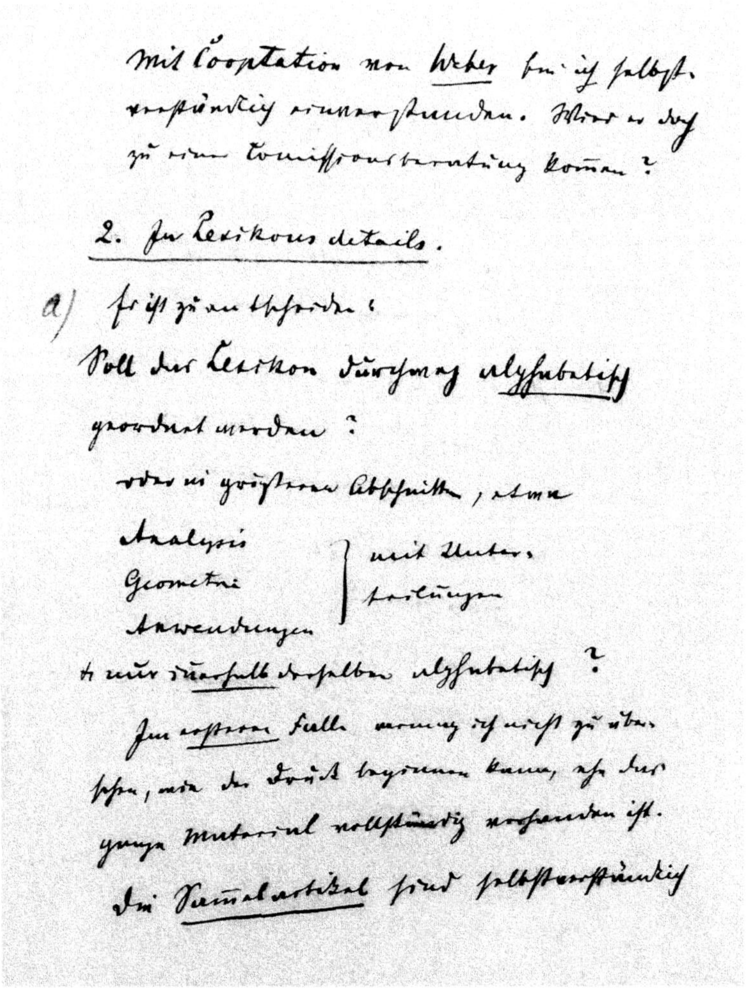

Mit Cooptation von Weber bin ich selbstverständlich einverstanden. Wird es doch zu einer Commissionsberatung kommen?

2. Zu Lexikons details.

a) Ist zu entscheiden:

Soll das Lexikon durchweg alphabetisch geordnet werden?

oder in größere Abschnitte, etwa

Analysis
Geometrie
Anwendungen
mit Unterabteilungen

u. nur innerhalb derselben alphabetisch?

Im ersteren Falle vermag ich nicht zu übersehen, wie der Druck beginnen kann, ehe das ganze Material vollständig vorhanden ist.

Die Specialartikel sind selbstständig

Brief von Walther Dyck vom 25. Juli 1895 an Felix Klein

Liebermann-Gemälde

Max Liebermann: Felix Klein. Porträt 1912

Am 19. August 1912 beging Felix Klein sein 40jähriges Professorenjubiläum. Zusätzlich zu zahlreichen Grußadressen von Freunden, Kollegen und wissenschaftlichen Vereinigungen wollte man Klein ein gemaltes Porträt überreichen, und im Jahre 1912 hatte der prominente Maler Max Liebermann in einem Brief an David Hilbert zugesagt, ein solches Porträt zu schaffen. Es wurde 1912 während Kleins Aufenthalt in Hahnenklee im Harz angefertigt; auf der Rückreise Liebermanns von einem Urlaub in den Niederlanden saß Klein Modell. Die Kosten des Bildes betrugen 5 000 RM – ein relativ geringer Preis für ein Werk von Liebermann; die Gestaltung der Hände zeigt, daß Liebermann das Bild nicht bis in alle Einzelheiten durchgearbeitet hat.

Am 25. Mai 1913 fand schließlich die feierliche Übergabe des Bildes an Felix Klein statt. Dabei hielt Eduard Riecke eine Ansprache, in der er an die Situation vor Kleins Berufung nach Göttingen erinnerte, in der Göttingen zu einer Provinzuniversität herabzusinken drohte: „Als im Jahre 1885 [Moritz] Stern seine Professur niederlegte, erschien die ferne Hoffnung, Dich wieder für Göttingen zu gewinnen: Althoff, der dem Plan an sich sympathisch gegenüberstand, fürchtete eine Absage. Auf dem Weg von der Sternwarte zur Stadt, auf dem ich ihn begleitete, erfolgte seine Entschließung. ... Er frug mich: ‚Stehen Sie mir dafür, daß Klein annimmt?‘ Ich antwortete: ‚Ja‘, und darauf sagte er die Berufung zu.“

Kleins Dankesworte lauteten: „Das Bild nehme ich als glückverheißendes Symbol dafür, daß der Bau des selbständigen mathematischen Instituts, wie wir ihn in der Nähe des physikalischen Instituts planen, tatsächlich zustande kommt. Dort möge es seinen Platz finden.“

Kleins Wunsch wurde erfüllt, jedoch erst nach seinem Tode. Insbesondere die Aktivitäten Richard Courants und die Bereitschaft der amerikanischen Rockefeller-Stiftung, eine beträchtliche Summe dafür bereit zu stellen, führten in der schwierigen Nachkriegszeit zu einem Institutsneubau an der genannten Stelle, der 1929 feierlich eingeweiht wurde (siehe S. 79). Dort hängt heute in einem der Hörsäle das Porträt Kleins gemeinsam mit einem Bildnis von Hilbert neben vielen Photos von anderen Mathematikern.

Photoalbum

Dieses Kapitel enthält eine Auswahl von Photos, die im weitesten Sinn das Leben und Wirken von Felix Klein illustrieren, und zwar bewußt über Kleins Leipziger Zeit hinaus. Zum einen, um Kleins Leipziger Periode in sein Leben einzubetten, zum anderen aber auch, um interessante und seltene Bilder aufnehmen zu können, die sonst – auch in den Zeiten des Internets und seiner Bilderflut – schnell dem Vergessen anheim fallen könnten.

Bei der Zusammenstellung der Bilder habe ich vielfache Hilfe erfahren, und es ist mir eine angenehme Ehrenpflicht, allen Helfern herzlich zu danken. Der Leser kann die Namen den Editorischen Bemerkungen entnehmen und die Quellen der einzelnen Bilder dem Quellennachweis.

Felix Klein
im Alter von 2 ½ Jahren,
unbekannter Künstler

Felix Klein
in seiner Erlanger Zeit

Anna Klein, Ehefrau von F. Klein, Enkelin des Philosophen G. W. F. Hegel

Hochzeitskarte, 1875

Felix Klein

F. Klein, Pastellbild von Susan Petry

F. Klein, im Jahre 1917

Karikatur auf das 10jährige Bestehen der Göttinger „Vereinigung zur Förderung der angewandten Physik und Mathematik" im Jahre 1908. Henry Böttinger (der Mond) war Vorsitzender der Vereinigung, Felix Klein (die Sonne) nahm die Stelle des zweiten Vorsitzenden ein, über allem thronte Friedrich Althoff als Gottvater

Historische Aufnahme des Geburtshauses von Felix Klein in der Jägerhofstraße 11 in Düsseldorf-Pempelfort anläßlich der Einweihung einer Gedenktafel am 12. Oktober 1927 für den Mathematiker Klein.
Das Haus wurde am Ende des zweiten Weltkriegs zerstört, die Gedenktafel entging der Vernichtung und wurde an alter Stelle wieder angebracht:

Die Gedenktafel besteht aus grünem Serpentinstein und trägt die Inschrift: „In diesem Hause wurde der Mathematiker Felix Klein am 25. April 1849 geboren."

Der Gedanke, Klein zu ehren, war auf der Naturforscherversammlung in Düsseldorf 1926 gefaßt worden. Neben der Deutschen Mathematiker-Vereinigung unterstützten das örtliche Kaiser-Wilhelm-Institut für Eisenforschung und auch staatliche Unterrichtsstellen die Verwirklichung. An der Einweihung nahmen Kleins Bruder, der Justizrat Dr. Alfred Klein aus Düsseldorf, und Kleins Tochter StR Elisabeth Staiger sowie der Oberbürgermeister der Stadt Dr. Robert Lehr teil. Kleins Frau hatte noch von dieser Gedenktafel erfahren, bevor sie am 18. Oktober 1927 starb

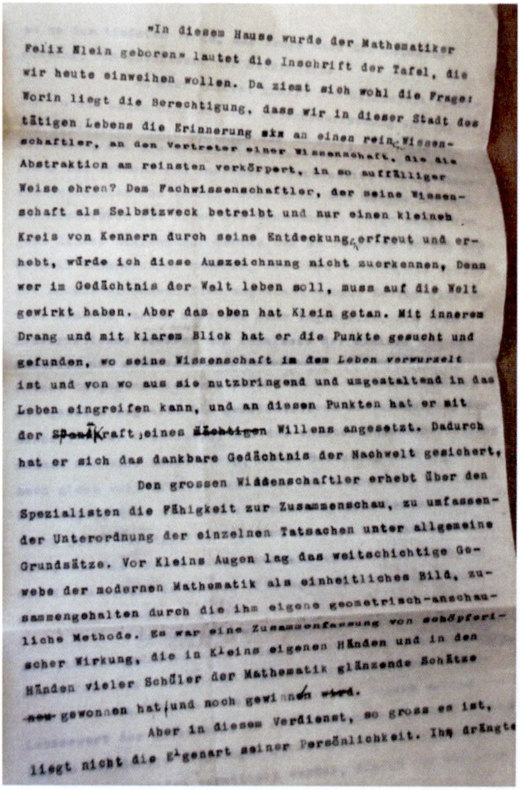

»In diesem Hause wurde der Mathematiker
Felix Klein geboren« lautet die Inschrift der Tafel, die
wir heute einweihen wollen. Da ziemt sich wohl die Frage:
Worin liegt die Berechtigung, dass wir in dieser Stadt des
tätigen Lebens die Erinnerung ~~ein~~ an einen rein Wissen-
schaftler, an den Vertreter einer Wissenschaft, die die
Abstraktion am reinsten verkörpert, in so auffälliger
Weise ehren? Dem Fachwissenschaftler, der seine Wissen-
schaft als Selbstzweck betreibt und nur einen kleineb
Kreis von Kennern durch seine Entdeckungen erfreut und er-
hebt, würde ich diese Auszeichnung nicht zuerkennen, Denn
wer im Gedächtnis der Welt leben soll, muss auf die Welt
gewirkt haben. Aber das eben hat Klein getan. Mit innerem
Drang und mit klarem Blick hat er die Punkte gesucht und
gefunden, wo seine Wissenschaft im dem Leben verwurzelt
ist und von wo aus sie nutzbringend und umgestaltend in das
Leben eingreifen kann, und an diesen Punkten hat er mit
der ~~Spann~~ Kraft eines ~~mächtigen~~ Willens angesetzt. Dadurch
hat er sich das dankbare Gedächtnis der Nachwelt gesichert,

Den grossen Wissenschaftler erhebt über den
Spezialisten die Fähigkeit zur Zusammenschau, zu umfassen-
der Unterordnung der einzelnen Tatsachen unter allgemeine
Grundsätze. Vor Kleins Augen lag das weitschichtige Ge-
webe der modernen Mathematik als einheitliches Bild, zu-
sammengehalten durch die ihm eigene geometrisch-anschau-
liche Methode. Es war eine Zusammenfassung von schöpferi-
scher Wirkung, die in Kleins eigenen Händen und in den
Händen vieler Schüler der Mathematik glänzende Schätze
~~neu~~ gewonnen hat und noch gewinnen ~~wird~~.

Aber in diesem Verdienst, so gross es ist,
liegt nicht die Eigenart seiner Persönlichkeit. Ihm drängte

Ausschnitt aus dem Redemanuskript der Festansprache von Otto Blumenthal, Aachen. Die Rede ist abgedruckt im *Jahresbericht der DMV* 1928

Wohnhaus der Familie Klein in Göttingen;
rechtes Bild vom Botanischen Garten der Universität aus aufgenommen

Auditoriengebäude in Göttingen in der Weender Straße.
Hinter dem Gebäude beginnt der Botanische Garten, der sich längs des Stadtwalls bis zum Wohnhaus von Klein erstreckt

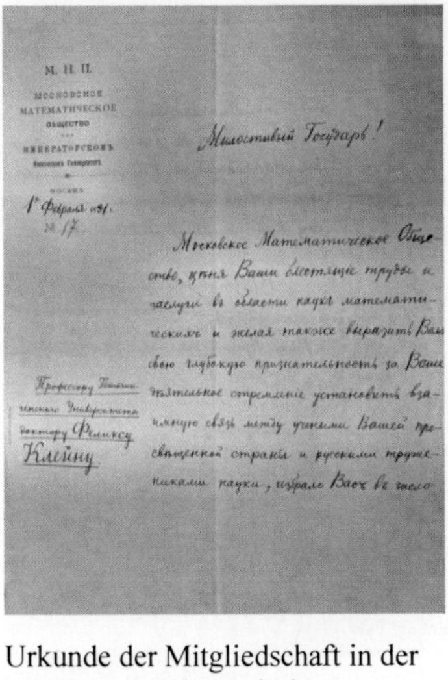

М. И. П.
Московское Математическое Общество
при
Императорскомъ Московскомъ Университетѣ
Москва
1 Февраля 1891.
№ 17.

Профессору Геттингенскаго Университета доктору Феликсу Клейну

Милостивый Государь!

Московское Математическое Общество, цѣня Ваши блестящие труды и заслуги въ области наукъ математическихъ и желая также выразить Вамъ свою глубокую признательность за Ваше [illegible] стремление установить взаимную связь между учеными Вашей просвѣщенной страны и русскими тружениками науки, избрало Васъ въ число

Urkunde der Mitgliedschaft in der Moskauer Mathematischen Gesellschaft, 1. Februar 1891 (a. St.)

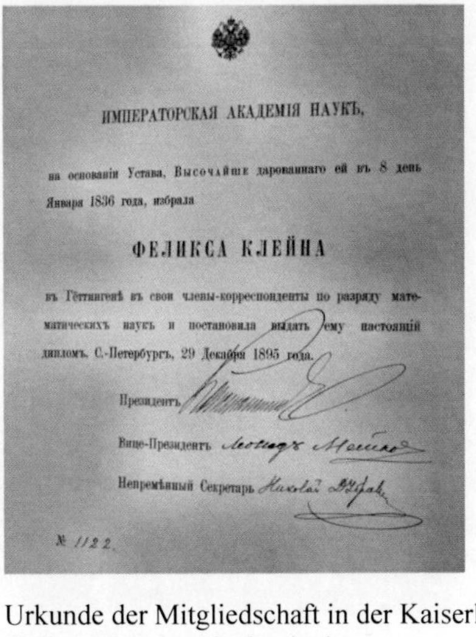

ИМПЕРАТОРСКАЯ АКАДЕМІЯ НАУКЪ,

на основаніи Устава, Высочайше дарованнаго ей въ 8 день Января 1836 года, избрала

ФЕЛИКСА КЛЕЙНА

въ Гёттингенѣ въ свои члены-корреспонденты по разряду математическихъ наукъ и постановила выдать ему настоящій дипломъ. С.-Петербургъ, 29 Декабря 1895 года.

Президентъ

Вице-Президентъ

Непремѣнный Секретарь

№ 1122.

Urkunde der Mitgliedschaft in der Kaiserl. St. Petersburger Akademie der Wissenschaften, 29. Dezember 1895 (a. St.)

Urkunde Correspondent der Königlichen Gesellschaft der Wissenschaften zu Göttingen, 7. Dezember 1872 (Ordentliches Mitglied 12. November 1887)

Urkunde der Mitgliedschaft der National Academy of Sciences of the USA, 21. April 1898

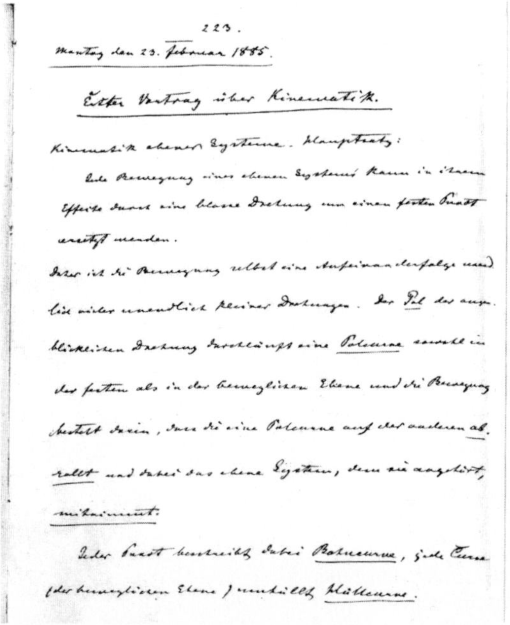
223.

Montag den 23. Februar 1885.

Erster Vortrag über Kinematik.

Kinematik ebener Systeme. Hauptsatz:

Jede Bewegung eines ebenen Systems kann in ihrem Effecte durch eine blosse Drehung um einen festen Punkt ersetzt werden.

Daher ist die Bewegung selbst eine Aufeinanderfolge unendlich kleiner Drehungen. Der Pol der augenblicklichen Drehung durchläuft eine Polcurve sowohl in der festen als in der beweglichen Ebene und die Bewegung besteht darin, dass die eine Polcurve auf der anderen abrollt und dabei das ebene System, das ihr angehört, mitnimmt.

Jeder Punkt beschreibt dabei Bahncurve, jede Curve (der beweglichen Ebene) umhüllt Hüllcurve.

Erste Seite der 25seitigen Eintragungen, zu einer Folge von drei Vorträgen über Kinematik, die Klein im WS 1884 (23. Februar, 2. März und 7. März 1885) gehalten hat (Band 6, S. 222-246)

Zeichnung:
Seminarteilnehmer Leonard Nelson.
Nelsons Mutter war eine Malerin,
er war ein Enkel von P.G.L. Dirichlet.

Nelson wurde 1903 in Göttingen promoviert und habilitierte sich dort 1909 in Philosophie

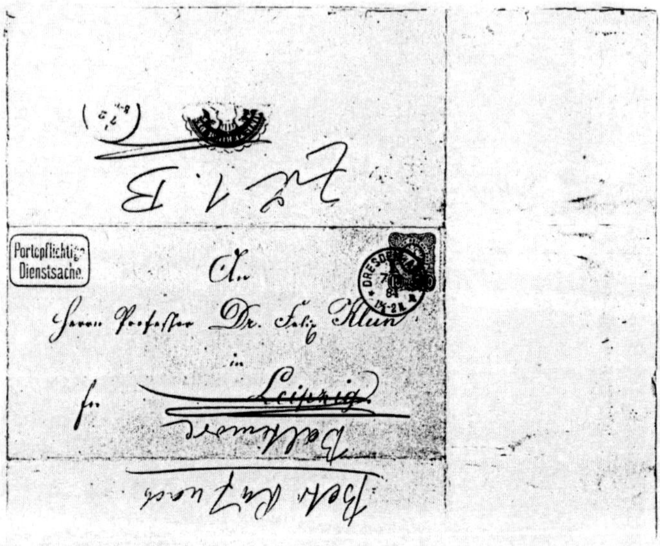

Umschlag eines Briefes, den das Sächsische Kultusministerium an Professor Dr. Felix Klein in der Berufungsangelegenheit Baltimore (1884) geschrieben hat, einfach mit Adreßangabe Leipzig

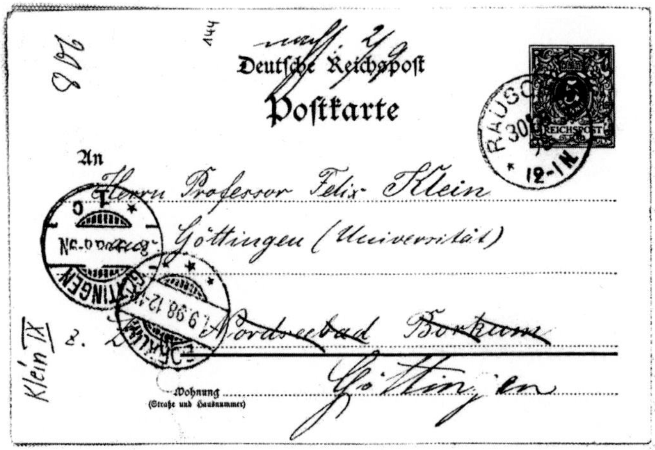

Postkarte, die David Hilbert aus seinem Sommerurlaub in Rauschen (Ostpreußen) 1898 an Felix Klein an der Universität Göttingen geschrieben hat (über Kleins Urlaubsort Nordseebad Borkum nach Göttingen weitergeleitet)

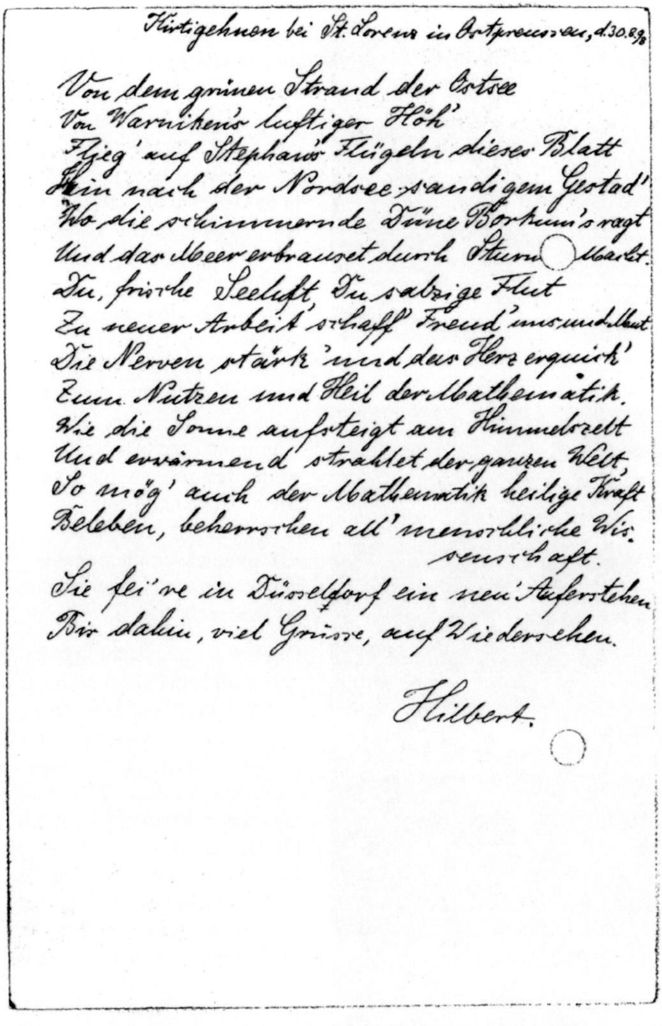

Kirtigehnen bei St. Lorenz in Ostpreussen, d. 30.8.98

Von dem grünen Strand der Ostsee
Von Warnikens luftiger Höh'
Flieg' auf Stephans Flügeln dieses Blatt
Hin nach der Nordsee sandigem Gestad'
Wo die schimmernde Düne Borkum's ragt
Und das Meer erbrauset durch Sturm Macht.
Du, frische Seeluft, Du salzige Flut
Zu neuer Arbeit schaff' Freud' uns und Mut
Die Nerven stärk' und das Herz erquick'
Zum Nutzen und Heil der Mathematik.
Wie die Sonne aufsteigt am Himmelszelt
Und erwärmend strahlet der ganzen Welt,
So mög' auch der Mathematik heilige Kraft
Beleben, beherrschen all' menschliche Wissenschaft.
Sie feire in Düsseldorf ein neu' Auferstehen
Bis dahin, viel Grüsse, auf Wiedersehen.

Hilbert.

Postkarte aus Hilberts Ostseeurlaub in Kirtigehnen (Ostpreußen) an F. Klein in Göttingen, 30. August 1898. Der offensichtlich gut erholte Mathematiker D. Hilbert fasste seine Urlaubsgrüße in Knittelverse.
Eine Probe, die bevorstehende „neue Arbeit" betreffend:
„Die Nerven stärk' und das Herz erquick'
Zum Nutzen und Heil der Mathematik."

Kopie des Apoll von Belvedere (um 350 v. Chr.). Diese Skulptur galt im frühen 19. Jahrhundert als eine der schönsten erhaltenen Figuren der Antike. Klein hat eine eigenartige Untersuchung des Kopfes vorgenommen und in das Gesicht alle parabolischen Kurven eingezeichnet, also solche Kurven, deren Gaußsche Krümmung verschwindet, um einen Zusammenhang zwischen den mathematischen Eigenschaften einer Fläche (Antlitz) und unseren Schönheitsempfindungen zu ermitteln. Die Gaußsche Krümmung ergibt sich aus den beiden Hauptkrümmungslinien einer Fläche und ist gut geeignet, Einblicke in das Krümmungsverhalten in der Umgebung eines Flächenpunktes zu geben.

Die Landeshauptstadt Düsseldorf wird heute als ein Industriestandort am Rhein angesehen, sie war aber zu Kleins Zeit nicht nur eine elegante Verwaltungsstadt, sondern auch ein bedeutendes künstlerisches Zentrum, für das beispielsweise die im 19. Jahrhundert blühende Düsseldorfer Malerschule steht. Im Nachbarhaus von Kleins Geburtshaus wohnte während Kleins Zeit beispielsweise der finnische Maler Werner Holmgren.

„Diese Kurven besaßen aber weder eine besonders einfache Gestalt, noch ließ sich ein allgemeines Gesetz ausfindig machen, dem sie gehorchten“, beurteilte Hilbert diese Ergebnisse Kleins

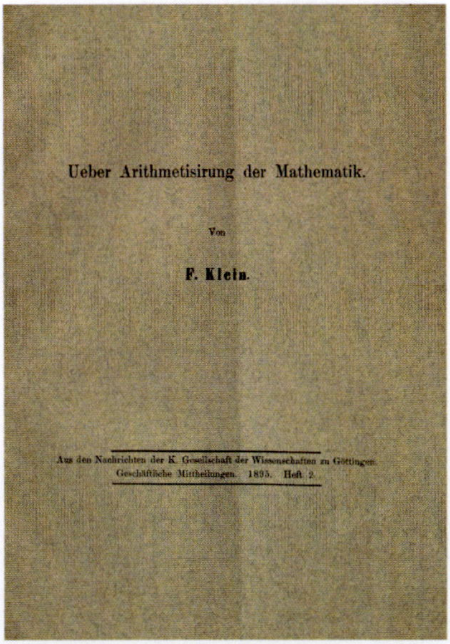
Ueber Arithmetisirung der Mathematik.

Von

F. Klein.

Aus den Nachrichten der K. Gesellschaft der Wissenschaften zu Göttingen.
Geschäftliche Mittheilungen. 1895. Heft 2.

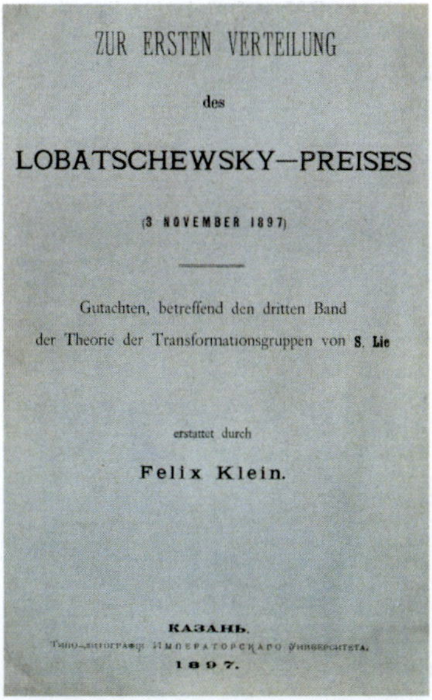
ZUR ERSTEN VERTEILUNG

des

LOBATSCHEWSKY—PREISES

(3 NOVEMBER 1897)

Gutachten, betreffend den dritten Band
der Theorie der Transformationsgruppen von S. Lie

erstattet durch

Felix Klein.

КАЗАНЬ.
Типо-литографія Императорскаго Университета.
1897.

Zwei Sonderdrucke von Kleinschen Arbeiten:
Über die Arithmetisirung der Mathematik, Göttinger Nachrichten 1895.
Zur ersten Verteilung des Lobatschewsky-Preises, Kaiserliche Akademie in Kasan 1897

Mathematische Annalen (B. G. Teubner):

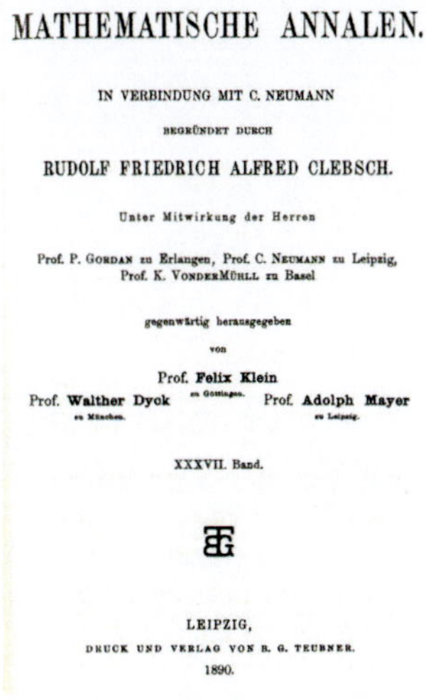
MATHEMATISCHE ANNALEN.

IN VERBINDUNG MIT C. NEUMANN

BEGRÜNDET DURCH

RUDOLF FRIEDRICH ALFRED CLEBSCH.

Unter Mitwirkung der Herren

Prof. P. Gordan zu Erlangen, Prof. C. Neumann zu Leipzig,
Prof. K. VonderMühll zu Basel

gegenwärtig herausgegeben

von

Prof. Felix Klein
zu Göttingen.
Prof. Walther Dyck zu München.
Prof. Adolph Mayer zu Leipzig.

XXXVII. Band.

LEIPZIG,
DRUCK UND VERLAG VON B. G. TEUBNER.
1890.

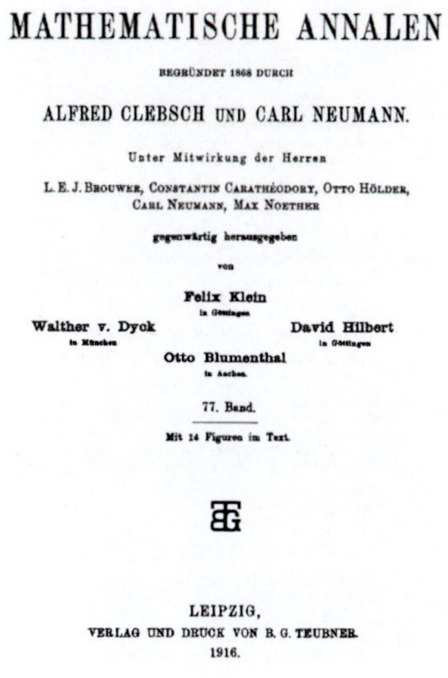
MATHEMATISCHE ANNALEN

BEGRÜNDET 1868 DURCH

ALFRED CLEBSCH UND CARL NEUMANN.

Unter Mitwirkung der Herren

L. E. J. Brouwer, Constantin Carathéodory, Otto Hölder,
Carl Neumann, Max Noether

gegenwärtig herausgegeben

von

Felix Klein
in Göttingen
Walther v. Dyck
in München
David Hilbert
in Göttingen
Otto Blumenthal
in Aachen

77. Band.

Mit 14 Figuren im Text.

LEIPZIG,
VERLAG UND DRUCK VON B. G. TEUBNER.
1916.

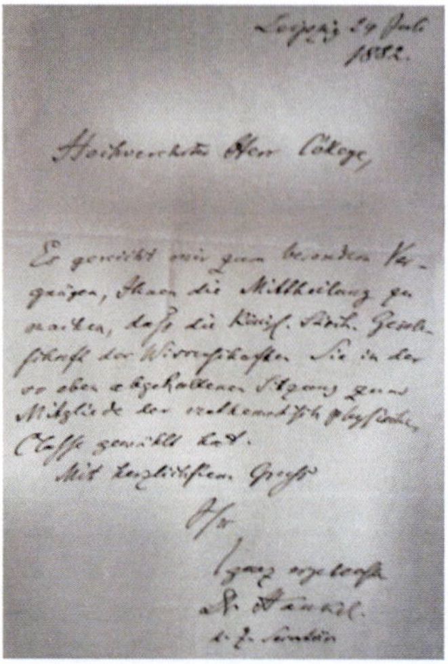

Leipzig 24 Juli 1882.

Hochverehrter Herr College,

Es gereicht mir zum besonderen Vergnügen, Ihnen die Mittheilung zu machen, daß die Königl. Sächs. Gesellschaft der Wissenschaften Sie in der so eben abgehaltenen Sitzung zum Mitgliede der mathematisch-physischen Classe gewählt hat.

Mit herzlichsten Gruße

Ihr

ganz ergebenster

H. Hankel

d. Z. Secretär

Brief der Sächsischen Akademie der Wissenschaften zu Leipzig an Felix Klein, in dem ihm die Mitgliedschaft mitgeteilt wird, 24. Juli 1882

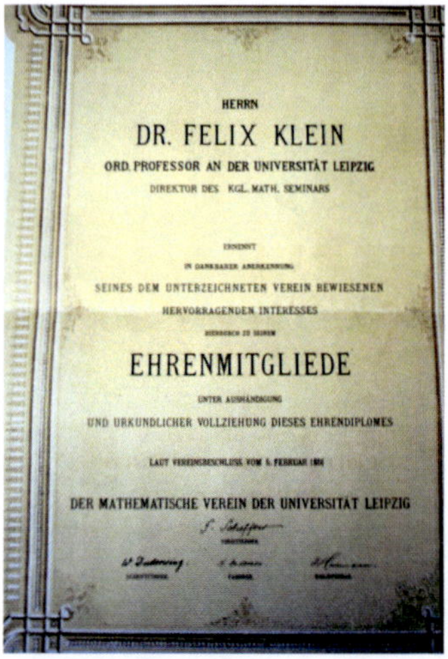

HERRN

DR. FELIX KLEIN

ORD. PROFESSOR AN DER UNIVERSITÄT LEIPZIG

DIREKTOR DES KGL. MATH. SEMINARS

ERNENNT

IN DANKBARER ANERKENNUNG

SEINES DEM UNTERZEICHNETEN VEREIN BEWIESENEN

HERVORRAGENDEN INTERESSES

HIERDURCH ZU SEINEM

EHRENMITGLIEDE

UNTER AUSHÄNDIGUNG

UND URKUNDLICHER VOLLZIEHUNG DIESES EHRENDIPLOMES

LAUT VEREINSBESCHLUSS VOM 5. FEBRUAR 1886

DER MATHEMATISCHE VEREIN DER UNIVERSITÄT LEIPZIG

Urkunde des Leipziger mathematischen Vereins für Felix Klein, die den nach Göttingen berufenen Klein zum Ehrenmitglied ernennt, 5. Februar 1886

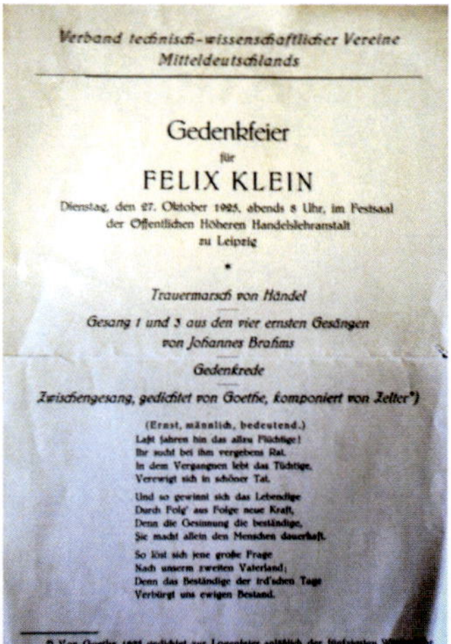

Verband technisch-wissenschaftlicher Vereine Mitteldeutschlands

Gedenkfeier

für

FELIX KLEIN

Dienstag, den 27. Oktober 1925, abends 8 Uhr, im Festsaal der Öffentlichen Höheren Handelslehranstalt zu Leipzig

Trauermarsch von Händel

Gesang 1 und 3 aus den vier ernsten Gesängen von Johannes Brahms

Gedenkrede

Zwischengesang, gedichtet von Goethe, komponiert von Zelter*)

(Ernst, männlich, bedeutend.)
Laßt fahren hin das allzu Flüchtige!
Ihr sucht bei ihm vergebens Rat.
In dem Vergangnen lebt das Tüchtige,
Verewigt sich in schöner Tat.

Und so gewinnt sich das Lebendige
Durch Folg' aus Folge neue Kraft,
Denn die Gesinnung die beständige,
Sie macht allein den Menschen dauerhaft.

So löst sich jene große Frage
Nach unserm zweiten Vaterland;
Denn das Beständige der ird'schen Tage
Verbürgt uns ewigen Bestand.

*) Von Goethe 1825 gedichtet zur Logenfeier anläßlich der fünfzigsten [illegible] des Tages, an dem der Großherzog Karl August die Regierung in Weimar [illegible] Komposition von Zelter, die bisher unbekannt war, hat sich in Abschrift in [illegible] der Berliner Singakademie gefunden und wurde von Dr. Ripke im Septe[illegible] von Westermanns Monatsheften veröffentlicht.

Einladung zur „Gedenkfeier für Felix Klein" anläßlich seines Todes 1925 in die Höhere Handelslehranstalt zu Leipzig. Diese Hochschule erhielt 1911 übrigens wie die Mathematiker seinerzeit ein neues Gebäude in der Ritterstraße

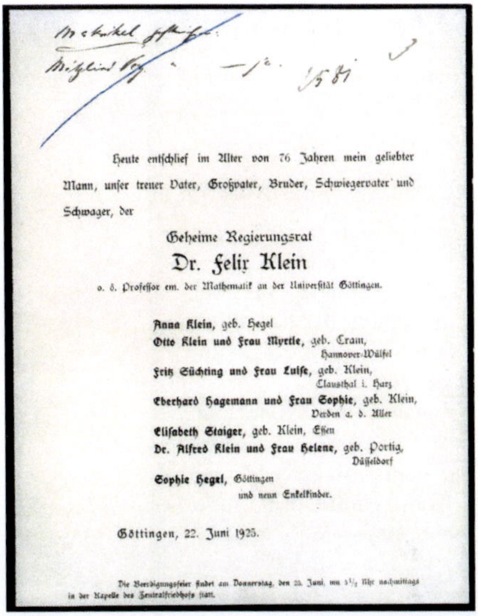

Heute entschlief im Alter von 76 Jahren mein geliebter Mann, unser treuer Vater, Großvater, Bruder, Schwiegervater und Schwager, der

Geheime Regierungsrat

Dr. Felix Klein

o. ö. Professor em. der Mathematik an der Universität Göttingen.

Anna Klein, geb. Hegel
Otto Klein und Frau Myrtle, geb. Cram, Hannover-Wülfel
Fritz Süchting und Frau Luise, geb. Klein, Clausthal i. Harz
Eberhard Hagemann und Frau Sophie, geb. Klein, Verden a. d. Aller
Elisabeth Staiger, geb. Klein, Essen
Dr. Alfred Klein und Frau Helene, geb. Portig, Düsseldorf
Sophie Hegel, Göttingen
und neun Enkelkinder.

Göttingen, 22. Juni 1925.

Die Beerdigungsfeier findet am Donnerstag, den 25. Juni, um 3 1/2 Uhr nachmittags in der Kapelle des Zentralfriedhofs statt.

Todesanzeige der Familie Klein:
Anna Klein als Ehefrau,
Otto Klein, Luise Klein, Sophie Klein
und Elisabeth Staiger als Kinder,
Dr. Alfred Klein als Bruder

Felix Klein †.

Felix Klein ist dahingegangen. Mit ihm verlieren wir den Mann, dessen Name fast fünfzig Jahre an der Spitze der Redaktion dieser Zeitschrift gestanden hat, dessen Geist aber, solange die Annalen existieren werden, in ihnen fortleben wird.

Nach dem Tode Clebschs, unter Neumanns Redaktion, ist hauptsächlich Klein es gewesen, der unsere Zeitschrift am Leben erhalten hat. Wenige Jahre später ist er in die Hauptredaktion eingetreten, in der er mit seiner ganzen Kraft gewirkt hat. Als diese nachließ, hat er sich — vor kaum zehn Monaten — zurückgezogen, weil er nicht dem Namen nach an einer Stelle stehen wollte, deren Verantwortung er nicht mehr voll tragen konnte.

Die Mathematischen Annalen in ihrer jetzigen Gestalt sind wesentlich eine Schöpfung Kleins. Durch ihn sind die Richtlinien, die den Gründern dieser Zeitschrift vorschwebten, zur festen Tradition geworden. Wenn die Mathematischen Annalen, so gut es menschlich möglich ist, alle mathematischen Gebiete, die sich lebendig entwickeln, in gleicher Weise umfaßt haben, so verdanken sie es Klein. Er hat dafür gesorgt, daß die verschiedenen Richtungen der Mathematik in der Redaktion vertreten waren und daß die Redaktionsmitglieder in Gleichberechtigung neben ihm arbeiteten.

Er hat — wie stets auch im übrigen Leben — nie auf seine Person geachtet, immer nur das zu erstrebende Ziel im Auge gehabt.

Die Redaktion der Mathematischen Annalen.

Nachruf von C. Carathéodory in den *Mathematischen Annalen* 95 (1925), S. 1

Editorische Bemerkungen

Dieses Buches hat zwei Wurzeln: Zum einen wurde von der Fakultät für Mathematik und Informatik der Universität Leipzig anläßlich des 150. Geburtstages von Felix Klein 1999 ein Festkolloquium veranstaltet, auf dem ich einen historischen Vortrag über Klein in Leipzig gehalten habe. Dieser Vortrag ist schließlich im Jahre 2000 in einer für den Druck bearbeiteten Fassung bei Teubner im Jahresbericht der Deutschen Mathematiker-Vereinigung erschienen.

Zum anderen jährt sich 2011 die Gründung der Firma B. G. Teubner zum zweihundertsten Male. Dies war ein Grund, auch die Zusammenarbeit des Teubner-Verlages mit Felix Klein ausführlicher darzustellen.

So hat sich schließlich die Idee entwickelt, beide Anlässe zur Grundlage eines Buches zu machen, das gegenüber dem bereits publizierten Vortrag wesentlich erweitert worden ist. Dieses Buch folgt in seinem Aufbau dem ebenfalls im Wissenschaftsverlag *Edition am Gutenbergplatz Leipzig* 2009 erschienenen Buch *Van der Waerden in Leipzig*. Alle zusätzlichen Anmerkungen sind am Ende des Textes gesammelt worden, um das Lesen nicht zu unterbrechen; zahlreiche Anhänge liefern weitere Details.

Ich danke den folgenden Institutionen für Ihre Unterstützung und für die Bereitwilligkeit, Einsicht in vorhandene Unterlagen nehmen zu können sowie daraus zitieren zu dürfen:

Archiv und Kustodie der Universität Leipzig,
Archiv der Deutschen Akademie der Naturforscher, Leopoldina, Halle,
Handschriftenabteilung der Niedersächsischen Staats- und Universitätsbibliothek Göttingen,
Mathematisches Institut der Universität Göttingen, Modellsammlung,
Universitätsarchiv Erlangen,
Stadtarchive in Bonn, Darmstadt, Düsseldorf, Halle und Magdeburg,
Sächsisches Staatsarchiv Leipzig,
Stiftung Benedictus Gotthelf Teubner Leipzig / Dresden / Berlin / Stuttgart.

Ferner bin ich folgenden Bibliotheken zu besonderem Dank verpflichtet:

Bibliothek der Deutschen Akademie der Naturforscher, Leopoldina, Halle,
Bibliothek des FB Mathematik der Universität Leipzig,

Bibliothek des FB Mathematik der Universität Göttingen,
Bibliothek des Instituts Mittag-Leffler, Djursholm.

Ich danke besonders der *Deutschen Akademie der Naturforscher, Leopoldina*, in Halle, seit 2008 Nationale Akademie der Wissenschaften, für deren Unterstützung bei einigen Archivrecherchen für diese Arbeit, die ich in großzügiger Weise mit den durch den Förderpreis der Akademie ermöglichten Forschungen verbinden konnte.

Für Auskünfte und Hilfe möchte ich mich bei folgenden Personen bedanken:

Jens Altena, Göttingen,
Prof. Dr. Benno Artmann † (Göttingen),
Dr. Gerhard Betsch, Weil i. S.,
Dr. Jens Blechen, Leipzig,
Frau Konstanze Buchholz, Magdeburg,
Frau Christel Dell, Halle,
Dr. Peter Engels, Darmstadt,
Markus Enzerhoff, Bonn,
Frau Petra Hesse, Leipzig,
Johann und Meinolf Hillebrand, Scheßel,
Frau Cornelia Junge, Leipzig,
Frau Dr. Thekla Kluttig, Leipzig,
Prof. Dr. Eberhard Knobloch, Berlin,
Dr. Teun Koetsier, Amsterdam,
Prof. Dr. Michel Kowalewicz, Kraków,
Roland Kuhne, Halle,
Roy Lämmel, Leipzig,
Frau Christine Leclercq, Metz,
Prof. Dr. Werner Lehfeldt, Göttingen,
Frau Ina Letzel, Beucha bei Leipzig,
Martin Liebetruth, Göttingen,
Frau Sandy Muhl, Leipzig,
Dieter Müller, Göttingen,
Frau Bärbel Mund, Göttingen,
Prof. Dr. Samuel Patterson, Göttingen,
Prof. Dr. Susan Petry, Garden City (New York),
Prof. Dr. Hans-Bert Rademacher, Leipzig,
Dr. Helmut Rohlfing, Göttingen,

Prof. Dr. Thomas Schick, Göttingen,
Frau Brigitte Schlag, Klinga bei Leipzig,
Prof. Dr. Thomas Sonar, Braunschweig,
Jochen Thamm, Halle,
Dr. Helge Thiele, Frankfurt/M. und Düsseldorf,
Prof. Dr. Peter Ullrich, Koblenz,
Prof. Dr. Heinrich Wefelscheid, Duisburg,
Frau Klaudia Wehofen, Düsseldorf,
Prof. Dr. David Zitarelli, Philadelphia (Pennsylvania).

Eine Bemerkung zum Quellennachweis:
Häufig sind Briefe von und an Felix Klein (gelegentlich auch Notizen Kleins) lediglich mit dem Datum angeführt und die genauere Quellenangabe ist weggelassen worden. In diesen Fällen handelt es sich um Archivalien, die sich in der Handschriftenabteilung der Universitätsbibliothek Göttingen befinden. Man kann sich genauer über diese Dokumente in Findbüchern informieren, die auch im Internet einsehbar sind:

http://hans.sub.uni-goettingen/de/nachlaesse/klein.pdf

http://web.doc.sub.gwdg.de/ebook/ra/2002/inventar.pdf

Ich habe dabei in angenehmer Weise von der Sachkunde von Frau Bärbel Mund profitieren können. Ähnlich sind hier benutzte Dokumente, die B. G. Teubner betreffen, im Sächsischen Staatsarchiv, Standort Leipzig, zu finden, das den Teubner-Nachlaß aufbewahrt.

Man kann sich auch online über die Teubner-Stiftung in Leipzig informieren:

http://www.stiftung-teubner-leipzig.de und http://www.teubner-stiftung.eu

Um das Verweissystem innerhalb des Buches nicht zu überlasten, wird weiterhin in den Anhängen und gelegentlich auch im Haupttext für die Quellenangabe von Zitaten eine abgekürzte Zitierweise benutzt, die anhand des Literaturverzeichnisses aber leicht aufgelöst werden kann.

Schließlich freut es mich sehr, daß dieser Text über Felix Klein in Leipzig 2011 im unabhängigen Wissenschaftsverlag *Edition am Gutenbergplatz Leipzig* erscheint und somit auch ein Beitrag zum Firmenjubiläum B. G. Teubner 1811-2011 ist.

Halle, im November 2011 Rüdiger Thiele

Bildnachweise

(benutzte Abkürzungen: S = Seite, o = oben, m = Mitte, u = unten, l = links, r = rechts)

Archiv der Nationalen Akademie (Leopoldina), Halle: S. 84u, 155

Archiv der Universität Leipzig: S. 81

Handschriftenabteilung der Niedersächsischen Staats- und Universitätsbibliothek Göttingen: S. 17u, 21, 32, 51u, 84o, 94, 109, 110, 115, 135, 156, 166, 204o (Slg. Voigt), 204u, 218, 243, 244, 250o, 251u, 252, 254, 255, 258 (alles Cod. Ms. F. Klein)

Handschriftenabteilung der Universitätsbibliothek Erlangen-Nürnberg, Erlangen: S. 27, 247or (Portr. Slg.)

Johannes Hillebrand, Scheeßel: S. 247 (bis auf or), 248u, 253u

Kustodie der Universität Leipzig: S. 17, 35, 36

Mathematisches Forschungsinstitut Oberwolfach: 4. Umschlagseite

Mathematisches Institut der Georg-August-Universität, Göttingen: S. 18, 24u, 42, 45, 47r, 53r, 136, 161, 189-194, 212, 245, 253o, 256

Mathematisches Institut der Universität Leipzig (Sammlung Letzel): S. 19, 24om, 33, 40rl, 51o, 65r, 121, 182, 249o, 260

Prof. Dr. Susan Petry, Garden City (NY): S. 248ol

Teubner-Stiftung in Leipzig: S. 38, 106, 176

Die restlichen Abbildungen entstammen den Archiven des Verfassers und des Verlages.

Personenverzeichnis

Personen in den Literaturangaben sowie im Encyklopädie-Prospekt wurden nicht berücksichtigt.

Sachverzeichnis

Literaturverweise wurden nicht berücksichtigt.

Leipzig 2010. 1. Aufl. EAGLE 041.

Leipzig 2011. 1. Aufl. EAGLE 052.

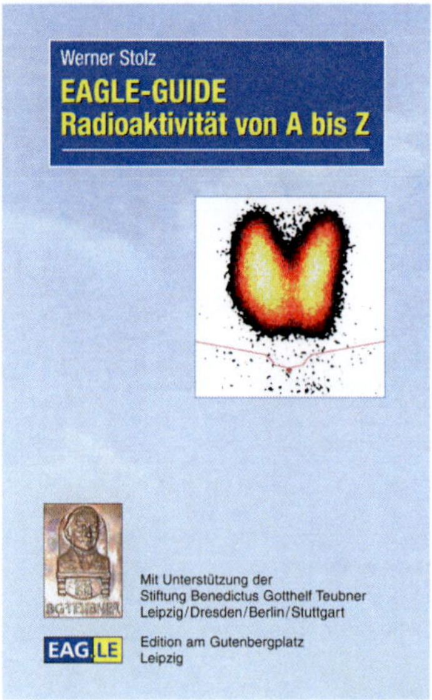

Leipzig 2011. 1. Aufl. EAGLE 053.

Leipzig 2011. 1. Aufl. EAGLE 050.